"十二五"职业教育国家规划教材

经全国职业教育教材审定委员会审定

自动控制原理

第三版

王恩荣　　主　编

叶彪明　任丽静　副主编

胡寿松　　主　审

化学工业出版社

·北京·

本书讨论了经典控制理论的基本概念、基本原理和基本方法，着重加强基本理论及应用的阐述。本书内容包括自动控制与自动控制系统的一般概念，控制系统的数学模型，控制系统的时域分析法、频域分析法和根轨迹分析法，控制系统的稳定性、稳态性能及动态性能分析，控制系统的校正方法，控制系统的综合分析与设计等。在各章中，都加入了基于 MATLAB 的计算机辅助分析和设计的内容，帮助学生更有效地进行控制理论的学习和应用。

　　本书可作为高职高专各自动控制和自动化专业、机电应用技术、应用电子技术等专业的教材，也可供有关人员参考。

图书在版编目（CIP）数据

自动控制原理/王恩荣主编 . —3 版 . —北京：化学工业出版社，2015.3（2024.2 重印）
"十二五"职业教育国家规划教材
ISBN 978-7-122-22907-6

Ⅰ.①自…　Ⅱ.①王…　Ⅲ.①自动控制理论-高等职业教育-教材　Ⅳ.①TP13

中国版本图书馆 CIP 数据核字（2015）第 020047 号

责任编辑：廉　静
责任校对：宋　玮　　　　　　　　　　装帧设计：刘亚婷

出版发行：化学工业出版社（北京市东城区青年湖南街 13 号　邮政编码 100011）
印　　装：北京建宏印刷有限公司
787mm×1092mm　1/16　印张 12½　字数 309 千字　　2024 年 2 月北京第 3 版第 6 次印刷

购书咨询：010-64518888　　　　　　　售后服务：010-64518899
网　　址：http://www.cip.com.cn
凡购买本书，如有缺损质量问题，本社销售中心负责调换。

定　　价：38.00 元　　　　　　　　　　　　　　　　　版权所有　违者必究

第三版前言

根据教育部高等教育司的要求，化学工业出版社在 2001 年陆续出版了电类专业规划教材。此套教材立足高职高专教育培养目标，遵循社会的发展需求，突出应用性和针对性，加强实践能力的培养，为高职高专教育事业的发展起了很好的推动作用。一些教材多次重印，受到了广大院校的好评。通过近几年的教学实践和全国高等职业教育如何适应各院校各学科体制的整合、专业调整的需求，化学工业出版社对此套教材组织了修订工作。

修订后的本书第二版，获得普通高等教育"十一五"国家级规划教材。

本书是在第二版的基础上改编而成，并获得"十二五"职业教育国家规划教材。

本书在保持原书编写风格的情况下，对部分内容作了相应的增减，使其更加适应高职高专教育的特点和学科及专业调整的变化。删除了部分章节中复杂的推导和过时的内容介绍，增加了控制系统的应用实例，加强了系统综合分析和设计的内容。为加强内容的完整性，本书增加了非线性和离散控制系统的简介。

本书的特点主要体现在以下几个方面。

（1）体系方面　对原有教材的体系进行了较大的调整，将系统分析方法和系统的性能分析分开介绍，突出了系统分析方法的综合应用。以系统的性能分析为目的，介绍各种分析方法的应用。

（2）内容方面　主要介绍经典控制理论的内容，加强了对基本理论及其应用的阐述，深入浅出地介绍了自动控制的基本概念，减少了公式和结论的理论推导过程。针对高等职业教育的特点，本书强调了对公式和结论应用能力的培养，而不强调其推导过程，书中 * 号部分为选学内容。

（3）创新方面　由于计算机的迅速普及和应用，借助计算机进行控制系统的分析和设计已成为现实，因此本书引入了当今世界上最流行的，基于 MATLAB 的系统分析和设计的内容。使学生在掌握基本概念的同时，还掌握了一种有力的工具。这也为教师进行 CAI 教学提供了条件。

本书由王恩荣任主编，叶彪明、任丽静任副主编，负责全书的统稿与最后定稿。南京航空航天大学胡寿松教授主审。编写分工为：王恩荣、叶彪明、任丽静（第一、二章、第九章部分及附录、参考答案），朱光衡（第三、四、五章），叶彪明、任丽静（第六、七、八章及各章中有关 MATLAB 的内容），陈旭、周鸿博（第九章部分）。教学课件由曹弋设计制作，并免费提供，使用者可登录 http：//www.cipedu.com.cn 下载。

本书在修订过程中，得到南京师范大学、河北化工医药职业技术学院、利朗科技有限公司和化学工业出版社等单位有关同志的大力支持，特别是胡寿松教授仔细审阅了全稿，并提出了许多宝贵的意见，在此表示衷心的感谢。

书中不妥之处，恳请使用本书的师生及广大读者批评指正。

编　者

2015 年 1 月

目 录

第一章 自动控制理论概述

自动控制理论（Automatic Control Theory），是控制论的一个重要分支，包括经典控制理论和现代控制理论两大部分，是一门既与技术科学又与基础科学相关的学科，同相对论和量子论一起被誉为 20 世纪上半叶的三大伟绩。实践证明，控制论不仅具有重大的理论意义，而且对生产力的发展、生产效率的提高、高新技术的研究与现代尖端武器的研制，以及对社会管理等方面都已产生了重大的影响。虽然现代控制理论的发展与应用在当今已占主导地位，但是作为基础理论的经典控制理论却是绝对不可或缺的，因此，本书主要介绍经典控制理论的基本内容，并引进基于 MATLAB 的有关计算机辅助分析方法。本章主要从宏观角度简要地介绍自动控制理论的发展、基本概念、应用等情况，以便于读者一开始就能把握住学习的目的性和核心内容及其体系。

第一节 自动控制理论的发展

一、经典控制理论的发展

自动控制理论是研究自动控制共同规律的技术科学，在工程和科学技术发展过程中担负着重要的角色。其发展初期，是以反馈理论为基础的自动调节理论，并主要用于工业控制。第二次世界大战期间，为了设计和制造飞机及船用自动驾驶仪、火炮定位系统、雷达跟踪系统以及其他基于反馈原理的军用设备，进一步促进并完善了自动控制理论的发展。到战后，已形成完整的自动控制理论体系，这就是以传递函数（Transfer Function）为基础的经典控制理论，它主要研究单输入-单输出、线性定常系统的分析和设计问题。这其中，1922 年，维纳研制出船舶操纵自动控制器，并且证明了如何从描述系统的微分方程来确定系统的稳定性；1932 年，奈奎斯特提出了一种相当简便的方法，根据对正弦输入的开环响应，确定闭环系统的稳定性；20 世纪 40 年代，频率响应法为工程技术人员设计满足性能要求的线性闭环控制系统提出了一种可行的方法；从 20 世纪 40 年代末到 50 年代初，伊凡思提出并完善了根轨迹法。

因此，20 世纪 20～40 年代，是经典控制理论发展的重要时期，形成了以频率响应法和根轨迹法为核心的经典控制理论体系。

二、现代控制理论的发展

用经典控制理论方法设计出来的系统虽然能满足一定的性能要求，但还不是某种意义上的最佳系统，特别是对多输入-多输出复杂控制系统的研究还不能提供有效的手段。

20 世纪 60 年代，随着计算机技术的发展和应用，为复杂系统的时域分析等提供了极为有效的工具，而且由于航空航天等高科技事业的需要，进一步推动了自动控制理论的发展，迅速形成了针对多输入-多输出复杂线性控制系统，用状态空间模型及时域分析方法进行研究的现代控制理论体系。同时，随着自动化技术的日益发展，人们力求使所设计的控制系统能达到最优的性能指标，这就是为使系统在一定的约束条件下，其某项性能指标能达到最优的最优化控制（Optimal Control）；而当控制对象或环境特性发生变化时，为了使系统能自行调节，以跟踪这种变化并保持其良好的品质，又出现了自适应控制（Adaptive Control）；由于实现精度控制的重要条件之一是要建立精确的控制对象的数学模型，而精确的数学模型实际上又是很难真正得到的，因此，真正优良的控制系统设计允许模型的结构和参数能在一定的范围内变化，这就是鲁棒性控制（Robust Control）。

现代控制理论之所以能得到迅速的发展和应用，其重要的原因之一是由于计算机辅助分析和设计方法的引进，从而使得复杂的数学计算已经变得十分容易。近年来，现代控制理论在非线性系统理论、离散事件系统、大系统和复杂系统理论等方面也均有了不同程度的发展，特别是在智能控制（Intelligent Control）方面得到了很快的发展和应用，它主要包括专家系统（Expert System）、模糊控制（Fuzzy Control）和人工神经网络（Artificial Neural Network）等先进的控制方法。目前，现代控制理论的应用已经扩充到非工程系统，例如：生物系统、生物医学系统、经济系统和社会系统等。

自动控制理论的不断发展，为人们提供了研究和实现动态系统最佳性能的控制方法，它不仅推动了社会的发展，而且使人们从繁重的体力劳动和大量重复性的手工操作中解放出来。因此，大多数工程技术人员和科学工作者现在都必须具备一定的自动控制理论方面的知识。

第二节　自动控制与自动控制系统

自动控制理论研究的是如何按受控对象和环境特征，通过能动地采集和处理信息施加控制作用，使系统在变化或不确定的条件下正常运行并具有预定的功能，它既具有很强的理论性，又具有很强的应用性，是一门研究自动控制共同规律的技术科学，其主要内容涉及受控对象、控制目标和控制手段以及它们之间的互相作用等。下面首先介绍在研究自动控制理论及自动控制系统时一些常用的术语。

一、常用术语

（1）受控对象（或被控对象）（Controlled Object）　是指被控制的装置或者设备，如一台电气设备、一个加热炉、一种机械装置等。

（2）受控量（或被控量）（Controlled Variable）　是指被控制的物理量，通常作为系统的输出量，如炉温、转速等。

（3）参考输入（或给定值）（Reference Input）　是指系统的给定输入信号，或者称为希望值。

（4）偏差信号（Error Signal）　是指系统的参考输入信号与反馈信号之差。

（5）前向通道（Forward Channel）　是指系统从输入端到输出端的单方向通道。

（6）反馈通道（Feedback Channel）　是指系统从输出端到输入端的反方向通道。

（7）扰动（Noise）　是一种对系统的输出产生不利影响的信号。如果扰动产生在系统的内部，则称为内部扰动（Inner Disturbance）；反之，当扰动产生在系统外部时，则称为外部扰动（External Disturbance），外部扰动是系统的输入量。

（8）系统（System）　是指一些部件的组合，这些部件组合在一起，可完成一定的任务，系统不限于物理系统，也可以适用于抽象的动态现象，如经济学中遇到的一些现象等。

二、基本概念

所谓自动控制（Automatic Control），是指在没有人直接参与的情况下，利用外加的设备或装置（称为控制装置或控制器），使受控对象的受控量按照预定的规律运行，如图 1-1 所示。自动控制有两种基本的控制方式：开环控制（Open Loop Control）和闭环控制（Close Loop Control），对应于这两种控制方式的系统分别为开环控制系统（Open Loop Control System）和闭环控制系统（Close Loop Control System）。

图 1-1　自动控制示意图

1. 开环控制系统

开环控制系统是指系统的输出量对控制作用没有影响的系统，如图 1-2 所示。也就是说，在开环控制系统中，既不需要对输出量进行测量，也不需要将输出量反馈到系统的输入端与输入量进行比较。或者说，控制装置与受控对象之间只有顺向作用，而没有逆向联系。例如，洗衣机就是开环控制系统的一个实例，在洗衣机中，浸湿、洗涤和漂清过程都是按照一种时间顺序进行的，洗衣机不必对输出信号，即衣服的清洁程度进行测量。

图 1-2　开环控制系统

开环控制系统的特点是：系统结构和控制过程均很简单，但抗干扰能力差，一般仅用于控制精度不高且对控制性能要求较低的场合；由于开环控制系统均无需将输出量与参考输入量进行比较，因此对应于每个参考输入量，一般只有一个固定的工作状态与之对应。这样，系统的精确度便取决于标定的精确度，且当出现扰动时，开环系统就不能完成既定任务了。在实践中，只有当输入量与输出量之间的关系已知，并且既不存在内部扰动，也不存在外部扰动时，才能采用开环控制系统。

2. 闭环控制系统

闭环控制系统（也称为反馈控制系统，Feedback Control System）如图 1-3 所示，是指能对输出量与参考输入量进行比较，并且将它们的偏差作为控制手段，以保持两者之间预定关系的系统。在闭环控制系统中，控制装置与受控对象之间不仅有顺向作用，而且还有逆向联系。作为输入信号与反馈信号之差的误差信号被传送到控制装置，以便减小误差，并且使系统的输出达到期望值。

图 1-3　闭环控制系统

闭环控制系统的特点是：由于采用了反馈，因而可使系统的响应对外部干扰和系统内部的参数变化不敏感，系统可达到较高的控制精度和较强的抗干扰能力。这样，对于给定的被控对象，就有可能采用不太精密且成本较低的元件来构成比较精确的控制系统，这在开环情况下，是不可能做到的。

从稳定的观点出发，开环控制系统的稳定性不是主要问题，但在闭环控制系统中，稳定性却始终是一个重要问题，因为闭环系统可能引起过调误差，从而导致系统不稳定。

当系统的输入量能预先知道，并且不存在任何扰动时，采用开环控制比较合适。只有当存在着无法预计的扰动或系统中的元件参数存在着无法预计的变化时，闭环控制系统才具有优越性。闭环控制系统中采用的元件数量比相应的开环控制系统多，因此，闭环控制系统的成本和功率通常比较高。

三、自动控制系统的分类

自动控制系统有多种分类方法，根据不同的分类方法可以将系统分成不同的类型，实际的系统可能是几种系统类型的组合体。如前面已经介绍过的开环控制系统与闭环控制系统，这是按照控制方式来分类的。下面再介绍自动控制系统的另外几种常见的分类方法。

1. 线性控制系统和非线性控制系统

这是根据系统数学性质的不同来分类的。

线性控制系统（Linear Control System）是指能满足均匀性和叠加性的控制系统。当系统在输入信号 $r_1(t)$ 的作用下产生系统的输出是 $c_1(t)$，在输入信号 $r_2(t)$ 的作用下产生的输出是 $c_2(t)$，而当系统的输入信号为 $ar_1(t)+br_2(t)$ 时，系统的输出若为 $ac_1(t)+bc_2(t)$，则这样的系统称为线性控制系统，否则称为非线性控制系统（Nonlinear Control System）。这里，系数 a、b 是常数。

2. 连续系统、离散系统和采样系统

这是根据系统中信号的类型来分类的。

若系统各部分的信号都是时间的连续函数（即模拟量），则称此系统为连续系统（Continue System）；若系统中既有模拟信号又有离散信号，则称此系统为离散系统（District System）；通常，把系统中的离散信号是脉冲序列形式的离散系统，称为采样系统（Sampling System）；而把数字序列形式的离散系统，称为数字控制系统（Digital Control System）。计算机控制系统是一个数字控制系统。

3. 定常系统与时变系统

这是根据系统中的参数是否随时间的变化而变化来分类的。

从系统的数学模型来看，若描述系统的微分方程的系数不是时间变量的函数，则称此系统为定常系统（Time-Invariant System），否则称为时变系统（Time-Varied System）。

4. 恒值系统、随动系统和程序控制系统

这是根据给定的参考输入信号的不同来分类的。

当系统的参考输入为一定值，而控制任务就是克服扰动，使被控量保持恒值，此类系统称为恒值系统（Uniform Control System）；若系统给定值按照事先不知道的时间函数变化，并要求被控量跟随给定值变化，则此类系统称为随动系统（Following Control System）；若系统的给定值按照设定的时间函数变化，并要求被控量随之变化，则此类系统称为程序控制系统（Programed

Control System），如一些自动化生产线等。

本书主要的研究对象是线性定常控制系统（Linear Time-Invariant Control System）。

四、自动控制系统的性能评价

自动控制系统有多种不同的类型，对每个系统也有不同的特殊要求，但对于各类系统来说，在已知系统的结构和参数时，最感兴趣的是系统在某种典型输入信号下，其被控量变化的全过程。对每一类系统被控量变化全过程提出的共同基本要求都是一样的，且可以归结为稳定性、准确性、快速性，即"稳、快、准"的性能要求。

1. 稳定性

稳定性（Stability）是指系统在受到外部作用后，其动态过程的振荡倾向和系统恢复平衡的能力，它是保证控制系统正常工作的先决条件。一个稳定的控制系统，其被控量偏离期望值的初始偏差应随时间的增长逐渐减小或趋于零，如图 1-4 所示。图 1-5 示出了不稳定系统的两种响应情况，其中图 1-5(a) 为在给定信号作用下，被控量振荡发散的不稳定情况；图 1-5(b) 为系统受扰动作用后，不能恢复平衡的不稳定情况；还有一种情况称为临界稳定情况，即系统的响应处于等幅振荡状态，实际上，这也是系统不允许出现的一种不稳定情况。

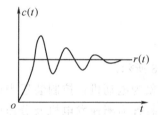
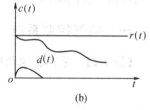

图 1-4 稳定系统的动态过程   图 1-5 不稳定系统的动态过程

线性控制系统的稳定性是由系统自身的结构和参数所决定，与外界因素无关。

2. 快速性

快速性（Fastness）是用动态过程的时间长短来表征的，过渡过程时间越短，表明快速性越好，反之亦然，如图 1-6 所示。为了很好地完成控制任务，一个控制系统如仅仅满足了稳定性的要求还远远不够，还必须对其过渡过程的形式和快慢提出要求，一般称为动态性能（Dynamic Characteristics）。

快速性表明了系统的输出对其输入响应速度的快慢。

3. 准确性

准确性（Accuracy）是由输入给定值与输出响应的终值之间的差值大小来表征的，如图 1-7 所示。在理想情况下，当过渡过程结束后，被控量达到的稳态值应与期望值一致。但实际上，由于系统结构、外作用形式以及摩擦、间隙等非线性因素的影响，被控量的稳态值与期望值之间会有误差存在，称为稳态误差（Stable State Error）。稳态误差是衡量控制系统控制精度的重要标志，若系统的稳态误差为零，则称为无差系统（Error-free System），否则称为有差系统（Erroneous System）。

控制系统的稳定性、快速性和准确性往往是互相制约的。求稳有可能引起反应迟缓，精度降低；求快则可能加剧振荡，甚至引起不稳定。怎样根据工作任务的不同，分析和设计自动控制系统，使其对三方面的性能有所侧重，并兼顾其他，以达到要求，正是自控原理及其后续课程要解决的核心问题。

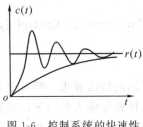

图 1-6 控制系统的快速性

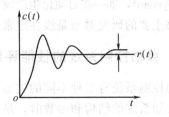

图 1-7 控制系统的稳态精度

第三节 自动控制系统应用示例

自动控制理论在工程领域发挥了前所未有的重要作用，它不仅推动了诸如宇宙飞船系统、导弹制导系统和机器人系统等高科技成果的不断出新，而且已成为现代机器制造业和工业生产过程中的重要组成部分。例如，在制造工业的数字机床控制中，在航空和航天工业的自动驾驶仪系统设计中，在汽车的设计和制造中，自动控制都是必不可少的。此外，在压力、温度、湿度、流量等工业过程控制中，自动控制也起了重要的作用。下面介绍一些简单自动控制系统的应用实例。

一、电气控制系统

【例 1-1】 采用转速负反馈的直流电动机调速系统，如图 1-8 所示。

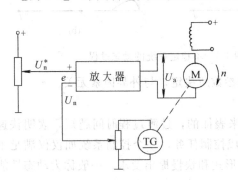

图 1-8 闭环控制的调速系统

本例中，受控对象为电动机；控制装置为电位器、放大器；测量装置为测速发电机及分压电位器。当改变给定电压 U_n^* 时，经放大器放大后的电压 U_a 随之变化，作为被控量的电动机转速 n 也随之变化。同时，电动机转速 n 经测量装置被转换成反馈电压 U_n，并反馈至输入端，形成闭合环路。加在放大器输入端的电压 e 为给定电压 U_n^* 和 U_n 的差值：$e = U_n^* - U_n$。因此，对于电网电压波动、负载变化以及除测量装置之外的其他部分的参数变化所引起的转速变化，可以通过

自动调整加以抑制。例如：若由于以上原因使得转速下降，将通过以下调节过程使 n 基本维持恒定，即

$$n \downarrow \to U_n \downarrow \to e \uparrow \to U_a \uparrow \to n \uparrow$$

二、机械控制系统

【例 1-2】 水温控制系统，如图 1-9 所示。

本例中，受控对象是水箱中的水。控制装置包括热敏元件、控制器和阀门。被控量为水温，给定值为要求达到的水温值，它可以是与该水温值对应的不同形式的物理量。水箱中流入冷水后，热蒸汽经阀门并流经热传导器件，通过热传导作用将冷水加热，加热后的水流出水箱。若由于某种原因，水箱中的水温低于给定值所要求的水温，则热敏元件将检测到的水温值转换成一定形式的物理量之后，馈送给控制器，控制器将给定值和检测值比较计算后，

发出控制信号，将阀门开度增加，使更多的热蒸汽流入，直至实际水温与给定值相符为止。反之，当水温偏高时也可相应地调节，即实现了自动水温控制。

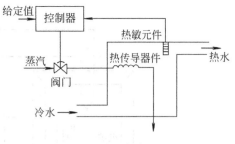

图 1-9　水温控制系统

三、机电控制系统

【例 1-3】　造纸机分部传动系统，如图 1-10所示。

本例中，受控对象为电动机，控制装置为电位器、放大器，测量装置为测速发电机，被控量为电动机转速，给定值为适宜的转速值，即电压 u_r。

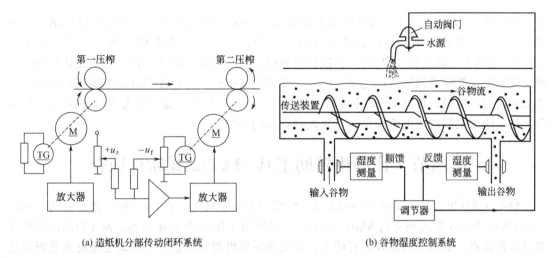

(a) 造纸机分部传动闭环系统　　　　(b) 谷物湿度控制系统

图 1-10　机电控制系统

含有大量水分的纸张经第一压榨辊后，去掉了一部分含水量，而后再进入第二压榨辊，再榨去一部分水分。第一和第二压榨辊分别由各自的电动机 M 拖动，为避免拉断纸页或出现叠堆，显然两个拖动电动机的转速必须协调。工作中，压榨辊拖动电机 M 的转速由测速发电机 TG 检测出来，并转换为速度反馈电压 u_f。参考输入电压 u_r 与反馈电压 u_f 都送到运算放大器的输入端并相比较（相减），得到偏差电压 $u_r - u_f$，经过放大器放大去控制拖动电动机的转速，即可使分部拖动电动机的转速受扰动的影响降低至可接受的水平。

在谷物磨粉的生产过程中，有一种出粉最多的湿度，因此磨粉之前要给谷物加水以得到给定的湿度。加水过程中，谷物流量，加水前谷物湿度以及水压都是对谷物湿度控制的扰动。在谷物湿度控制系统中，对输出谷物进行湿度测量，反馈给调节器，并与设定湿度比较，这是反馈控制。对输入谷物进行湿度测量，并输入给调节器，这是一种预控制，叫前馈控制，前馈控制能提前感知输入谷物湿度的变化，达到及时控制湿度的目的。

四、微机控制系统

【例 1-4】　电阻炉微机温度控制系统，如图 1-11 所示。

用于工业生产中炉温控制的微机控制系统，具有精度高、功能强、显示醒目、读数直观、灵活性和适应性好等优点。用微机控制系统代替模拟控制系统是今后工业过程控制的发

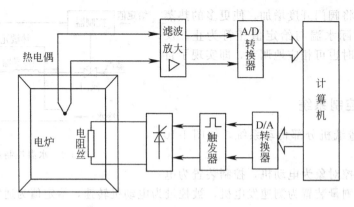

图 1-11　电阻炉微机温度控制系统

展方向。图 1-11 所示为某厂电阻炉微机温度控制系统原理示意图，电阻丝通过晶闸管主电路加热，炉温期望值用计算机键盘预先设置，炉温实际值由热电偶检测，并转换成电压（mV），经放大、滤波后，由 A/D 转换器将模拟量变换为数字量送入计算机，在计算机中与所设置的温度期望值比较后产生偏差信号，计算机便根据预定的控制算法（即控制规律）计算出相应的控制量，再经 D/A 转换器变换成 0～10mA 电流，通过触发器控制晶闸管导通角，从而改变电阻丝中电流大小，达到控制炉温的目的。

第四节　计算机辅助工具 MATLAB 软件简介

MATLAB 语言是由美国 New Mexico 大学的 Cleve Moler 于 1980 年开始开发的，1984 年由 Cleve Moler 等人创立的 Math Works 公司推出了第一个商业版本。MATLAB 具有许多显著的优点，如强大的矩阵运算能力、完美的图形可视化功能、各种动态系统的建模和仿真等。现在，MATLAB 已成为国际控制界应用最广的首选计算机工具，它不但广泛应用于控制领域，也应用于其他的工程和非工程领域。在控制界，很多知名学者都为其擅长的领域写出工具箱，其中很多工具箱已经成为该领域的标准。如 John Little 和 Alan Laub 开发的控制系统工具箱（Control Systems Toolbox），Ljung 开发的辨识工具箱（Identification Toolbox）等。

在本书中，将应用 MATLAB 语言及其控制系统工具箱作为辅助工具，帮助进行控制系统的分析和设计。由于 MATLAB 的很多功能是通过函数实现的，因此将介绍相关函数的使用。

下面的学习可以看到，本书介绍的经典控制理论是在计算机还未出现或未广泛应用的情况下出现的，很多内容在计算机上采用诸如 MATLAB 这样的软件来解决已变得十分简单。同时也应当指出，虽然有像 MATLAB 这样的强大软件可以直接使用，但这并不意味着可以放弃控制理论的学习，而一味依赖于强大的软件来解决所遇到的问题。因为这样既不能很好地理解软件本身，也不能解决工具箱没有提供解法的问题。有扎实的理论基础，可以更好地利用强大的工具，提高工作效率，解决新问题。现以 MATLAB7.5.0 为例介绍 MATLAB 的基础知识，这些基础知识是读者在求解工程问题时，有效地应用 MATLAB 所必需的。

一、MATLAB 的操作桌面和命令窗口

运行 MATLAB 程序后首先进入的是其操作桌面，如图 1-12 所示。桌面上窗口多少与

设置有关，图示桌面是缺省情况，前台有三个窗口，分别是命令窗口（Command Window）、历史指令窗（Command History）和工作空间（Workspace）。其中命令窗口是实现 MATLAB 各种功能的窗口，用户可以直接在命令窗口内输入命令，实现其相应功能。用户希望得到脱离操作桌面的独立命令窗口，只要点击操作桌面右上角的 键即可。命令窗口除了能够直接输入命令和文本，还包括菜单命令和工具栏。通过菜单命令，可以保存工作空间中的变量；打开 M 文件编辑/调试器；新建图形窗口和模型窗口等。工具栏是常用命令的快捷方式。

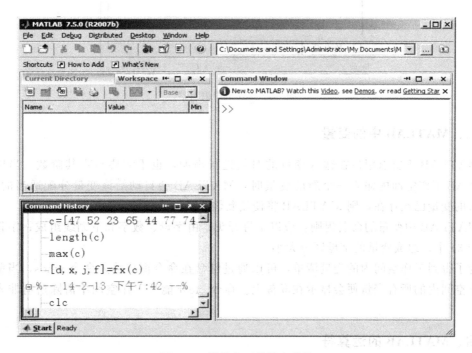

图 1-12　操作桌面的缺省外貌

二、MATLAB 中的命令和函数

MATLAB 中的命令和函数是分析和设计控制系统时经常采用的。MATLAB 具有许多预先定义的函数，供用户在求解许多不同类型的控制问题时调用。

在附录 A 中，列举了一些 MATLAB 的命令和函数供大家在使用时参考。

当遇到一些比较复杂的问题，应用单个 MATLAB 提供的命令和函数无法解决时，也可以自己编制 M 文件。建立一个新的 M 文件的方法是在 MATLAB 主菜单"File"下选择"New"→"M-file"，然后会出现 MATLAB 提供的编辑器：MATLAB Editor/Debugger，如图 1-13 所示。

在该编辑器中输入程序代码后，在 File 菜单下选择 Save 命令，出现保存文件对话框，指定文件名以保存输入的内容，这样就建立了一个新的 M 文件。

M 文件包括脚本文件和函数文件，脚本文件是一些 MATLAB 的命令和函数的组合，类似 DOS 下的批处理文件。函数文件是有输入输出参数的 M 文件。函数文件与脚本文件类似之处在于它们都是一个有".m"扩展名的文本文件。

图 1-13　M 文件编辑器

三、MATLAB 中的变量

MATLAB 不要求用户在输入变量的时候进行声明，也不需要指定其阶数。当用户在 MATLAB 工作空间内输入一个新的变量时，MATLAB 会自动给该变量分配适当的内存，若输入的变量已经存在，则 MATLAB 将使用新输入的变量替换原有的变量。

MATLAB 中变量的命名规则：应以字母开头；由字母、数字和下划线组成；字符长度不大于 31 个；组成变量的字母区分大小写。

为了得到工作空间内的变量清单，可以通过键盘在命令窗口输入命令 whos，当前存在于工作空间内的所有变量便会显示在屏幕上。命令 clear 能从工作空间中清除所有非永久性变量。

四、MATLAB 的运算符

MATLAB 的运算符包括算术运算符、关系运算符、逻辑运算符和操作符。由于 MATLAB 中的基本运算单元为矩阵，其算术运算符较复杂，如表 1-1 所示。

表 1-1　算术运算符

操 作 符	解 释	操 作 符	解 释
+	加	.^	数组乘方
-	减	\	矩阵左除
*	矩阵乘	.\	数组左除
.*	数组乘	/	矩阵右除
^	矩阵乘方	./	数组右除

在此要特别注意矩阵运算和数组运算的区别。例如，a＝[1　2]，b＝[3　4]，若执行 c＝a * b，MATLAB 将给出出错信息，因为 a * b 是矩阵运算，而矩阵 a 的行数和矩阵 b 的列数并不相等。若执行 c＝a. * b，这是数组运算，MATLAB 将给出结果 c＝[3　8]，为 a 和 b 的对应元素相乘。

MATLAB 中的关系运算符和逻辑运算符的使用方法和其他计算机语言中的使用方法相似。

在 MATLAB 中，一些操作符具有特殊的使用方法，下面对几个较为重要的符号做一介绍。

1. 冒号 ":"

冒号 ":" 是 MATLAB 中最重要的运算符之一，也是 MATLAB 中最常用的运算符之一。冒号主要用于输入行向量。

例如，当在 MATLAB 的命令窗口内输入

≫a＝1：5

此处符号 "≫" 是 MATLAB 命令窗口的提示符（下同），符号 "≫" 之后是用户输入的内容。输入回车后，显示如下

a＝

　　1　　2　　3　　4　　5

当在 MATLAB 的命令窗口输入

≫b＝1：.2：2

输入回车后，显示如下

b＝

1.0000　　1.2000　　1.4000　　1.6000　　1.8000　　2.0000

其中，产生向量 a 时，其增量为 1；产生向量 b 时，其增量为 0.2。

2. 分号 ";"

分号 ";" 除了在矩阵中用来分隔行以外，如果出现在一条语句的末尾，则说明除了这条语句外，还有语句等待输入，这时，MATLAB 将不给出运行的中间结果，当所有语句输入完毕，回车后，将显示最终的运行结果。例如在 MATLAB 的命令窗口输入

≫a＝[1 2；3 4]

a＝

　　1　　2

　　3　　4

此时分号 ";" 起到分行的作用，同时 a 可以显示出来。

若在 MATLAB 的命令窗口输入

≫a＝[1 2；3 4]；

此时 a 将不显示出来，但 a 已存在于 MATLAB 的工作空间。

3. 方括号 "[ ]"

方括号 "[ ]" 可以用来输入矩阵，也可以用方括号删除矩阵的行或列。

4. 省略号 "……"

在输入程序时，经常会遇到较长的命令行而在一行中无法完整输入该命令行。此时，可以在未完的语句末端输入六个点 "……" 来表示将在下一行继续输入。例如，输入如下命令

≫a＝1＋1/2＋1/4＋1/8＋1/16＋1/32＋1/64＋1/128……

＋1/256＋1/512；

可以注意到，在第一行的末端，添加了 "……"，这样，用户可以在下一行接着输入程序语句。

5. 百分号 "％"

在编制 MATLAB 程序时，有时需要附有注解和说明，这些注解和说明阐明了发生在程序中的具体进程。在 MATLAB 中以"％"开始的程序行，表示注解和说明。这些注解和说明是不执行的。

五、绘制响应曲线

MATLAB 提供了非常方便的绘图功能和强大的图形处理功能。函数 plot（）可以产生线性 x-y 图形（用命令 loglog、semilogx、semilogy 或 polar 取代 plot，可以产生对数坐标图和极坐标图）。所有这些命令的应用方式都是相同的，它们只对如何对坐标轴进行分度和如何显示数据产生影响。

1. 二维 x-y 图形

plot（x，y）

这是最常用的形式。x 为横坐标向量，y 为纵坐标向量。x 和 y 必须方向相同、长度相等。

例如，输入命令

≫t＝0：0.1：2＊pi；％输入自变量 t（0～2π）

≫y＝sin（t）；％计算各 t 时刻的 y 值

≫plot（t，y）；％绘图

绘出如图 1-14 所示一个周期的正弦曲线。

还可以利用 plot（）函数在一幅图上画出多条曲线，此时 plot（）函数的应用格式为

plot（x1，y1，x2，y2，…）

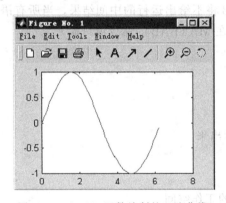

图 1-14　plot（）函数绘制的正弦曲线

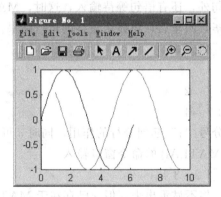

图 1-15　在同一窗口绘制的两条曲线

变量 x1、y1；x2、y2 等是一些向量对。每一个 x-y 对都可以图解表示出来，因而在一幅图上形成多条曲线。例如，输入命令

≫t1＝0：0.1：2＊pi；％输入自变量 t1（0～2π）

≫t2＝1：0.1：3＊pi；％输入自变量 t2（1～3π）

≫plot（t1，sin（t1），t2，cos（t2））；％绘图

可以绘制如图 1-15 的两条曲线，它们的坐标位置和长度可以不同。

2. 给绘制的图形加网格线、图形标题、x 轴标记和 y 轴标记

一旦在图形窗口绘制有图形，就可以画出网格线，定出图形标题，并且标定 x 轴标记和 y 轴标记。MATLAB 中关于网格线、标题、x 轴标记和 y 轴标记的命令如下：

grid——加网格线；

title——加图形标题；

xlabel——加 x 轴标记；

ylabel——加 y 轴标记。

例如，在命令窗口输入如下命令

≫t＝0：0.1：4 * pi；plot（t，sin（t））；

≫grid；%给图形加上网格

≫title（'正弦曲线'）；%图形标题为"正弦曲线"

≫xlabel（'Time'）；%x 轴标记为"Time"

≫ylabel（'sin（t）'）；%y 轴标记为"sin（t）"

加上网格、图形标题、x 轴标记和 y 轴标记的图形如图 1-16 所示。

3. 对图形的处理

利用图形窗口的菜单和工具条，可以很容易地对绘制的图形进行处理。

图形窗口工具条上有几个专用按钮，是针对图形进行操作的，其功能分别为

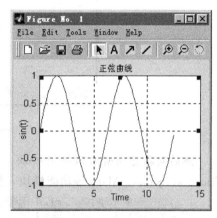

图 1-16   为图形加基本标注

- 按钮 ▶：允许对图形进行编辑；

- 按钮 **A**：在图形窗口中添加文本；

- 按钮 ↗：在图形窗口中添加箭头；

- 按钮 ╱：在图形窗口中添加直线；

- 按钮 ⊕：允许对图形进行放大操作；

- 按钮 ⊖：允许对图形进行缩小操作；

- 按钮 ⟲：允许把图形旋转为三维图形。

六、 Simulink 简介

Simulink 是对动态系统进行建模、仿真和分析的一个软件包。它支持线性和非线性系统、连续时间系统、离散时间系统、连续和离散混合系统。作为 MATLAB 的重要组成部分，Simulink 具有相对独立的功能和使用方法。

在 MATLAB 的命令窗口键入"Simulink"，或单击 MATLAB 工具条上的 Simulink 图标 即可打开如图 1-17 所示的 Simulink 模块库浏览器窗口。

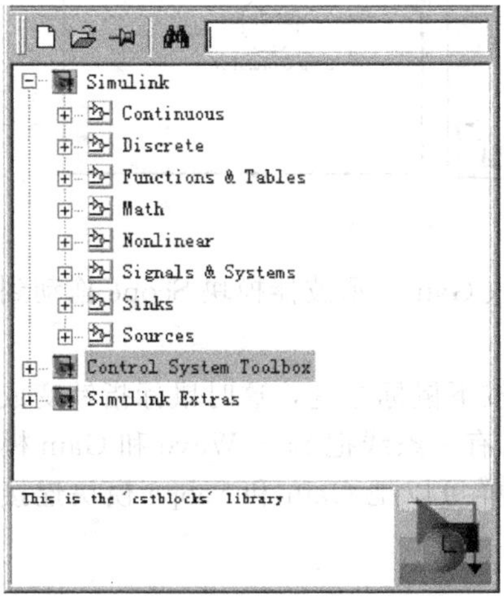

从图 1-17 可以看到（这里显示的是其中的一部分），Simulink 的模块库为用户提供了多种多样的功能模块，其中在 Simulink 类下的基本功能模块包括了连续系统（Continuous）、离散系统（Discrete）、非线性系统（Nonlinear）几类基本系统构成模块，还包括连接、运算类模块：函数与表（Function & Tables）、数学运算模块（Math）、信号与系统（Sig-

图 1-17   Simulink 模块库浏览器

nals & Systems)。而输入源模块（Sources）和接收模块（Sinks）则为模型仿真提供了信号源和结果输出设备。便于用户对模型进行仿真和分析。

1. Simulink 仿真模型的建立

要建立系统的仿真模型，首先单击图 1-17 工具条左边的图标 □（建立新模型），会弹出如图 1-18 所示的新建模型窗口。

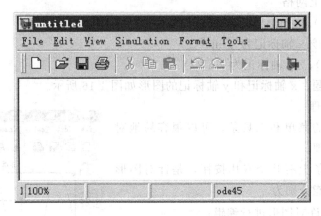

图 1-18　新建模型窗口

然后向新建模型窗口拷贝模块。用鼠标右键单击如图 1-17 所示模块库浏览窗口中的 Sources、Sinks、Math 等功能模块，打开如图 1-19 所示的功能模块窗口。

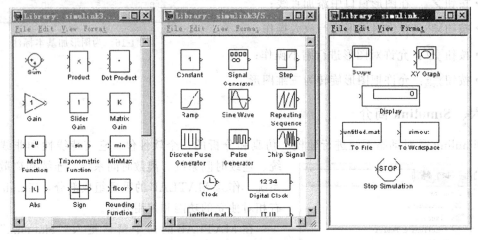

图 1-19　功能模块窗口

分别从图 1-19 将正弦信号模块 Sine Wave、增益模块 Gain、示波器模块 Scope 拖动到新建模型窗口，如图 1-20 所示。

将鼠标指针移到 Sine Wave 模块右边的输出端口，按下鼠标左键，这时鼠标指针变成十字形，然后拖动鼠标到 Gain 模块左边的输入端口，此时有一条线把 Sine Wave 和 Gain 模块连接起来，释放鼠标左键，这两个模块就连接好了。同样可以把 Gain 和 Scope 模块连接起来，如图 1-21 所示。

2. Simulink 仿真的基本操作

当用户把所有模块之间的连线连接完毕以后，就可以改变各个模块（如果需要的话）所对应的参数。利用鼠标左键双击要改变参数的模块，如双击 Sine Wave 模块，打开如图 1-22 所示正弦

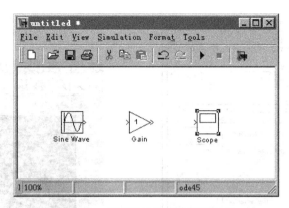

图 1-20　加有模块的新建模型窗口

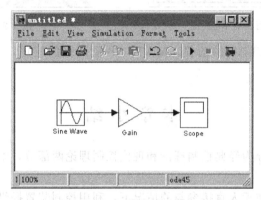

图 1-21　模块的连接

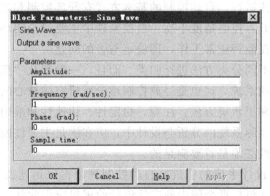

图 1-22　正弦模块参数设置对话框

模块的参数设置对话框，根据这一对话框，可以设置正弦信号的幅值（Amplitude）、角频率（Frequency）、相位（Phase）、采样时间（Sample time）这四个和正弦信号有关的参数。用同样的方法可以设置增益模块的参数，如设置增益模块的增益为 10。

　　在新建模型窗口的 Simulation 菜单中选择 Parameters 命令，可以打开如图 1-23 所示的控制面板的对话框，在此可以设置仿真的起始时间（Start time）、停止时间（Stop time）、仿真方法和仿真步长等。

　　在新建模型窗口的 Simulation 菜单中选择 Start 命令，这时仿真结果就会在 Scope 模块中显示出来，如图 1-24 所示。

　　本节介绍了在自动控制系统设计和分析中所用到的 MATLAB 的一些基础知识，这些基

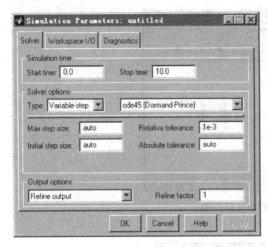
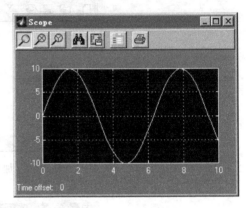

图 1-23 控制面板对话框　　　　　　　　　　图 1-24 示波器输出

础知识是本书应用 MATLAB 的前提。MATLAB 更高级的应用，大家可以参考有关介绍
MATLAB 的书籍。

本 章 小 结

自动控制理论通常分为经典控制理论和现代控制理论两部分，本书重点介绍经典控制理论的基本知识。

所谓自动控制就是在无人直接参与的情况下，利用控制装置操纵受控对象，使受控对象的受控量按照预定的规律运行。自动控制的基本方式有开环控制和闭环控制两种，开环控制结构简单，但抗扰能力差，控制精度不高；自控原理中主要讨论闭环控制方式，其抗扰能力强，控制精度高，但存在能否正常工作，即稳定与否的问题。

自动控制系统可按不同分类方法进行归类。而且，一般都从"稳、快、准"三个方面的性能来评价一个自动控制系统，这也是经典控制理论所研究的核心问题，所采取的研究方法有时域方法、频域方法和根轨迹方法。注意，稳定性、快速性和准确性这三个方面的性能往往又是相互制约的，在实际系统的分析与设计中，应在满足主要性能指标要求的同时，兼顾其他性能指标，但稳定性必须是首要满足的。

计算机辅助分析与设计手段的引进是自动控制理论得以迅速发展和应用的强有力的工具，其中 MATLAB 软件包是现今国内外广泛流行的理想应用软件之一。本书旨在不仅从经典控制理论的内容体系上有新的突破，而且将基于 MATLAB 的计算机辅助分析方法有机地融合进去。为更好利用 MATLAB 分析系统，应了解 MATLAB 的组成、函数和命令的使用方法、图形的绘制和处理方法以及仿真工具的使用方法等。

习　　题

1-1　理解并阐述下列概念：

自动控制；控制装置与受控对象；给定值与被控量；开环控制与闭环控制；线性系统与非线性系统；连续系统、离散系统与采样系统；恒值系统与随动系统；稳定性、快速性和准确性。

1-2　列举实际生活中开环控制和闭环控制的典型实例，并说明其工作原理。

1-3　直流发电机电压控制系统如图 1-25 所示，图 1-25（a）为开环控制，图 1-25（b）为闭环控制。发电机电动势与原动机转速成正比，同时与励磁电流成正比。当负载变化时，由于发电机电枢内阻上电压降的变化，会引起输出电压的波动。

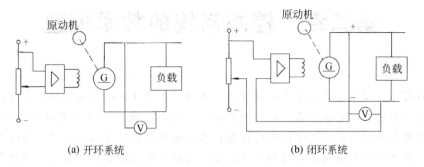

(a) 开环系统   (b) 闭环系统

图 1-25 直流发电机电压控制系统

① 说明开环控制的工作原理，分析原动机转速的波动和负载的变化对发电机输出电压的影响。

② 分析闭环控制的控制过程，并与开环控制进行比较，说明负反馈的作用。

1-4 图 1-26 是电炉温度控制系统原理示意图。试分析系统保持电炉温度恒定的工作过程，指出系统的被控对象、被控量以及各部分的作用，并画出系统方块图。

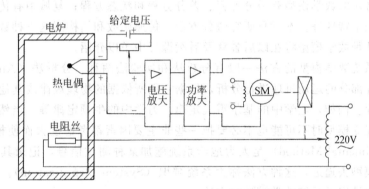

图 1-26 电炉温度控制系统原理示意图

1-5 熟悉 MATLAB 中冒号 "："、分号 "；"、方括号 "[ ]" 等的使用方法，熟悉矩阵和数组的运算。

1-6 利用 MATLAB 绘制双曲线 $y_1(t)=5\sin(2t)$ 和 $y_2(t)=5\cos(t)$，t 的范围为 $0\sim2\pi$。

1-7 建立一个由阶跃信号、放大器和示波器构成的仿真模型，观察示波器的输出。

第二章 控制系统的数学模型

引言 在控制系统的分析和设计中，必须首先建立系统的数学模型，它是进行系统分析和设计的首要任务。在自动控制理论中，系统数学模型可以有多种形式。本章主要介绍控制系统数学模型的概念；系统微分方程的建立和求解；传递函数的概念；系统的结构图及其等效和化简方法；闭环系统的几类传递函数。最后介绍在MATLAB中，系统数学模型的表示方法，几种模型之间的转化以及模型的等效变换等。

控制系统的数学模型（Mathematical Model）是描述系统内部物理量之间关系的数学表达式。时域中常用的数学模型有微分方程、差分方程和状态方程；复域中有传递函数、结构图；频域中有频率特性等。本章只研究微分方程、传递函数和结构图这三种数学模型的建立和应用，其余几种数学模型将在以后各章及后续课程中予以介绍。

建立控制系统数学模型的方法一般有分析法和实验法两种。分析法（Analytical Method）是对系统各部分的运动机理进行分析，根据它们所依据的物理规律或其他规律分别列写相应的运动方程。例如，电学中的基尔霍夫定律、力学中的牛顿定律等。当然和模型有关的因素很多，在建立模型时不可能也不必要把一些非主要因素都考虑进去而使模型过于复杂。实验法（Experimental Method）是人为地给系统施加某种测试信号，记录其输出响应，并用适当的数学模型去逼近，这种方法称为系统辨识（System Identification）。本章主要研究用分析法建立线性定常系统数学模型的方法。

第一节 控制系统的微分方程

微分方程（Differential Equation）是描述自动控制系统动态特性的最基本的方法。由于控制系统的多样性，控制系统微分方程的表现形式也是多样的，如线性的与非线性的，定常系数的与时变系数的，集总参数的与分布参数的。本节着重研究线性、定常、集总参数控制系统微分方程的建立和求解。

一、控制系统微分方程的建立

一个完整的控制系统通常由若干元器件或环节以一定方式连接而成，系统可以是由一个环节组成的小系统，也可以是由多个环节组成的大系统。对系统中每个或某些具体的元器件或环节按照其运动规律可以比较容易地列写其微分方程，然后将这些微分方程联立起来，消去中间变量，就能得到系统输出量和输入量之间关系的微分方程。一般将与输出量有关的项写在方程的左端，与输入量有关的项在方程的右端，方程两端的导数项均按降幂排列。

下面举例说明控制系统中常用的电气元件和系统、力学元件和系统等微分方程的列写方法。

1. 电气系统

对于电气系统，列写微分方程的基本依据是电网络的两个基本约束特性。

（1）元件特性约束 亦即表征元件特性的关系式。例如二端元件电阻、电感、电容各自的电压与电流之间的关系，以及四端元件互感的初、次级电压或电流的关系等。

（2）网络拓扑约束 由网络结构决定的电压、电流约束关系。以基尔霍夫电压定律（KVL）和基尔霍夫电流定律（KCL）表示。

【例 2-1】 图 2-1 是由电阻 R、电感 L 和电容 C 组成的 RLC 无源网络，设输入量为 $u_1(t)$，输出量为 $u_2(t)$，试列写其微分方程。

解 根据基尔霍夫定律及元件约束关系有

$$L\frac{\mathrm{d}i(t)}{\mathrm{d}t} + Ri(t) + u_2(t) = u_1(t)$$

$$i(t) = C\frac{\mathrm{d}u_2(t)}{\mathrm{d}t}$$

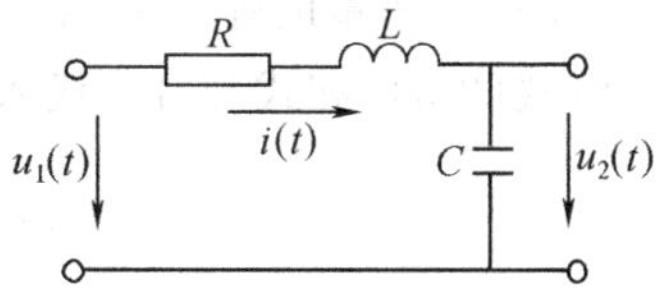

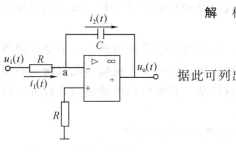

图 2-1 RLC 无源网络

消去中间变量 $i(t)$，可得

$$LC\frac{\mathrm{d}^2 u_2(t)}{\mathrm{d}t^2} + RC\frac{\mathrm{d}u_2(t)}{\mathrm{d}t} + u_2(t) = u_1(t) \tag{2-1}$$

可见，RLC 无源网络的动态数学模型是一个二阶常系数线性微分方程。

【例 2-2】 如图 2-2 所示有源 RC 网络，设输入电压为 $u_i(t)$，输出电压为 $u_o(t)$，试列写其微分方程。

解 根据运算放大器的特性可知

$$u_a(t) \approx 0$$

$$i_1(t) \approx i_2(t)$$

据此可列出

$$\frac{u_i(t)}{R} = i_1(t)$$

$$i_2(t) = -C\frac{\mathrm{d}u_o(t)}{\mathrm{d}t} = \frac{u_i(t)}{R}$$

$$-RC\frac{\mathrm{d}u_o(t)}{\mathrm{d}t} = u_i(t)$$

图 2-2 有源 RC 网络

系统微分方程为

$$-RC\frac{\mathrm{d}u_o(t)}{\mathrm{d}t} = u_i(t)$$

2. 机械系统

对于机械系统，可根据牛顿力学定律等来列写微分方程。

【例 2-3】 设有一个由弹簧、质量块和阻尼器组成的机械系统如图 2-3 所示，设外作用力 $F(t)$ 为输入量，位移 $y(t)$ 为输出量，列写机械系统的微分方程（不考虑质量块的重力）。

解 根据牛顿第二定律可得

$$m\frac{\mathrm{d}^2 y(t)}{\mathrm{d}t^2} = F(t) - F_B(t) - F_K(t) \tag{2-2}$$

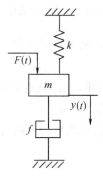

图 2-3 由弹簧、质量块和阻尼器组成的机械系统

式中 m——物体的质量；

$F_B(t)$——阻尼器黏性阻力；

$F_K(t)$——弹簧的弹性力。

$F_B(t)$与物体的运动速度成正比，即

$$F_B(t) = f\frac{\mathrm{d}y(t)}{\mathrm{d}t} \tag{2-3}$$

式中　f——阻尼器的阻尼系数。

$F_K(t)$与物体的位移成正比，即

$$F_K(t) = ky(t) \tag{2-4}$$

式中　k——弹簧的弹性系数。

将式(2-3)和式(2-4)代入式(2-2)得系统的微分方程为

$$m\frac{\mathrm{d}^2 y(t)}{\mathrm{d}t^2} + f\frac{\mathrm{d}y(t)}{\mathrm{d}t} + ky(t) = F(t) \tag{2-5}$$

比较式(2-1)和式(2-5)可以看出，不同类型的元件或系统可以有形式相同的微分方程，这种相似性为控制系统的计算机仿真提供了基础。

3. 复合系统

复合系统是由几种不同的物理系统，在符合传输关系的条件下，以不同方式连接构成的系统，如机电一体化系统。复合系统微分方程的列写，应先写出各子系统满足输入-输出关系的微分方程，再消去中间变量求得。

【例 2-4】试写出图 2-4 所示电枢控制的他励直流电动机的微分方程。以电枢电压为输入量，以电动机输出角速度为输出量。

解　直流电动机的运动是一复合系统的运动，它由两个子系统构成：一个是电网络系统，产生电磁转矩；另一个是机械运动系统，输出机械能带动负载转动。直流电动机的运动方程可由以下三部分组成。

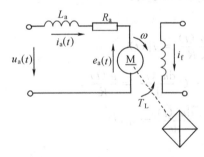

图 2-4　他励直流电动机示意图

① 电枢回路电压平衡方程

$$u_a(t) = R_a i_a(t) + L_a\frac{\mathrm{d}i_a(t)}{\mathrm{d}t} + e_a(t)$$

式中，$e_a(t)$是电枢反电动势，可表示为

$$e_a(t) = C_e\omega(t)$$

式中，C_e是反电动势常数，单位为 V/(rad/s)。

② 电磁转矩方程

$$T_e(t) = C_m i_a(t)$$

式中，C_m是电动机转矩系数，单位为 N·m/A；$T_e(t)$是电枢电流产生的电磁转矩，单位为 N·m。

③ 电动机轴上的转矩平衡方程

$$J\frac{\mathrm{d}\omega(t)}{\mathrm{d}t} + f\omega(t) = T_e(t) - T_L(t)$$

式中　$T_L(t)$——负载力矩，N·m；

　　　f——电动机和负载折合到电动机轴上的黏性摩擦系数，N·m/(rad/s)；

　　　J——电动机和负载折合到电动机轴上的转动惯量，N·m·s²。

消去中间变量 $i_a(t)$、$e_a(t)$ 及 $T_e(t)$，可得表示 $u_a(t)$、$\omega(t)$ 及 $T_L(t)$ 之间的微分方程

$$\frac{JL_a}{C_m} \times \frac{\mathrm{d}^2\omega(t)}{\mathrm{d}t^2} + \left(\frac{L_a f}{C_m} + \frac{JR_a}{C_m}\right)\frac{\mathrm{d}\omega(t)}{\mathrm{d}t} + \left(C_e + \frac{R_a f}{C_m}\right)\omega(t)$$

$$= u_a(t) - \frac{R_a}{C_m}T_L(t) - \frac{L_a}{C_m} \times \frac{\mathrm{d}T_L(t)}{\mathrm{d}t} \tag{2-6}$$

这是一个二阶微分方程。表明在以电枢电压为输入，电动机角速度为输出时，电枢控制的他励直流电机为二阶系统。

在工程实际中，为便于分析系统，常略去次要因素，使系统变得简单。下面分几种情况讨论。

- 忽略黏性摩擦的影响，即设 $f=0$，这时式(2-6) 变为

$$\frac{JL_a}{C_m} \times \frac{\mathrm{d}^2\omega(t)}{\mathrm{d}t^2} + \frac{JR_a}{C_m} \times \frac{\mathrm{d}\omega(t)}{\mathrm{d}t} + C_e\omega(t) = u_a(t) - \frac{R_a}{C_m}T_L(t) - \frac{L_a}{C_m} \times \frac{\mathrm{d}T_L(t)}{\mathrm{d}t}$$

- 忽略电枢电感的影响，即设 $L_a=0$，这时式(2-6) 变为

$$\frac{JR_a}{C_m} \times \frac{\mathrm{d}\omega(t)}{\mathrm{d}t} + \left(C_e + \frac{R_a f}{C_m}\right)\omega(t) = u_a(t) - \frac{R_a}{C_m}T_L(t)$$

此时系统简化为一阶系统。

- 同时忽略黏性摩擦和电感的影响，即设 $f=0$ 及 $L_a=0$，式(2-6) 变为

$$T_m\frac{\mathrm{d}\omega(t)}{\mathrm{d}t} + \omega(t) = \frac{1}{C_e}u_a(t) - \frac{T_m}{J}T_L(t)$$

为一阶系统。

对由多个环节组成的控制系统建立微分方程时，一般先由系统原理图画出系统框图，并分别列写组成系统各环节的微分方程，然后，消去中间变量便得到描述系统输出量与输入量之间的微分方程。列写系统各元件的微分方程时：一是注意信号的单向性，即前一个元件的输出是后一个元件的输入；二是前后连接的两个元件中，后级对前级的负载效应。

【例 2-5】 试列写图 2-5 所示电动机调速系统的微分方程。

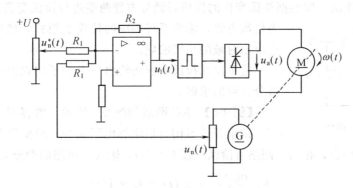

图 2-5　电动机调速系统

解　控制系统的被控对象是电动机，输出量是角速度 $\omega(t)$，输入量为给定电压 $u_n^*(t)$。控制系统由比较器、运算放大器、功率放大器和测速发电机等部分组成，现分别列写各环节的微分方程。

首先画出系统的原理框图，如图 2-6

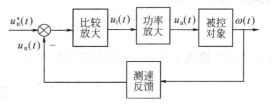

图 2-6　电动机调速系统原理框图

所示。

① 运算放大器

$$u_1(t) = K_1[u_n^*(t) - u_n(t)]$$

式中，$K_1 = R_2/R_1$ 是运算放大器的放大倍数。

② 功率放大器

$$u_a(t) = K_s u_1(t)$$

式中，K_s 为功率放大器的放大倍数。

③ 直流电动机　当电动机空载时，其微分方程可表示为

$$\frac{JL_a}{C_m} \times \frac{d^2\omega(t)}{dt^2} + \frac{JR_a}{C_m} \times \frac{d\omega(t)}{dt} + C_e\omega(t) = u_a(t)$$

④ 测速发电机

$$u_n(t) = K_t\omega(t)$$

从上述各方程中消去中间变量 $u_n(t)$、$u_1(t)$、$u_a(t)$，经整理得控制系统的微分方程为

$$\frac{JL_a}{C_m} \times \frac{d^2\omega(t)}{dt^2} + \frac{JR_a}{C_m} \times \frac{d\omega(t)}{dt} + (C_e + K_1K_sK_t)\omega(t) = K_1K_su_n^*(t)$$

二、线性定常微分方程的求解

建立数学模型的目的之一是为了用数学方法定量地对系统进行分析。当系统的微分方程列出后，只要给定输入量及系统的初始条件，便可对微分方程进行求解。线性定常系统微分方程的求解包括下面三种方法。

（1）经典法求解　即求出微分方程的齐次解和特解。其中特解的形式和输入信号的形式相同，齐次解的系数由初始条件确定。

（2）零输入响应和零状态响应法　把系统的非零初始状态等效作为输入考虑，然后根据线性系统的叠加原理求解。

（3）拉氏变换法　即根据拉氏变换的性质对微分方程两端进行拉氏变换，把微分方程化为代数方程，求出系统响应的拉氏变换式，然后进行拉氏反变换求出时域的系统响应。

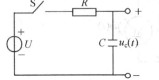

图 2-7　RC 网络

这里仅就拉氏变换法给出一个例子用以说明线性定常系统微分方程的求解。

【例 2-6】　RC 网络如图 2-7 所示，电容 C 上的初始电压为零。试求开关 S 闭合后电容电压 $u_c(t)$ 的变化规律。

解　开关 S 闭合，相当于网络有阶跃电压 $U \times 1(t)$ 输入。电路的微分方程为

$$RC \frac{du_c(t)}{dt} + u_c(t) = U \times 1(t)$$

两端进行拉氏变换得

$$RCsU_c(s) + U_c(s) = \frac{1}{s}U$$

由上式求出输出量变 $u_c(t)$ 的拉氏变换式为

$$U_c(s) = \frac{U}{s(RCs + 1)}$$

再经拉氏反变换得

$$u_c(t) = U(1 - e^{-\frac{1}{RC}t}) \times 1(t)$$

此即开关 S 闭合后 $u_c(t)$ 的变化规律。

第二节 控制系统的传递函数

控制系统的微分方程是在时间域描述系统动态过程的数学模型，在给定外作用及初始条件下，求解微分方程可以得到系统的输出响应。这种方法比较直观，特别是借助于计算机可以迅速而准确地求得结果。但是如果系统的结构改变或某个参数变化时，就要重新列写并求解微分方程，不便于系统的分析和设计。

传递函数（Transfer Function）是在用拉氏变换求解线性微分方程的基础上得到的一个重要概念，它是控制系统在复数域的数学模型，同时也是经典控制理论中用得最多的一种动态数学模型。

一、传递函数的定义和性质

1. 传递函数的定义

线性定常系统在零初始条件下，系统输出量的拉氏变换和输入量的拉氏变换之比，称为系统的传递函数。

设线性定常系统由下述 n 阶线性常微分方程描述

$$a_0 \frac{d^n}{dt^n}c(t) + a_1 \frac{d^{n-1}}{dt^{n-1}}c(t) + \cdots + a_n c(t)$$
$$= b_0 \frac{d^m}{dt^m}r(t) + b_1 \frac{d^{m-1}}{dt^{m-1}}r(t) + \cdots + b_m r(t)$$

式中　　　　　　　　　　　　$c(t)$——系统输出量；

　　　　　　　　　　　　　　$r(t)$——系统输入量；

$a_i(i=0,1,\cdots,n), b_j(j=0,1,\cdots,m)$——与系统结构和参数有关的常系数。

设 $c(t)$ 和 $r(t)$ 及其各阶导数在 $t=0$ 时的值为零，即在零初始条件下对上式两边进行拉氏变换，并令

$$C(s) = \mathcal{L}[c(t)] \qquad R(s) = \mathcal{L}[r(t)]$$

由定义得系统的传递函数为

$$G(s) = \frac{C(s)}{R(s)} = \frac{b_0 s^m + b_1 s^{m-1} + \cdots + b_{m-1} s + b_m}{a_0 s^n + a_1 s^{n-1} + \cdots + a_{n-1} s + a_n} = \frac{M(s)}{N(s)} \tag{2-7}$$

其中

$$M(s) = b_0 s^m + b_1 s^{m-1} + \cdots + b_{m-1} s + b_m$$
$$N(s) = a_0 s^n + a_1 s^{n-1} + \cdots + a_{n-1} s + a_n$$

则

$$C(s) = G(s)R(s)$$

从上式可以看出，输入量 $R(s)$ 经传递函数 $G(s)$ 的传递后，得到了输出量 $C(s)$，这一关系可用图 2-8 的框图直观地表示，框内是传递函数，箭头表示信号的传递方向。

2. 传递函数的性质

传递函数具有以下性质。

① 传递函数是复变量 s 的有理分式，$m \leqslant n$。其分子 $M(s)$ 和分母 $N(s)$ 的各项系数均

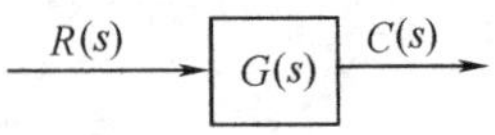

图 2-8　传递函数框图

为实数，由系统的参数确定。这里，分母式中的阶次 n 就是传递函数的阶次，它必不小于其分子式中的阶次 m，这是因为实际的物理系统总是存在惯性，其输出决不会超前于输入。当系统传递函数为 n 阶时，称为 n 阶系统。

② 传递函数是物理系统的一种数学描述形式，它只取决于系统或元件的结构和参数，而与输入量无关，传递函数表达式中 s 的阶次及系数都是对系统本身固有特性的表征。

③ 传递函数 $G(s)$ 的拉氏反变换是单位冲激响应 $g(t)$。单位冲激响应是系统在单位冲激信号 $\delta(t)$ 作用下的输出响应，此时 $R(s) = \mathcal{L}[\delta(t)] = 1$。故有

$$g(t) = \mathcal{L}^{-1}[C(s)] = \mathcal{L}^{-1}[G(s)R(s)] = \mathcal{L}^{-1}[G(s)]$$

④ 不同的物理系统可以有同样的传递函数，正如一些不同的物理现象可以用形式相同的微分方程描述一样。故传递函数不能反映系统的物理结构。

⑤ 传递函数只描述系统的输入-输出特性，而不能表示系统内部所有状态的特性。

⑥ 传递函数是将线性定常系统的微分方程作拉氏变换后得到的，因此，传递函数的概念只能用于线性定常系统，且其量纲由输入量和输出量决定。

【例 2-7】 已知系统在单位阶跃输入 $r(t) = 1(t)$ 作用下，系统的输出响应 $c(t) = 1 - \mathrm{e}^{-2t} + \mathrm{e}^{-t}$，试求系统的传递函数，并求该系统的脉冲响应。

解　输入量 $r(t)$ 的拉氏变换为

$$R(s) = 1/s$$

输出量 $c(t)$ 的拉氏变换为

$$C(s) = \frac{1}{s} - \frac{1}{s+2} + \frac{1}{s+1} = \frac{s^2 + 4s + 2}{s(s+1)(s+2)}$$

根据定义，系统的传递函数为

$$G(s) = \frac{C(s)}{R(s)} = \frac{s^2 + 4s + 2}{(s+1)(s+2)}$$

系统的脉冲响应为

$$g(t) = \mathcal{L}^{-1}[G(s)] = \mathcal{L}^{-1}\left[1 + \frac{s}{(s+1)(s+2)}\right] = \mathcal{L}^{-1}\left[1 + \frac{-1}{s+1} + \frac{2}{s+2}\right]$$
$$= \delta(t) - \mathrm{e}^{-t} + 2\mathrm{e}^{-2t}$$

二、传递函数的零点与极点

将传递函数表达式(2-7)的分子和分母多项式经因式分解后可写为如下形式

$$G(s) = \frac{C(s)}{R(s)} = \frac{b_0(s - z_1)(s - z_2)\cdots(s - z_m)}{a_0(s - p_1)(s - p_2)\cdots(s - p_n)} = K^* \frac{\displaystyle\prod_{i=1}^{m}(s - z_i)}{\displaystyle\prod_{j=1}^{n}(s - p_j)}$$

式中，$z_i(i = 1, 2, \cdots, m)$ 是分子多项式的零点，称为传递函数的零点（Zeros）；p_j（$j = 1, 2, \cdots, n$）是分母多项式的极点，称为传递函数的极点（Poles）。传递函数的零点和极点可以是实数，也可以是复数，若为复数，必共轭成对出现。系数 $K^* = b_0/a_0$ 称为传递系数或根轨迹增益。

在复平面上表示传递函数的零点和极点时，称为传递函数的零、极点分布图。在图中一般用"○"表示零点，用"×"表示极点。

【**例 2-8**】 系统的传递函数为 $G(s)=\dfrac{s+6}{s^2+4s+13}$，在复平面上表示出极点和零点。

解 $G(s)$ 的零极点形式为

$$G(s)=\frac{s+6}{(s+2-\mathrm{j}3)(s+2+\mathrm{j}3)}$$

从上式可得

传递函数的零点为 $z_1=-6$；

传递函数的极点为 $p_{1,2}=-2\pm\mathrm{j}3$。

零、极点分布如图 2-9 所示。

图 2-9 零、极点分布图

三、控制系统和典型环节的传递函数

可以通过下面的三种方法得到控制系统的传递函数。

① 首先求出控制系统的微分方程，在零初始条件下对微分方程两边进行拉氏变换，输出量的拉氏变换与输入量的拉氏变换之比就是系统的传递函数。

② 列写控制系统输入输出及内部各中间变量的微分方程组，将微分方程组经拉氏变换化为代数方程组，消去中间变量得到系统的传递函数。

③ 对于电网络系统，可以将时域的元件模型化为 s 域的元件模型，然后根据电网络的约束关系列写代数方程，消去中间变量得到系统的传递函数。

下面举例说明控制系统传递函数的求法。

【**例 2-9**】 求图 2-1 所示 RLC 无源网络的传递函数 $U_2(s)/U_1(s)$。

解 在【例 2-9】中已求出系统的微分方程为

$$LC\frac{\mathrm{d}^2 u_2(t)}{\mathrm{d}t^2}+RC\frac{\mathrm{d}u_2(t)}{\mathrm{d}t}+u_2(t)=u_1(t)$$

在零初始条件下，两边进行拉氏变换得

$$LCs^2 U_2(s)+RCsU_2(s)+U_2(s)=U_1(s)$$

所以系统的传递函数为

$$G(s)=\frac{U_2(s)}{U_1(s)}=\frac{1}{LCs^2+RCs+1}$$

【**例 2-10**】 图 2-10 所示为两级 RC 电路串联组成的无源滤波网络，试列写以 $u(t)$ 为输入，$u_C(t)$ 为输出的网络传递函数 $U_C(s)/U(s)$。

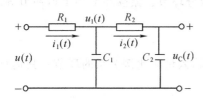

图 2-10 两级 RC 滤波网络

解 根据基尔霍夫定律和电容自身的约束关系可得

$$u(t)=R_1 i_1(t)+u_1(t)$$
$$u_1(t)=R_2 i_2(t)+u_C(t)$$
$$i_2(t)=C_2\frac{\mathrm{d}u_C(t)}{\mathrm{d}t}$$
$$i_1(t)-i_2(t)=C_1\frac{\mathrm{d}u_1(t)}{\mathrm{d}t}$$

在零初始条件下，对上面四个方程进行拉氏变换，得到一组代数方程

$$U(s)=R_1 I_1(s)+U_1(s)$$

$$U_1(s) = R_2 I_2(s) + U_C(s)$$

$$I_2(s) = C_2 s U_C(s)$$

$$I_1(s) - I_2(s) = C_1 s U_1(s)$$

消去中间变量 $I_1(s)$、$I_2(s)$ 和 $U_1(s)$ 可得系统的输入输出关系为

$$R_1 R_2 C_1 C_2 s^2 U_C(s) + (R_1 C_2 + R_1 C_1 + R_2 C_2) s U_C(s) + U_C(s) = U(s)$$

系统传递函数为

$$G(s) = \frac{U_C(s)}{U(s)} = \frac{1}{R_1 R_2 C_1 C_2 s^2 + (R_1 C_2 + R_1 C_1 + R_2 C_2) s + 1}$$

【例 2-11】 有源网络（比例积分 PI）如图 2-11 所示，求传递函数 $U_o(s)/U_i(s)$。

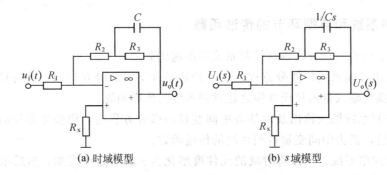

(a) 时域模型   (b) s 域模型

图 2-11 有源 PI 运算网络

解 首先将有源 PI 网络的时域模型如图 2-11(a) 所示，化为 s 域模型如图 2-11(b) 所示，根据 s 域模型可知

$$\frac{U_o(s)}{U_i(s)} = -\frac{R_2 + (1/Cs) /\!/ R_3}{R_1}$$

系统的传递函数为

$$G(s) = \frac{U_o(s)}{U_i(s)} = -\left(\frac{R_2}{R_1} + \frac{R_3}{R_1} \times \frac{1}{R_3 Cs + 1} \right)$$

通过上面的三个例子可以看出，对于简单的系统，可以直接求得系统的传递函数。而对于一些复杂的系统，则可以把其看作是由若干基本部件组合构成的，这些基本部件又称为典型环节。掌握了典型环节的传递函数，就可以方便地组合成复杂的控制系统。常用的典型环节有比例环节、惯性环节、积分环节、微分环节、一阶微分环节、振荡环节和延迟环节等。下面分别介绍其微分方程和传递函数。

1. 比例环节

比例环节（Proportional Link）是指系统的输出量和输入量成比例关系的环节。其运算关系为

$$c(t) = Kr(t)$$

式中，K 为放大系数（常数）。

比例环节的传递函数为

$$G(s) = \frac{C(s)}{R(s)} = K$$

图 2-12(a) 是一种实际的比例环节，比例环节的框图如图 2-12(b) 所示。

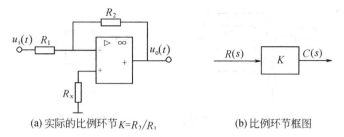

(a) 实际的比例环节 $K=R_2/R_1$ 　　　　(b) 比例环节框图

图 2-12　比例环节

2. 惯性环节

惯性环节（Inertial Link）是指输出响应需要一定时间才能达到稳态值的环节。惯性环节具有一个储能元件，其微分方程为

$$T\frac{\mathrm{d}c(t)}{\mathrm{d}t} + c(t) = Kr(t)$$

式中，T 为惯性环节的时间常数。

惯性环节的传递函数为

$$G(s) = \frac{C(s)}{R(s)} = \frac{K}{Ts+1}$$

图 2-13(a) 是一种实际的惯性环节，惯性环节的框图如图 2-13(b) 所示。

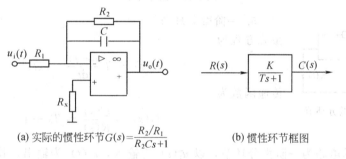

(a) 实际的惯性环节 $G(s)=\dfrac{R_2/R_1}{R_2Cs+1}$ 　　　　(b) 惯性环节框图

图 2-13　惯性环节

3. 积分环节

积分环节（Integral Link）是指输出量等于输入量对时间的积分，即

$$c(t) = \frac{1}{T}\int r(t)\mathrm{d}t$$

传递函数为

$$G(s) = \frac{C(s)}{R(s)} = \frac{1}{Ts}$$

式中，T 为积分时间常数。

图 2-14(a) 是一种实际的积分环节，积分环节的框图如图 2-14(b) 所示。

4. 微分环节

微分环节（Differential Link）的输出量与输入量的一阶导数成正比，其微分方程为

$$c(t) = T\frac{\mathrm{d}r(t)}{\mathrm{d}t}$$

式中，T 为微分时间常数。

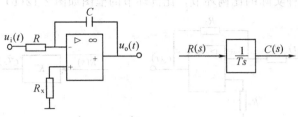

(a) 实际的积分环节 $G(s)=\dfrac{1}{RCs}$ (b) 积分环节框图

图 2-14　积分环节

传递函数为

$$G(s) = \frac{C(s)}{R(s)} = Ts$$

图 2-15(a) 是一种实际的微分环节，微分环节的框图如图 2-15(b) 所示。

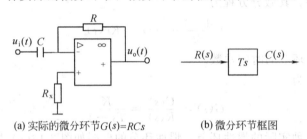

(a) 实际的微分环节 $G(s)=RCs$ (b) 微分环节框图

图 2-15　微分环节

5. 一阶微分环节

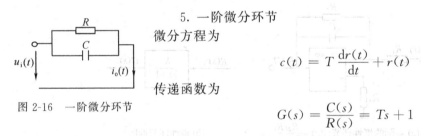

图 2-16　一阶微分环节

微分方程为

$$c(t) = T\frac{\mathrm{d}r(t)}{\mathrm{d}t} + r(t)$$

传递函数为

$$G(s) = \frac{C(s)}{R(s)} = Ts + 1$$

图 2-16 所示电路为一阶微分环节，以 $u_i(t)$ 为输入，$i_o(t)$ 为输出，其传递函数为

$$G(s) = \frac{I_o(s)}{U_i(s)} = \frac{1}{R}(1 + RCs) = K(1 + Ts)$$

6. 振荡环节

微分方程为

$$T^2\frac{\mathrm{d}^2 c(t)}{\mathrm{d}t^2} + 2\xi T\frac{\mathrm{d}c(t)}{\mathrm{d}t} + c(t) = r(t)$$

振荡环节的传递函数为

$$G(s) = \frac{C(s)}{R(s)} = \frac{1}{T^2 s^2 + 2\xi Ts + 1}$$

【例 2-1】　所示 RLC 串联电路即为一种振荡环节。

7. 延迟环节

数学表达式为

$$c(t) = r(t - \tau) \times 1(t - \tau)$$

式中　τ——延迟时间。

传递函数为

$$G(s) = \frac{C(s)}{R(s)} = e^{-\tau s}$$

第三节 控制系统的动态结构图

在第二节中讨论了一些典型环节的传递函数，控制系统是由这些典型环节组成的，将各环节的传递函数框图，根据系统的物理原理，按信号传递的关系，依次将各框图正确地连接起来，即为系统的动态结构图（Dynamic Block Diagram）。动态结构图是系统的又一种动态数学模型，采用动态结构图便于求解系统的传递函数，同时能形象直观地表明信号在系统或元件中的传递过程。

一、结构图的概念

系统动态结构图由四种基本符号构成，即信号线、引出点、综合（比较）点和表示系统环节的方框。

（1）信号线 是带有箭头的直线，箭头表示信号的流向，在信号线上可标记信号的时域或复域名称，如图 2-17(a) 所示。

（2）引出点 表示信号引出或测量的位置。从同一位置引出的信号在数值和性质方面完全相同，如图 2-17(b) 所示。

（3）综合点（比较点） 表示对两个及两个以上的信号进行代数运算，"＋"号表示相加，"－"号表示相减，"＋"号通常可省略，如图 2-17(c) 所示。

（4）方框 表示对信号进行的数学变换。方框中写入元部件或系统的传递函数，如图 2-17(d) 所示。显然，方框的输出量等于方框的输入量与传递函数的乘积，即 $C(s)=G(s)R(s)$。

图 2-17 结构图的基本组成单元

下面举例说明系统结构图的绘制方法。

【例 2-12】 在【例 2-10】中，将已写出两级 RC 网络的 s 域的代数方程组重写如下，并画出其对应的结构图。

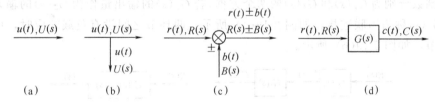

① $U(s) - U_1(s) = R_1 I_1(s)$

② $I_1(s) - I_2(s) = C_1 s U_1(s)$

③ $U_1(s) - U_C(s) = R_2 I_2(s)$

④ $I_2(s) = C_2 s U_C(s)$

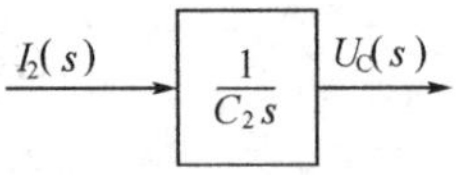

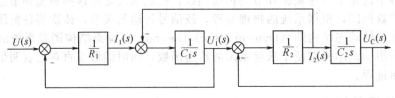

将各基本环节的结构图按照信号流通方向连接起来就可以得到图 2-18 所示的系统结构图。

图 2-18 两级 RC 网络结构图

二、结构图的等效变换及简化

求出系统的动态结构图以后，为了对系统进行进一步的分析和计算，需将复杂的结构图通过等效变换及化简，求出系统总的传递函数。因为传递函数将微分方程的微积分运算变成了代数运算，所以结构图的等效变换是简单的代数运算。所谓等效（Equivalence）就是变换前后系统输入量、输出量之间总的数学关系保持不变。框图的基本连接方式只有串联、并联和反馈三种。因此，结构图简化的一般方法主要是进行方框运算，将串联、并联和反馈连接的方框合并。下面依据等效原理，说明变换的基本规则。

1. 串联方框的简化

传递函数分别为 $G_1(s)$ 和 $G_2(s)$ 的两个方框，若 $G_1(s)$ 的输出量作为 $G_2(s)$ 的输入量，则 $G_1(s)$ 和 $G_2(s)$ 称为串联连接，如图 2-19(a) 所示。两环节之间没有负载效应时，可以等效为一个环节，如图 2-19(b) 所示。

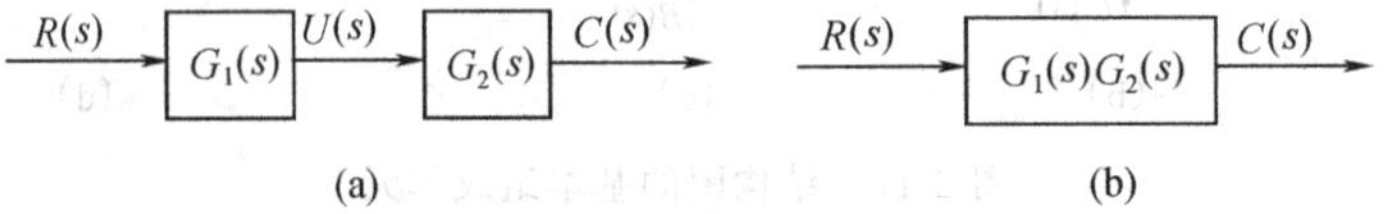

图 2-19　方框的串联连接及其简化

$$U(s) = G_1(s)R(s)$$
$$C(s) = G_2(s)U(s)$$

消去中间变量 $U(s)$ 后得

$$C(s) = G_1(s)G_2(s)R(s) = G(s)R(s)$$

$$G(s) = G_1(s)G_2(s) \tag{2-8}$$

式(2-8) 表明，两个传递函数串联连接的等效传递函数，等于这两个传递函数的乘积。

上述结论可以推广到任意个传递函数的串联，串联时等效传递函数等于各串联传递函数之积。

2. 并联方框的简化

两个或多个方框的输入量相同，总的输出信号等于各方框输出信号的代数和，这种连接方式称为并联连接，如图 2-20 所示。

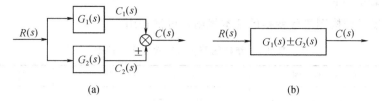

图 2-20　方框的并联连接及其简化

由图可知

$$C_1(s) = G_1(s)R(s)$$

$$C_2(s) = G_2(s)R(s)$$

$$C(s) = C_1(s) \pm C_2(s) = [G_1(s) \pm G_2(s)]R(s) = G(s)R(s)$$

$$G(s) = G_1(s) \pm G_2(s) \tag{2-9}$$

式（2-9）表明，两个传递函数并联连接的等效传递函数，等于这两个传递函数的加或减。

上述结论可以推广到任意个传递函数的并联，并联时等效传递函数等于各并联传递函数之和或差。

3. 反馈连接方框的简化

若传递函数分别为 $G(s)$ 和 $H(s)$ 的两个方框如图 2-21 所示连接，称为反馈连接。"＋"号为正反馈，表示输入信号与反馈信号相加，"－"号表示相减，是负反馈。

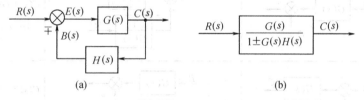

图 2-21　方框的反馈连接及其简化

$$C(s) = G(s)E(s)$$

$$B(s) = H(s)C(s)$$

$$E(s) = R(s) \mp B(s)$$

消去中间变量 $E(s)$ 和 $B(s)$，得

$$C(s) = G(s)[R(s) \mp H(s)C(s)]$$

于是有

$$C(s) = \frac{G(s)}{1 \pm G(s)H(s)}R(s) = \Phi(s)R(s)$$

式中，$\Phi(s) = \dfrac{G(s)}{1 \pm G(s)H(s)}$ 称为闭环传递函数。 $\tag{2-10}$

若反馈通路 $H(s)=1$，称为单位反馈，此时 $\Phi(s) = \dfrac{G(s)}{1 \pm G(s)}$。

4. 综合点和引出点的移动

在系统结构图的简化过程中，有时为了便于进行方框的串联、并联或反馈连接的运算，需要移动综合点或引出点的位置。这时应注意在移动前后必须保持信号的等效性，而且综合点和引出点之间一般不宜交换其位置。此外，"－"号可以在信号线上越过方框移动，但不能越过比较点和引出点。

表 2-1 汇集了结构图等效变换的基本规则，可供查用。

表 2-1 结构图简化（等效变换）规则

变换类型	原方框图	等效方框图	等效运算关系
串联	$R \to G_1(s) \to G_2(s) \to C$	$R \to G_1(s)G_2(s) \to C$	$C(s)=G_1(s)G_2(s)R(s)$
并联	R 分支经 $G_1(s)$ 与 $G_2(s)$ 汇合 $\pm$ 得 C	$R \to G_1(s)\pm G_2(s) \to C$	$C(s)=$ $[G_1(s)\pm G_2(s)]R(s)$
反馈	$R \to \pm \to G(s) \to C$，反馈 $H(s)$	$R \to \dfrac{G(s)}{1\mp G(s)H(s)} \to C$	$C(s)=\dfrac{G(s)}{1\mp G(s)H(s)}R(s)$
等效单位反馈	$R \to - \to G(s) \to C$，反馈 $H(s)$	$R \to \dfrac{1}{H(s)} \to - \to H(s) \to G(s) \to C$	$C(s)=\dfrac{1}{H(s)}\times$ $\dfrac{G(s)H(s)}{1+G(s)H(s)}R(s)$
综合点前移	$R \to G(s) \to \pm C$，输入 $Q \pm$	$R \to \pm \to G(s) \to C$，$Q \to \dfrac{1}{G(s)}$	$C(s)=G(s)R(s)\pm Q(s)$ $=G(s)\left[R(s)\pm\dfrac{1}{G(s)}Q(s)\right]$
综合点后移	$R \to \pm \to G(s) \to C$，$Q\pm$	$R \to G(s) \to \pm \to C$，$Q \to G(s)$	$C(s)=[R(s)\pm Q(s)]G(s)$ $=G(s)R(s)\pm G(s)Q(s)$
引出点前移	$R \to G(s) \to C$，引出 C	$R \to G(s) \to C$，$R \to G(s) \to C$	$C(s)=G(s)R(s)$
引出点后移	$R \to G(s) \to C$，引出 R	$R \to G(s) \to C$，$\to \dfrac{1}{G(s)} \to R$	$C(s)=G(s)R(s)$ $C(s)=G(s)\dfrac{1}{G(s)}R(s)$
交换或合并综合点	$R_1 \to R_3\pm \to R_2\pm \to C$	$R_1 \to R_2 \to \pm \to R_3\pm \to C$ ；$R_1 \to R_3\pm \to R_2\pm \to C$	$C(s)=$ $R_1(s)\pm R_2(s)\pm R_3(s)$
负号在支路上移动	$R \to \pm \to G(s) \to C$，反馈 $-H(s)$	$R \to + \to G(s) \to C$，反馈 $H(s) \to -1$	$C(s)=$ $\dfrac{G(s)}{1-G(s)H(s)(-1)}R(s)$

下面举例说明控制系统结构图的等效变换。

【**例 2-13**】　两级 RC 滤波网络的结构如图 2-22 所示，试化简结构图，并求出系统的闭环传递函数。

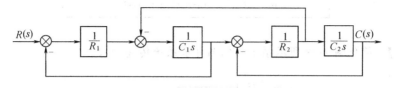

图 2-22　系统结构图

解　简化结构图如下列图示过程。

① 将传递函数 $1/R_2$ 和 $1/(C_2 s)$ 之间的引出点后移

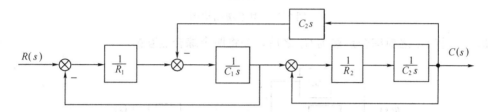

② 化简后面的一个反馈回路。先串联等效，然后反馈等效为

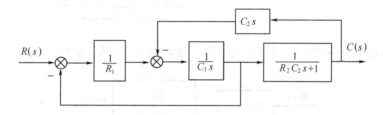

③ 先将传递函数 $1/R_1$ 后的综合点移到它之前，并将两个综合点的位置互换得

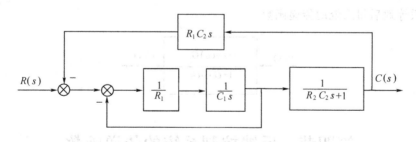

④ 化简内部回路

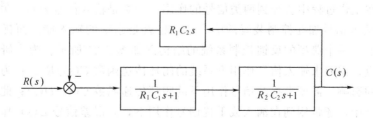

⑤ 串联及反馈等效后系统的传递函数为

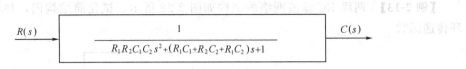

$$R(s) \rightarrow \boxed{\frac{1}{R_1R_2C_1C_2s^2+(R_1C_1+R_2C_2+R_1C_2)s+1}} \rightarrow C(s)$$

【例 2-14】 简化图 2-23 所示系统结构图并求系统传递函数。

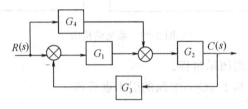

图 2-23 某系统结构图

解 ① 将 G_1 之前综合点移到 G_1 之后，并将两个综合点互换

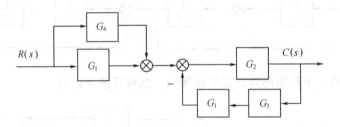

② G_1 和 G_4 并联等效；G_1 和 G_3 先串联，然后和 G_2 反馈等效得

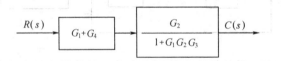

$$R(s) \rightarrow \boxed{G_1+G_4} \rightarrow \boxed{\frac{G_2}{1+G_1G_2G_3}} \rightarrow C(s)$$

③ 串联等效后得系统的传递函数

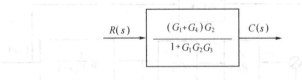

$$R(s) \rightarrow \boxed{\frac{(G_1+G_4)G_2}{1+G_1G_2G_3}} \rightarrow C(s)$$

第四节 反馈控制系统的传递函数

控制系统在工作过程中会受到两类信号的作用：一类是输入信号 $r(t)$；另一类是扰动信号 $d(t)$。通常输入信号加在控制装置的输入端，也就是系统的输入端。而扰动信号一般作用在被控对象上。一个典型的反馈控制系统的结构图如图 2-24 所示。为了研究输入信号作用下系统的响应，需要求输入信号作用下系统的闭环传递函数 $C(s)/R(s)$；为了研究扰动信号对系统输出的影响，需要求扰动信号作用下的闭环传递函数 $C(s)/D(s)$；此外，在控制系统的分析和设计中，还常用到在输入或干扰信号作用下，以误差信号 $E(s)$ 作为输出量的闭

环误差传递函数 $E(s)/R(s)$ 或 $E(s)/D(s)$。

一、开环传递函数与闭环传递函数

在反馈控制系统中，定义前向通路的传递函数与反馈通路的传递函数的乘积为开环传递函数，通常记为 $G(s)$，它等于反馈断开时 $B(s)$ 与 $R(s)$ 的比值。对图 2-24 有

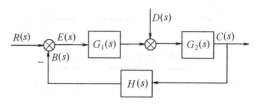

图 2-24　反馈控制系统动态结构图的典型结构

$$G(s) = G_1(s)G_2(s)H(s)$$

应用叠加原理，令 $D(s) = 0$，此时图 2-24 简化为图 2-25。求得输出 $C(s)$ 对输入 $R(s)$ 之间的传递函数

$$\Phi(s) = \frac{C(s)}{R(s)} = \frac{G_1(s)G_2(s)}{1 + G_1(s)G_2(s)H(s)} \tag{2-11}$$

$\Phi(s)$ 称为给定信号作用下系统的闭环传递函数。

为研究扰动对系统的影响，求出输出 $C(s)$ 对扰动 $D(s)$ 之间的传递函数。此时，令输入 $R(s) = 0$，图 2-24 简化为图 2-26，输出 $C(s)$ 对扰动 $D(s)$ 之间的传递函数为

$$\Phi_d(s) = \frac{C(s)}{D(s)} = \frac{G_2(s)}{1 + G_1(s)G_2(s)H(s)} \tag{2-12}$$

$\Phi_d(s)$ 称为扰动作用下系统的闭环传递函数。

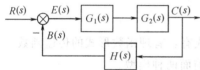

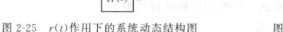

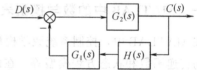

图 2-25　$r(t)$ 作用下的系统动态结构图　　　　图 2-26　$d(t)$ 作用下的系统动态结构图

对于线性系统，系统总输出等于给定信号和扰动信号单独作用于系统产生输出的叠加。即

$$C(s) = \frac{G_1(s)G_2(s)}{1 + G_1(s)G_2(s)H(s)}R(s) + \frac{G_2(s)}{1 + G_1(s)G_2(s)H(s)}D(s)$$

二、系统的误差传递函数

系统控制误差的大小，直接反映了系统工作的精度，所以在系统分析时，除了要知道输出量的变化规律之外，还要关心控制过程中误差的变化规律。闭环系统在输入信号和扰动作用时，以误差信号 $E(s)$ 作为输出量时的传递函数称为误差传递函数。在图 2-24 中，暂且规定系统的误差为 $E(s) = R(s) - B(s)$，此时 $R(s)$ 作用下系统的误差传递函数，是取 $D(s) = 0$ 时的 $E(s)/R(s)$，其结构图如图 2-27 所示，可求得

$$\Phi_e(s) = \frac{E(s)}{R(s)} = \frac{1}{1 + G_1(s)G_2(s)H(s)} = \frac{1}{1 + G(s)} \tag{2-13}$$

式中，$G(s)$ 为闭环系统的开环传递函数。

$D(s)$ 作用下系统的误差传递函数，是取 $R(s) = 0$ 时的 $E(s)/D(s)$，其结构图如图 2-28 所示，可求得

$$\Phi_{ed}(s) = \frac{E(s)}{D(s)} = \frac{-G_2(s)H(s)}{1 + G_1(s)G_2(s)H(s)} \tag{2-14}$$

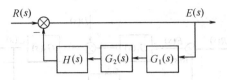
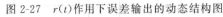

图 2-27 $r(t)$ 作用下误差输出的动态结构图

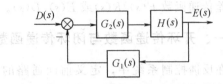

图 2-28 $d(t)$ 作用下误差输出的动态结构图

系统的总误差,根据叠加原理可得

$$E(s) = \Phi_e(s)R(s) + \Phi_{ed}(s)D(s)$$

比较式(2-11)、式(2-12)、式(2-13) 和式(2-14) 可以看出,它们虽然各不相同,但分母是一样的,均为 $1+G(s)$,这是闭环控制系统各种传递函数具有的规律性。具有相同的分母,表明反馈控制系统的闭环特征方程及极点与外作用信号的形式无关,也与输出信号引出点的位置无关。

第五节 MATLAB 中的数学模型表示及等效变换

在 MATLAB 中,控制系统的数学模型有多种表示方法,并且可以方便地进行互相转换。要利用 MATLAB 来进行控制系统的分析和设计,首先要将系统的数学模型正确地输入到 MATLAB 环境中。

一、MATLAB 中的数学模型表示

在 MATLAB 中,控制系统数学模型的表示形式有:有理函数形式的传递函数、零极点形式的传递函数和状态方程模型等。在此,只介绍前面两种模型。

1. 有理函数形式的传递函数模型表示

线性定常系统的传递函数模型一般可表示成复变量 s 的有理函数形式

$$G(s) = \frac{b_0 s^m + b_1 s^{m-1} + \cdots + b_{m-1}s + b_m}{a_0 s^n + a_1 s^{n-1} + \cdots + a_{n-1}s + a_n}$$

由下列的命令格式可将有理函数形式的传递模型输入到 MATLAB 环境中

$$\text{num} = [b_0, \ b_1, \ \cdots, \ b_m];$$
$$\text{den} = [a_0, \ a_1, \ \cdots, \ a_n];$$

即将系统传递函数的分子和分母多项式的系数按降幂的方式以行向量的形式输入给两个变量 num 和 den,变量名 num 和 den 是可以改变的。

2. 零极点形式的传递函数模型表示

线性定常系统的零极点形式的传递函数模型一般可表示为

$$G(s) = K\frac{(s-z_1)(s-z_2)\cdots(s-z_m)}{(s-p_1)(s-p_2)\cdots(s-p_n)}$$

可以采用下面的语句格式将系统的零极点传递函数模型输入到 MATLAB 环境中

$$\text{kg} = K;$$
$$z = [z_1; \ z_2; \ \cdots; \ z_m];$$
$$p = [p_1; \ p_2; \ \cdots; \ p_n];$$

注意，变量 z 和 p 是由系统零、极点构成的列向量。

在当前的 MATLAB 版本中，允许使用对象数据类型。从而使传递函数模型在 MATLAB 中表现得更加直观，使用更加方便。

tf（）函数由传递函数分子分母给出的变量构造出单个有理函数形式的传递函数对象；zpk（）函数由传递函数增益及零极点变量构造出零极点形式的传递函数对象。tf（）函数和 zpk（）函数的调用格式分别为

> g＝tf（num，den）;   g＝zpk（z，p，kg）;

【例 2-15】 假设控制系统的有理函数形式的传递函数模型为

$$G(s) = \frac{2s^2 + 3s + 4}{3s^3 + 4s^2 + 5s + 6}$$

该模型可以由下面的语句输入到 MATLAB 工作空间中，并用 tf（）函数将其转换为有理函数形式的传递函数对象，检验输入是否正确。

≫num＝[2，3，4]; den＝[3，4，5，6]; ％输入有理函数形式的传递函数模型
≫g＝tf（num，den）; ％转换为有理函数形式的传递函数对象并输出
Transfer function：

 2s^2＋3s＋4

3s^3＋4s^2＋5s＋6

【例 2-16】 设控制系统零极点形式的传递函数模型为

$$G(s) = 6\,\frac{(s+1)(s+2)(s+3)}{(s+4)(s+5)(s+6+i)(s+6-i)}$$

该模型可以由下面的语句输入到 MATLAB 工作空间中，并用 zpk（）函数将其转换为零极点形式的传递函数对象，检验输入是否正确。

≫kg＝6; z＝[－1；－2；－3]; p＝[－4；－5；－6＋i；－6－i]; ％输入零极点形式的传递函数模型
≫g＝zpk（z，p，kg）; ％转换为零极点形式的传递函数对象并输出
Zero/pole/gain：

 6（s＋1）（s＋2）（s＋3）

（s＋4）（s＋5）（s^2＋12s＋37）

二、数学模型的等效变换

在 MATLAB 中，当控制系统的数学模型采用对象数据类型表示时，很容易实现传递函数的等效变换。这种等效变换一种是控制系统结构的等效变换，如串联、并联和反馈；还有一种是不同模型对象之间的等效变换，如传递函数的有理函数形式化为零极点形式。

1. 数学模型结构的等效变换

设两个控制系统传递函数的对象分别是 g1 和 g2。在 MATLAB 中：

g＝g1＊g2，表示两个系统串联后的等效对象为 g；

g＝g1＋g2，表示两个系统并联后的等效对象为 g；

g＝feedback（g1，g2，sign），表示求取前向通道的传递函数为 g1，反馈通道的传递函

数为 g2，反馈连接下的系统模型为 g。sign＝－1 或省略表示负反馈，sign＝1 表示正反馈。

【例 2-17】 利用 MATLAB 求下列两个传递函数在串联、并联及负反馈连接下的等效传递函数。

$$G_1(s) = \frac{s+1}{2s^2+3s+4} \qquad G_2(s) = \frac{1}{s+2}$$

≫num1＝[1 1]；den1＝[2 3 4]；g1＝tf（num1，den1）；％输入系统 1 的数学模型

≫num2＝[1]；den2＝[1 2]；g2＝tf（num2，den2）；％输入系统 2 的数学模型

≫g1＊g2％；串联等效并输出

Transfer function：

    s＋1

2s^3＋7s^2＋10s＋8

≫g1＋g2；％并联等效并输出

Transfer function：

    3s^2＋6s＋6

2s^3＋7s^2＋10s＋8

≫feedback（g1，g2）；％反馈等效并输出

Transfer function：

    s^2＋3s＋2

2s^3＋7s^2＋11s＋9

在实际应用中，当控制系统的结构很复杂时，可以利用控制系统工具箱提供的两个 M 文件 connect（ ）和 blkbuild（ ）来求取复杂系统的数学模型，但这一过程也较复杂，利用动态仿真工具 Simulink 可以较容易地求出任意复杂系统的数学模型。下面举一个例子说明利用 Simulink 建立和化简系统数学模型的方法。

在 Simulink 的新建模型编辑窗口建立如图 2-29 所示的某系统动态结构图模型，模型名称为 mod。然后在 MATLAB 的命令窗口输入下面命令，就能得到系统模型及化简后的传递函数。

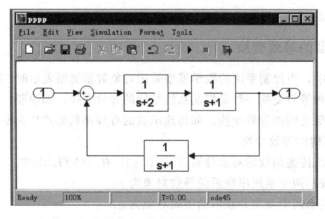

图 2-29 系统动态结构图模型

```
≫[a b c d]＝linmod2（′mod′）；
≫g＝tf（ss（a，b，c，d））
Transfer function：
    s＋1
```

```
s^3＋4s^2＋5s＋3
```

2. 不同模型对象间的相互转换

由于在本课程中，只介绍了零极点形式传递函数对象模型和有理函数形式传递函数对象模型，因此只介绍它们之间的变换。

g1＝zpk（g），将有理函数形式的传递函数对象 g 转换为零极点形式传递函数对象 g1。

g＝tf（g1），将零极点形式的传递函数对象 g1 转换为有理函数形式的传递函数对象 g。

对于上面由 Simulink 建立的有理函数形式的传递函数模型，在 MATLAB 命令窗口输入
```
≫g1＝zpk（g）
Zero/pole/gain：
        （s＋1）
```

```
（s＋2.466）（s^2＋1.534s＋1.217）
```

将有理函数形式的传递函数转换成了零极点形式的传递函数。

本 章 小 结

数学模型是描述系统（或元件）动态特性的数学表达式，是从理论上进行分析和设计系统的主要依据。

本章介绍了线性定常系统的三种数学模型：微分方程、传递函数和动态结构图。微分方程是描述自动控制系统动态特性的基本方法；传递函数是经典控制理论中最为重要的数学模型，它是对微分方程在零初始条件下进行拉氏变换得到的，在工程上用得最多；动态结构图是传递函数的一种图解形式，它能直观、形象地表示出系统各组成部分的结构及系统中信号的传递与变换关系，有助于对系统的分析研究。

一个复杂的系统可以分解成为数不多的典型环节，常见的基本环节有：比例环节、惯性环节、积分环节、微分环节、振荡环节和时滞环节等。对于同一个系统，不同的数学模型只是不同的表示方法，因此，系统动态结构图与其他数学模型有着密切的关系：由系统微分方程经过拉氏变换得到代数方程，从而可很容易地画出动态结构图；通过动态结构图的等效变换可求出系统的传递函数。对于同一个系统，动态结构图不是惟一的，但由不同的动态结构图得到的传递函数是相同的。一般来讲，系统传递函数多是指闭环系统输出量对输入量的传递函数，但严格说来，系统传递函数是个总称，它包括几种典型传递函数，即开环传递函数、闭环传递函数、在给定和扰动作用下的闭环传递函数及由给定和扰动引起的误差传递函数。

应用 MATLAB 分析系统，应首先将系统数学模型输入到 MATLAB 环境中，本章介绍了有理函数形式的传递函数模型和零极点形式的传递函数模型的表示方法，并介绍了模型结

构的等效变换和模型之间的等效变换。这将为今后利用 MATLAB 分析和设计系统打下基础。

习　题

2-1　设机械系统如图 2-30 所示，其中 x_i 是输入位移；x_o 是输出位移；k 为弹簧弹性系数；f 为阻尼器阻尼系数；m 为质量块的质量。试分别列写各系统的微分方程式。

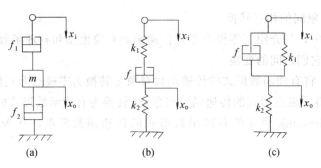

图 2-30　机械系统

2-2　试建立图 2-31 所示各电路的微分方程，并求传递函数。

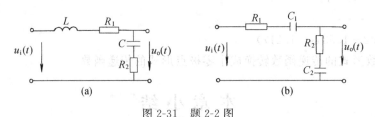

图 2-31　题 2-2 图

2-3　用复阻抗法求图 2-32 所示各电路的传递函数。

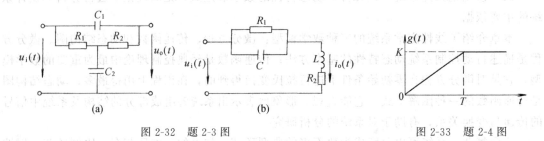

图 2-32　题 2-3 图　　　　　　　　　　　图 2-33　题 2-4 图

2-4　设有一个初始条件为零的系统，当输入信号为脉冲信号 $\delta(t)$ 时，它的输出响应 $g(t)$ 如图 2-33 所示。试求系统的传递函数。

2-5　系统的微分方程组如下

$$x_1(t) = r(t) - c(t) + n_1(t)$$

$$x_2(t) = K_1 x_1(t)$$

$$x_3(t) = x_2(t) - x_5(t)$$

$$T \frac{\mathrm{d}x_4(t)}{\mathrm{d}t} = x_3(t)$$

$$x_5(t) = x_4(t) - K_2 n_2(t)$$

$$K_0 x_5(t) = \frac{\mathrm{d}^2 c(t)}{\mathrm{d}t^2} + \frac{\mathrm{d}c(t)}{\mathrm{d}t}$$

式中，K_0、K_1、K_2 和 T 均为常数，试画出系统的动态结构图，并求传递函数 $C(s)/R(s)$、$C(s)/N_1$

(s)和 $C(s)/N_2(s)$。

2-6 试简化图 2-34所示的系统结构图，求传递函数 $C(s)/R(s)$。

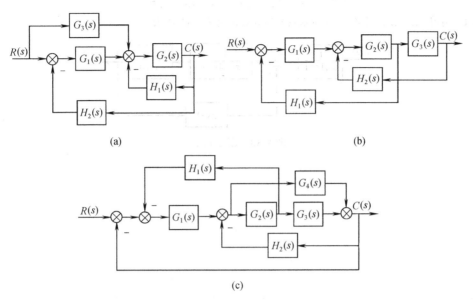

图 2-34 题 2-6 图

2-7 求图 2-35所示系统动态结构图的传递函数 $C(s)/R(s)$和 $C(s)/N(s)$。

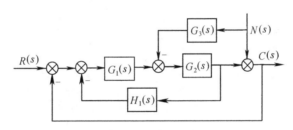

图 2-35 题 2-7 图

2-8 求图 2-36所示动态结构图的传递函数 $X_o(s)/X_i(s)$、$X_o(s)/D(s)$、$E(s)/X_i(s)$和$E(s)/D(s)$。

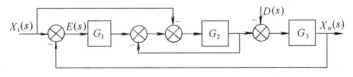

图 2-36 题 2-8 图

2-9 系统动态结构图如图 2-37所示。①求传递函数 $X_o(s)/X_i(s)$和 $X_o(s)/D(s)$。②若要消除干扰对输出的影响 ［即 $X_o(s)/D(s)=0$］，求 $G_o(s)=$？

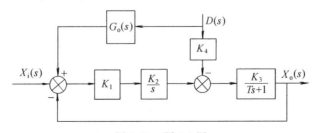

图 2-37 题 2-9 图

2-10 将下面的对象模型输入到 MATLAB 的工作空间，并将其转换为零极点模型。

$$G(s) = \frac{s+3}{s^5 + 8s^4 + 19.5s^3 + 19s^2 + 7.5s + 1}$$

2-11 利用 MATLAB 求图 2-38 所示系统的等效传递函数 $C(s)/R(s)$。

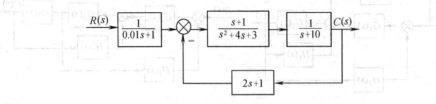

图 2-38　题 2-11 图

第三章　自动控制系统的时域分析法

引言　在经典控制理论中，常用时域分析法、频域分析法和根轨迹分析法来分析线性定常系统的性能。时域分析法直观、准确，是分析系统动态性能和稳态性能的最基本方法。

本章主要讨论时域分析法（Time Domain Analysis Method），介绍一些作用于系统的典型信号形式；系统阶跃响应的性能指标；对一阶系统和典型二阶系统的阶跃响应性能指标进行分析和计算；并用主导极点的概念对高阶系统作近似处理；最后介绍利用 MATLAB 求解系统时域响应的方法。

控制系统的数学模型，是分析和研究系统的基础。在已获得系统数学模型的条件下，若是微分方程模型，通过求解微分方程，可以直接得到系统在输入信号作用下的时间响应；若是传递函数模型，根据系统的传递函数得到系统输出的拉氏变换，并进行拉氏反变换得到系统的时间响应，从而可以根据系统输出量的时间表达式，来分析控制系统稳定性、快速性和准确性方面的性能指标。在时间域中对系统进行分析具有明显的物理意义，对于一阶、二阶系统尤其适用。由于高阶系统的求解比较烦琐，只能借助于其他方法来进行分析，或利用计算机进行求解。

第一节　时域分析法概述

控制系统的时间响应 $c(t)$，既由系统本身的结构和参数确定，又与系统的初始状态及输入信号 $r(t)$ 有关。为便于分析，常常规定在输入信号作用于系统的瞬间（$t=0$）之前，系统是处于相对平衡状态，即零初始状态。

加入到系统的外部作用信号包括输入信号（给定信号）$r(t)$ 和扰动信号（干扰信号）$d(t)$。其信号的变化规律也是多种多样的，为便于比较、分析各种控制系统的性能，通常将输入信号规定成一些典型形式。利用这些典型信号及其合成，可以与实际信号相接近或一致。而且典型信号可由实验装置产生，便于用来分析对系统的作用，研究系统的性能。

一、典型输入信号

在控制系统分析中，常用的典型输入信号有以下几种。

1. 阶跃信号

阶跃信号（Step Signal）又称阶跃函数，如在 $t=0$ 时刻在电路两端加上直流电压信号，其数学表达式为

$$r(t) = \begin{cases} A & t \geqslant 0 \\ 0 & t < 0 \end{cases} \tag{3-1}$$

式中，A 为常数，如图 3-1（a）所示。

    (a) 瞬时   (b) 延时

图 3-1　阶跃信号

其拉氏变换式为

$$R(s) = \frac{A}{s}$$

当 $A=1$ 时，即信号幅度为单位量 1，称为单位阶跃信号（Unit Step Signal），常记作 $1(t)$ 或 $u(t)$，幅度为 A 的阶跃信号可表示为 $A \times 1(t)$。

若阶跃信号不是在 $t=0$ 时刻发生，而是在 $t=\tau_0$ 的时刻发生，如图 3-1（b）所示，则记作 $A \times 1(t-\tau_0)$，相当于在延迟了 $t=\tau_0$ 时间加上阶跃输入信号。

阶跃信号可模拟输入量的突然改变，如用电负荷的突变、阀门开度突变引起所控制的流量突变等。

2. 斜坡信号

斜坡信号（Slope Signal）又称速度信号（Speed Signal），其数学表达式为

$$r(t) = \begin{cases} Kt & t \geqslant 0 \\ 0 & t < 0 \end{cases} \tag{3-2}$$

式中，K 为常数，其波形如图 3-2（a）所示。

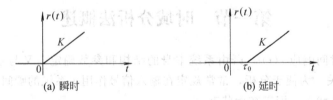

    (a) 瞬时   (b) 延时

图 3-2　斜坡信号

其拉氏变换式为
$$R(s) = \frac{K}{s^2}$$

若 $K=1$，称为单位斜坡信号（Unit Slope Signal），记作 $r(t) = t \times 1(t)$。延时的斜坡信号如图 3-2（b）所示，可表达为 $r(t) = K(t-\tau_0) \times 1(t-\tau_0)$。

斜坡信号可模拟一个以恒定速度变化的物理量。

3. 抛物线信号

抛物线信号（Parabolic Signal），又称加速度信号（Acceleration Signal），其数学表达式为

$$r(t) = \begin{cases} \frac{1}{2}At^2 & t \geqslant 0 \\ 0 & t < 0 \end{cases} \tag{3-3}$$

式中，A 为常数，其波形如图 3-3 所示。

其拉氏变换式为 $$R(s) = \frac{A}{s^3}$$

当 $A=1$ 时，称为单位加速度信号（Unit Acceleration Signal）。

加速度信号可模拟以恒定加速度运动的物理量。

4. 脉冲信号

脉冲信号（Pulse Signal），又称为冲激函数，其数学表达式为

$$r(t) = A\delta(t) \tag{3-4}$$

式中，A 为常数。

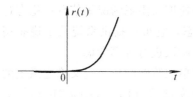

图 3-3　抛物线信号

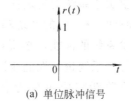

(a) 单位脉冲信号

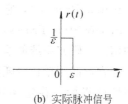

(b) 实际脉冲信号

图 3-4　脉冲信号

当 $A=1$ 时，称为单位脉冲信号（Unit Pulse Signal），记为 $\delta(t)$，其波形如图 3-4（a）所示。

单位脉冲信号是理想信号，可由图 3-4（b）所示的矩形脉冲演变而成，设矩形宽度为 ε，高度为 $\frac{1}{\varepsilon}$，则其面积为 1。当 $\varepsilon \rightarrow 0$ 时，则 $\frac{1}{\varepsilon} \rightarrow \infty$，即

$$\delta(t) = \begin{cases} \infty & t = 0 \\ 0 & t \neq 0 \end{cases} \tag{3-5}$$

且规定 $\int_{-\infty}^{+\infty} \delta(t)\mathrm{d}t = 1$

其拉氏变换式为 $$R(s) = L\big[\delta(t)\big] = 1$$

单位脉冲信号可模拟雷电对电网的冲击，在采样控制系统中描述离散信号是十分有用的。

5. 正弦信号

正弦信号（Sine-shaped Signal）的数学表达式为

$$r(t) = A\sin\omega t \tag{3-6}$$

式中，A 为正弦信号的振幅；ω 为角频率。

其拉氏变换式为 $$R(s) = \frac{A\omega}{s^2 + \omega^2}$$

正弦信号可模拟电源电压、机械振动等。在频率特性的分析中，就是用不同频率的正弦信号作用于系统，讨论其特性，并分析系统的性能。

二、时域性能指标

对于所研究的控制系统，在建立数学模型之后，便可采用拉氏变换的方法，来求解系统的时间响应。

设控制系统的闭环传递函数为 $\varPhi(s)$，则在输入信号 $R(s)$ 作用下的输出信号 $C(s)$ 为

$$C(s) = \varPhi(s)R(s)$$

经拉氏反变换，得

$$c(t) = \mathcal{L}^{-1}[\Phi(s)R(s)] \tag{3-7}$$

对于初始状态为零的系统，如果确定了输入信号 $r(t)$ 的形式，由式（3-7）即可求得系统的时间响应 $c(t)$。系统的响应不仅与系统的结构、参数有关，还与输入信号的形式等因素有关。通常认为，控制系统跟踪和复现阶跃信号的情况是比较恶劣和严峻的工作状况，因此，常以阶跃响应来衡量控制系统的时域性能指标。

系统的响应，从时间上可分为动态和稳态两个阶段：动态过程（Dynamic Process）是指系统在输入信号作用下的响应从开始到接近最终平衡状态，该阶段又称为过渡过程（Transition Process），它可以提供关于系统的稳定性、响应速度及阻尼情况等信息；稳态过程（Steady State Process）是指时间 $t \to \infty$ 时的系统输出状态，它可以提供系统关于稳态精度的信息。研究系统的响应，评价系统的性能，必须对两个阶段进行统筹考虑。

通常，都用单位阶跃信号对控制系统进行性能测试，以单位阶跃响应来定义稳定系统的时域性能指标。稳定系统的单位阶跃响应可分为衰减振荡过程（Decreasing Oscillation Process）和单调变化过程（Monotonous Change Process）两种类型，如图 3-5 所示。

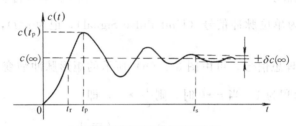

(a) 衰减振荡的单位阶跃响应曲线

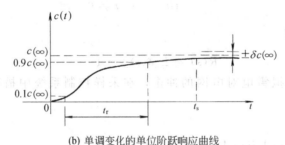

(b) 单调变化的单位阶跃响应曲线

图 3-5　稳定系统的单位阶跃响应曲线

系统的单位阶跃响应的性能指标如下。

（1）峰值时间（Top Time）t_p　指响应曲线超过稳态值到达第一个峰值所需要的时间，如图 3-5（a）所示。

（2）上升时间（Rise Time）t_r　对于振荡的系统，指响应从零开始第一次到达稳态值所需的时间，如图 3-5（a）所示；对于非振荡的系统，指响应从稳态值的 10% 上升到稳态值的 90% 所需要的时间，如图 3-5（b）所示。

（3）超调量（Overstep Amplitude）σ　超调量指最大超调量，是系统响应的最大超调量与稳态值之比，常用百分数表示，即

$$\sigma = \frac{c(t_p) - c(\infty)}{c(\infty)} \times 100\% \tag{3-8}$$

（4）调整时间（Adjusting Time）t_s　调整时间（即调节时间）是指响应到达稳态值附近的规定误差带后，不再超出误差带的最小时间，如图 3-5 所示。t_s 也常称为过渡时间。通常规定误差带 δ 有 $\pm5\%$ 和 $\pm2\%$ 两种。

（5）稳态误差（Steady Error）e_{ss}　指响应曲线的希望值与稳态值之差。

$$e_{ss} = r(t) - c(\infty) \tag{3-9}$$

在上述指标中：超调量 σ 反映了系统响应的平稳性（稳定程度）；调整时间 t_s 反映了系统响应的快速性；稳态误差 e_{ss} 反映了系统响应的稳态性能，即控制精度。

在控制工程中，通常以 σ、t_s 及 e_{ss} 三项指标来评价系统的"稳、快、准"三方面的性能。对控制系统的性能指标的要求，要全面考虑，以满足系统要求为度，不要片面要求某一方面的指标过高，因为三个方面指标往往相互矛盾。如当要求快速性过高时，必然使得稳定性指标下降。

第二节　一阶系统的时域分析

用一阶微分方程可以描述的系统称为一阶系统，一些控制元件、简单 RC 电路、直流电动机电枢电压和转矩的关系、发电机、水箱的液面高度和输入流量的关系等都可看成为一阶系统。

一、数学模型

一阶系统的微分方程为

$$T \frac{\mathrm{d}c(t)}{\mathrm{d}t} + c(t) = r(t) \tag{3-10}$$

式中，T 为时间常数，其量纲为 s。

在零初始条件下，将式（3-10）两边进行拉氏变换，得

$$C(s) = \frac{1}{Ts}[R(s) - C(s)] \tag{3-11}$$

将式(3-11)用动态结构图来表示，即得到一阶系统的动态结构图，如图 3-6 所示。

由图 3-6，可得一阶系统的闭环传递函数为

$$\Phi(s) = \frac{C(s)}{R(s)} = \frac{1}{Ts+1} \tag{3-12}$$

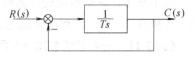

图 3-6　一阶系统的动态结构图

其中，时间常数 T 是一阶系统的惟一结构参数。一阶系统又称为惯性环节。

二、典型信号的响应分析

当一阶系统输入单位阶跃信号时，系统输出量的拉氏变换式为

$$C(s) = \Phi(s) \times R(s) = \frac{1}{Ts+1} \times \frac{1}{s}$$

经拉氏反变换，求得系统的单位阶跃响应为

$$c(t) = \mathscr{L}^{-1}\left[\frac{1}{Ts+1} \times \frac{1}{s}\right] = \mathscr{L}^{-1}\left[\frac{1}{s} - \frac{1}{s+\frac{1}{T}}\right] = [1 - \mathrm{e}^{-\frac{1}{T}t}]1(t) \tag{3-13}$$

由式(3-13)，当 t 取不同数值时，对应的 $c(t)$ 值列于表 3-1 中。

表 3-1　一阶系统的单位阶跃响应

t	0	T	$2T$	$3T$	$4T$	$5T$	……	∞
$c(t)$	0	0.632	0.865	0.950	0.982	0.993	……	1

根据表 3-1 中的数值，绘制一阶系统的单位阶跃响应曲线如图 3-7 所示。从图 3-7 可知，响应由零开始，按指数规律变化，最终趋向于 1。响应没有周期性，即为单调变化。

在式 (3-13) 中，令 $t=T$，得：$c(t)=1-e^{-1}=1-0.368=0.632$
即当输出变化到稳态值的 63.2% 时，所需要的时间为时间常数 T。

图 3-7　一阶系统单位阶跃响应曲线　　　　图 3-8　【例 3-1】系统结构图

一阶系统单位阶跃响应，在 $t=0$ 处的切线为

$$\left.\frac{dc(t)}{dt}\right|_{t=0}=\left.\frac{1}{T}e^{-\frac{t}{T}}\right|_{t=0}=\frac{1}{T}$$

因此时间常数 T 也可解释为：按零点处的切线斜率（$1/T$）变化到稳态值 1 时，所需要的时间为 T，如图 3-7 所示。减少时间常数 T，可提高响应的初速度。

由图 3-7，可得一阶系统的性能指标。

① 最大超调量　　　$\sigma=0$；
② 调整时间　　　　$t_s=3T$（对应误差带 $\delta=\pm5\%$），
　　　　　　　　　$t_s=4T$（对应误差带 $\delta=\pm2\%$）；
③ 稳态误差　　　　$e_{ss}=1-c(\infty)=1-1=0$。

综上所述，一阶系统的性能指标主要由调整时间 t_s 来衡量，时间常数 T 越小，即系统的闭环极点（$-1/T$）离虚轴越远，调整时间 t_s 越小，系统的快速性也就越好。

【例 3-1】　一阶系统如图 3-8 所示，试求系统的单位阶跃响应的调整时间 t_s。

解　由系统的结构图变换得

$$\Phi(s)=\frac{10/s}{1+10/s}=\frac{10}{s+10}=\frac{1}{0.1s+1}$$

由 $T=0.1$，得：$t_s=3T=0.3s\,(\delta=\pm5\%)$ 或 $t_s=4T=0.4s\,(\delta=\pm2\%)$。

第三节　二阶系统的时域分析

用二阶微分方程描述的系统称为二阶系统，如电动机、小功率随动系统、双容液位对象等均可看成二阶系统。二阶系统在控制工程中极为常见。许多高阶系统，在忽略了一些次要因素后，可降阶为二阶系统来对待。因此，对二阶系统的分析及其性能指标的求取具有重要的意义。

一、数学模型

二阶系统的微分方程一般形式为

$$\frac{\mathrm{d}^2 c(t)}{\mathrm{d}t^2} + 2\xi\omega_\mathrm{n}\frac{\mathrm{d}c(t)}{\mathrm{d}t} + \omega_\mathrm{n}^2 c(t) = \omega_\mathrm{n}^2 r(t) \tag{3-14}$$

式中，ω_n 为系统的自然振荡频率（Natural Oscillating Frequency）（即零阻尼振荡频率）；ξ 为系统阻尼比（Damping Ratio）。

对式(3-14)两边进行拉氏变换，得

$$s^2 C(s) + 2\xi\omega_\mathrm{n}sC(s) + \omega_\mathrm{n}^2 C(s) = \omega_\mathrm{n}^2 R(s)$$

经整理，得

$$s(s + 2\xi\omega_\mathrm{n})C(s) = \omega_\mathrm{n}^2[R(s) - C(s)]$$

即

$$C(s) = \frac{\omega_\mathrm{n}^2}{s(s + 2\xi\omega_\mathrm{n})}[R(s) - C(s)] \tag{3-15}$$

将式（3-15）用动态结构图表示，得到图 3-9 所示的典型二阶系统结构图。

由图 3-9 可知，二阶系统的开环传递函数为

$$G(s) = \frac{\omega_\mathrm{n}^2}{s(s + 2\xi\omega_\mathrm{n})} \tag{3-16}$$

可求得典型二阶系统的闭环传递函数为

$$\Phi(s) = \frac{C(s)}{R(s)} = \frac{\omega_\mathrm{n}^2}{s^2 + 2\xi\omega_\mathrm{n}s + \omega_\mathrm{n}^2} \tag{3-17}$$

由式(3-17)，得典型二阶系统的闭环特征方程为

$$s^2 + 2\xi\omega_\mathrm{n}s + \omega_\mathrm{n}^2 = 0$$

该特征方程的两个根（闭环极点）为

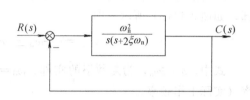

图 3-9　典型二阶系统结构图

$$s_{1,2} = -\xi\omega_\mathrm{n} \pm \omega_\mathrm{n}\sqrt{\xi^2 - 1} \tag{3-18}$$

由式(3-18)可知，二阶系统的两特征根完全取决于系统结构参数 ξ、ω_n。

二、典型信号的响应分析

以单位阶跃信号作为典型信号作用于二阶系统时，系统输出量的拉氏变换式为

$$C(s) = \Phi(s)R(s) = \frac{\omega_\mathrm{n}^2}{s^2 + 2\xi\omega_\mathrm{n}s + \omega_\mathrm{n}^2} \times \frac{1}{s}$$

对上式进行拉氏反变换，可以得到二阶系统的单位阶跃响应。对于阻尼比 ξ 的不同取值，特征根在 s 平面上的位置不同，单位阶跃响应将呈现不同的形式。依据 ξ 值的不同，分以下几种情况讨论。

1. $\xi=0$，无阻尼（零阻尼）情况

由式(3-18)可知，$\xi=0$ 时，二阶系统的两个特征根为一对纯虚根，如图 3-10（a）所示。

即

$$s_{1,2} = \pm \mathrm{j}\omega_\mathrm{n}$$

则

$$C(s) = \frac{\omega_\mathrm{n}^2}{s^2 + \omega_\mathrm{n}^2} \times \frac{1}{s} = \frac{1}{s} - \frac{s}{s^2 + \omega_\mathrm{n}^2}$$

单位阶跃响应为

$$c(t) = \mathcal{L}^{-1}[C(s)] = 1 - \cos\omega_\mathrm{n}t \qquad (t \geqslant 0) \tag{3-19}$$

由式(3-19)可知，无阻尼二阶系统的单位阶跃响应为等幅振荡过程（Equal Amplitude

Oscillating Process），如图 3-10（b）所示，其振荡频率为 ω_n，系统处于衰减振荡与发散振荡的分界点，称为临界稳态（Marginal Steady State）。此时系统无法进入稳定工作状态，所以系统不能正常工作。

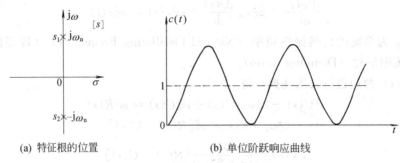

（a）特征根的位置　　　　　　（b）单位阶跃响应曲线

图 3-10　二阶系统的无阻尼时情况

2. $0 < \xi < 1$，欠阻尼情况

二阶系统特征根由式（3-18）可知，为一对具有负实部的共轭复根，位于 s 平面的左半部，如图 3-11（a）所示，即

$$s_{1,2} = -\xi\omega_n \pm j\omega_n\sqrt{1-\xi^2} = -\sigma \pm j\omega_d$$

式中，$\sigma = \xi\omega_n$，为复数根的实部；$\omega_d = \omega_n\sqrt{1-\xi^2}$，为复数根的虚部，称为阻尼振荡频率（实际工作频率）。

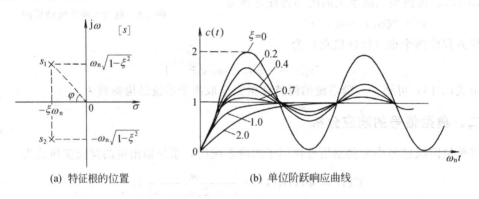

（a）特征根的位置　　　　　　（b）单位阶跃响应曲线

图 3-11　二阶系统欠阻尼时情况

当输入为单位阶跃信号时，系统输出量的拉氏变换式为

$$C(s) = \Phi(s)R(s) = \frac{\omega_n^2}{s^2 + 2\xi\omega_n s + \omega_n^2} \times \frac{1}{s}$$

$$= \frac{1}{s} - \frac{s + \xi\omega_n}{(s + \xi\omega_n)^2 + \omega_d^2} - \frac{\xi\omega_n}{(s + \xi\omega_n)^2 + \omega_d^2}$$

经拉氏反变换（可查附录 B），得到单位阶跃响应

$$c(t) = 1 - \frac{1}{\sqrt{1-\xi^2}} e^{-\xi\omega_n t} \sin(\omega_d t + \varphi) \qquad (t \geqslant 0) \tag{3-20}$$

式中，$\omega_d = \omega_n\sqrt{1-\xi^2}$；$\varphi = \arctan\dfrac{\sqrt{1-\xi}}{\xi}$。

从式（3-20）可知，系统响应由稳态部分和暂态部分组成。稳态值为 1，暂态部分为衰减振荡。二阶系统的单位阶跃响应与 ξ、ω_n 值有关，若以 $\omega_n t$ 作为横坐标，$c(t)$ 作为纵坐标，则响应 $c(t)$ 仅与 ξ 成单值关系，便可画得二阶系统的单位阶跃响应曲线族，如图 3-11 （b）所示。

从曲线族可看出，阻尼比越大，超调量越小，响应的稳定性越好。反之，ξ 越小，振荡越强，稳定性越差。当 $\xi=0$ 时，系统进入等幅振荡过程，为临界稳定状态。

从曲线族还可看出，阻尼比越大，系统响应越慢，调整时间越长；但阻尼比越小，虽然系统的响应变快，但振荡加剧，衰减越慢，调整时间也越长。只有当 $\xi=0.707$ 时，调整时间最短，快速性最好，超调量也不大，平稳性较好。因此，$\xi=0.707$ 称为二阶系统的最佳阻尼比（Optimum Damping Ratio）。

二阶系统衰减振荡过程是控制系统经常采用的一种工作形式，下面分析二阶系统衰减振荡过程的性能指标。

（1）峰值时间 t_p　将式（3-20）求导，并令 $\dfrac{\mathrm{d}c(t)}{\mathrm{d}t}=0$，即

$$\left.\frac{\mathrm{d}c(t)}{\mathrm{d}t}\right|_{t=t_p} = \frac{\omega_n}{\sqrt{1-\xi^2}}\mathrm{e}^{-\xi\omega_n t_p}\sin\omega_d t_p = 0$$

令 $\sin\omega_n\sqrt{1-\xi^2}\,t_p=0$，得：$\omega_n\sqrt{1-\xi^2}\,t_p=n\pi$　　　（$n=0，1，2，\cdots$）
由于峰值时间 t_p 是响应曲线的第一个峰值的时间（对应 $n=1$），所以，有

$$t_p = \frac{\pi}{\omega_n\sqrt{1-\xi^2}} \qquad (0<\xi<1) \qquad (3\text{-}21)$$

式（3-21）表明，当 ξ 一定时，t_p 与 ω_n 成反比，即 ω_n 越大，t_p 越短，系统的快速性越好。

（2）超调量 σ　将峰值时间 t_p 代入式（3-20），得 $c(t_p)=1+\mathrm{e}^{-\xi\pi/\sqrt{1-\xi^2}}$，故得超调量为

$$\sigma = \frac{c(t_p)-c(\infty)}{c(\infty)}\times 100\% = \mathrm{e}^{-\xi\pi/\sqrt{1-\xi^2}}\times$$
$$100\% \qquad (0<\xi<1) \qquad (3\text{-}22)$$

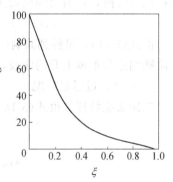

图 3-12　σ 与 ξ 的关系曲线

由式（3-22）可知，σ 的大小完全取决于 ξ，σ 与 ξ 的关系曲线如图 3-12 所示。由图 3-12 可知，阻尼比 ξ 越大，超调量 σ 越小，系统的稳定性越好。列几组典型值于表 3-2 中。

表 3-2　阻尼比 ξ 与超调量 σ 的对应值

ξ	0.34	0.4	0.5	0.6	0.68	0.707	0.8
σ	32%	25%	16.3%	9%	5%	4.3%	1.5%

（3）调整时间 t_s　调整时间是响应曲线从开始变化到进入稳态值的 $\pm5\%$（或 $\pm2\%$）的上下范围内所需要的最短时间，近似为过渡过程包络线到达稳态值的 $\pm5\%$ 范围内所需要的最短时间。因此，有：$1\pm\mathrm{e}^{-\xi\omega_n t_s}=1\pm5\%$。当阻尼比较小（$\xi<0.8$）时，作近似处理，得

$$t_s \approx \frac{3}{\xi\omega_n} \qquad (\pm5\%) \qquad (3\text{-}23)$$

或
$$t_s \approx \frac{4}{\xi\omega_n} \qquad (\pm2\%)$$

由式(3-23)可见，调整时间 t_s 与阻尼比 ξ 和无阻尼振荡频率 ω_n 有关。当 ξ 不变时，t_s 与 ω_n 成反比；当 ω_n 不变时，t_s 与 ξ 成反比。

3. $\xi = 1$，临界阻尼情况

二阶系统特征根由式（3-18）可知，是两个相等的负实根。如图 3-13（a）所示，即 $s_{1,2} = -\omega_n$。

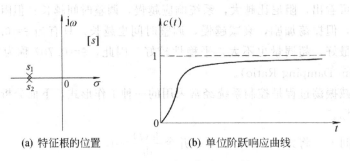

(a) 特征根的位置　　　　　(b) 单位阶跃响应曲线

图 3-13　二阶系统的临界阻尼情况

输入信号为单位阶跃信号时，输出量的拉氏变换为

$$C(s) = \Phi(s)R(s) = \frac{\omega_n^2}{(s + \omega_n)^2} \times \frac{1}{s}$$

经拉氏反变换，得输出响应表达式为

$$c(t) = \mathcal{L}^{-1}[C(s)] = 1 - (1 + \omega_n t)e^{-\omega_n t} \qquad (t \geqslant 0) \tag{3-24}$$

由式(3-24)，可得到其响应曲线如图 3-13（b）所示。从图中可以看出，临界阻尼时单位阶跃响应为单调上升的曲线，没有振荡，超调量为零。

4. $\xi > 1$，过阻尼情况

二阶系统特征根由式(3-18)可知，是两个不相等的负实根，如图 3-14(a) 所示，即

$$s_{1,2} = -\xi\omega_n \pm \omega_n \sqrt{\xi^2 - 1}$$

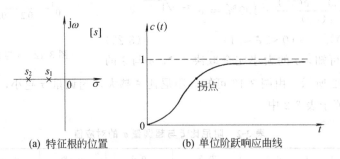

(a) 特征根的位置　　　　　(b) 单位阶跃响应曲线

图 3-14　二阶系统的过阻尼情况

在单位阶跃输入信号作用下，输出量的拉氏变换为

$$C(s) = \Phi(s)R(s) = \frac{\omega_n^2}{(s - s_1)(s - s_2)} \times \frac{1}{s}$$

$$= \frac{1}{s} + \frac{\omega_n^2}{s_1(s_1 - s_2)} \times \frac{1}{(s - s_1)} + \frac{\omega_n^2}{s_2(s_2 - s_1)} \times \frac{1}{(s - s_2)}$$

经拉氏反变换，得输出响应表达式为

$$c(t) = 1 + \frac{1}{\frac{s_1}{s_2} - 1}e^{s_1 t} + \frac{1}{\frac{s_2}{s_1} - 1}e^{s_2 t} \qquad (t \geqslant 0) \tag{3-25}$$

由式(3-25)取不同的 t 值，可得到其响应曲线如图 3-14(b) 所示。从图中可以看出，响应随着时间的增加，响应的变化率逐渐增大，达到最大速度后，响应的变化率逐渐减小，响应随时间的增加，最终趋于稳态值 1。

二阶系统在过阻尼情况时的单位阶跃响应，与一阶系统的单位阶跃响应有明显的不同之处：二阶系统响应曲线在开始时响应速度为零，之后速度逐渐加大，过某一个值时又逐渐减小，直至响应速度又变为零，因此在曲线上形成一个拐点；一阶系统的响应速度从最大开始，然后速度逐渐减小，最后速度变为零，响应稳定在稳态值上。

从曲线中可以看出，过阻尼时二阶系统响应没有周期性，既没有振荡，也没有超调量。

对于过阻尼的二阶系统，动态性能指标主要由 t_s 来体现。

令 　$T_1 = \left| \dfrac{1}{s_1} \right| = \dfrac{1}{\xi\omega_n - \omega_n \sqrt{\xi^2 - 1}}$ 和 $T_2 = \left| \dfrac{1}{s_2} \right| = \dfrac{1}{\xi\omega_n + \omega_n \sqrt{\xi^2 - 1}}$

式中，T_1、T_2 为时间常数。

因为 $\xi > 1$，所以 $T_1 > T_2$。在 s 平面上，ξ 越大，s_2 与虚轴的距离比 s_1 与虚轴的距离越远，响应中含有 $e^{s_2 t}$ 衰减因子的分量就衰减得越快，它对系统的动态响应的影响就越小，常常忽略其作用。因此，当 ξ 很大时，$|s_2| > |s_1|$，即 $T_1 > T_2$，响应可近似看成主要由 s_1 决定的一阶系统的响应，则调整时间为

$$\left.\begin{array}{ll} t_s \approx 3T_1 & (\pm 5\%) \\ t_s \approx 4T_1 & (\pm 2\%) \end{array}\right\} \tag{3-26}$$

由于二阶系统的过阻尼情况，其响应较慢，一般控制系统均不设计成该情况，只有特殊要求，不允许存在超调现象的系统，才采用此情况。

5. $\xi < 0$，负阻尼情况

由二阶系统特征根方程式(3-18)可知，当 $\xi < 0$ 时，两个特征根均为具有正实部的根；或为一对具有正实部的共轭复根（s_1、s_2）；或为两个不等的正实根（s_1'、s_2'）。它们位于 s 平面的右半部，如图 3-15(a) 所示，即

$$s_{1,2} = -\xi\omega_n \pm \omega_n \sqrt{\xi^2 - 1}$$

此时，二阶系统的响应或为发散振荡，或为非周期发散，如图 3-15(b) 中的曲线 1 和曲线 2 所示。上述情况均属不稳定情况。在控制工程设计中，必须避免不稳定情况，因此继续讨论负阻尼情况已没有实际意义。

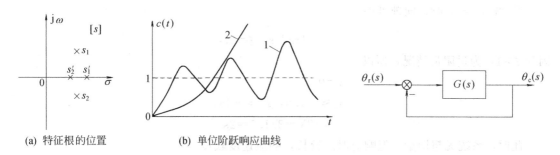

(a) 特征根的位置　　(b) 单位阶跃响应曲线

图 3-15　二阶系统的负阻尼情况　　　　　　　　图 3-16　【例 3-2】图

下面举例说明二阶系统在各种阻尼情况下的时间响应及性能指标。

【例 3-2】 已知某系统的动态结构图如图 3-16 所示，其开环传递函数为 $G(s) = \dfrac{5K_c}{s(s + 34.5)}$

试求：① 当 $K_c = 200$ 时，系统的输出量 θ_c 对输入量 θ_r 的阶跃响应性能指标 t_p、t_s 及 σ；

② 若 K_c 增加到 1500 时的性能指标；

③ 若 K_c 减小到 10 时的性能指标。

解 ① 当 $K_c = 200$ 时，系统的闭环传递函数为

$$\Phi(s) = \frac{G(s)}{1+G(s)} = \frac{5 \times 200}{s(s+34.5) + 5 \times 200}$$

$$= \frac{1000}{s^2 + 34.5s + 1000}$$

由式(3-17) 可知

$$\omega_n = \sqrt{1000} = 31.6 \text{rad/s}, \quad \xi = \frac{34.5}{2\omega_n} = 0.55$$

则二阶系统的性能指标为

$$t_p = \frac{\pi}{\omega_n \sqrt{1-\xi^2}} = 0.12 \text{s}$$

$$t_s = \frac{3}{\xi\omega_n} = 0.17 \text{s}（对应 \pm 5\% 的误差带）$$

或

$$t_s = \frac{4}{\xi\omega_n} = 0.23 \text{ s} （对应 \pm 2\% 的误差带）$$

$$\sigma = e^{-\xi\pi/\sqrt{1-\xi^2}} = 13\%$$

② 当 $K_c = 1500$ 时，

$$\omega_n = 86.2 \text{rad/s}, \quad \xi = 0.2$$

得

$$t_p = 0.04 \text{s}$$

$$t_s = 0.17 \text{s} （对应 \pm 5\% 的误差带）$$

或

$$t_s = 0.23 \text{s} （对应 \pm 2\% 的误差带）$$

$$\sigma = 52.7\%$$

比较计算结果可知，提高系统的开环增益，将使系统的响应变快，但同时振荡会加剧，使系统相对平稳性下降。

③ 当 $K_c = 10$ 时，同理可得

$$\omega_n = 7.1 \text{rad/s}, \quad \xi = 2.4$$

因为 $\xi > 1$，为过阻尼情况，所以

$$\sigma = 0$$

$$s_1 \approx -1.5, \quad s_2 \approx -33$$

$$t_s \approx 3T_1 = 3/1.5 = 2 \text{s}$$

此时，系统无超调量，但响应时间较长，响应速度较慢。

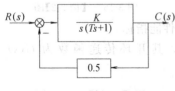

图 3-17 [例 3-3] 图

【例 3-3】 如图 3-17 所示控制系统，其中 $K = 12.5$，$T = 0.25$。

试求：① 输入信号 $r(t) = 1(t)$ 时，输出响应 $c(t)$；

② 计算性能指标 t_p、t_s（$\pm 5\%$）及 σ；

③ 若要求系统成为二阶最佳（$\xi = 0.707$），T 不变，

应使 K 为多少值?

解　对于图 3-17 所示的反馈控制系统,闭环传递函数为

$$\Phi(s)=\frac{C(s)}{R(s)}=\frac{K/T}{s^2+\frac{1}{T}s+\frac{0.5K}{T}}=\frac{2\times\frac{0.5K}{T}}{s^2+\frac{1}{T}s+\frac{0.5K}{T}}=\frac{2\omega_n^2}{s^2+2\xi\omega_n s+\omega_n^2}$$

已知
$$K=12.5,\ T=0.25$$

得
$$\omega_n=\sqrt{\frac{0.5K}{T}}=5\mathrm{rad\cdot s^{-1}}$$

$$\xi=\frac{1}{2\omega_n T}=0.4$$

$$\Phi(s)=\frac{2\times25}{s^2+4s+25}$$

① 系统的单位阶跃响应为

$$c(t)=2\left[1-\frac{1}{\sqrt{1-\xi^2}}e^{-\xi\omega_n t}\sin(\omega_d t+\varphi)\right]$$

其中
$$\omega_d=\omega_n\sqrt{1-\xi^2}=5\sqrt{1-0.4^2}=4.58\mathrm{rad\cdot s^{-1}}$$

$$\varphi=\arctan\frac{\sqrt{1-\xi^2}}{\xi}=66.4°$$

$$c(t)=2[1-1.09e^{-2t}\sin(4.58t+66.4°)]$$

② 计算系统的主要性能指标为

$$t_p=\frac{\pi}{\omega_n\sqrt{1-\xi^2}}=\frac{\pi}{\omega_d}=0.69\mathrm{s}$$

$$t_s\approx\frac{3}{\xi\omega_n}=1.5\mathrm{s}$$

$$\sigma=e^{-\xi\pi/\sqrt{1-\xi^2}}\times100\%=25.4\%$$

③ 若设计成二阶最佳系统,即 $\xi=0.707$,

则
$$\begin{cases}\omega_n=\sqrt{\dfrac{0.5K}{T}}\\2\xi\omega_n=\dfrac{1}{T}\end{cases}$$

$$\xi=\frac{1}{2\omega_n T}=\frac{1}{2T\sqrt{\dfrac{0.5K}{T}}}=\frac{1}{2\sqrt{0.5KT}}=0.707$$

得
$$K=4$$

由上题可知 K 和 T 对系统响应的影响。如果 T 一定时,K 增大,会使 ξ 减小,σ 就增加。如果 K 一定时,T 增大,导致 ξ 减小,σ 增加,还引起 ω_n 减小,t_s 增加。可见,T 的增大对动态影响更大。

从二阶系统阶跃响应的性能分析中可以发现,系统响应的稳定性和快速性对结构参数 (K、T) 的要求是矛盾的。欲提高系统的响应速度而要加大增益 K,结果使阻尼比 ξ 变小,使系统振荡加剧。反之,欲提高系统的稳定性而减小增益 K,又使响应速度变慢,因此仅仅依靠调整系统的参数,很难同时满足各项性能指标的要求。对于实际控制系统,组成系统

的各部件的结构和参数都是固定的，不能因控制要求而任意改变。为此，工程中常常采用加入一些环节，来改变控制系统的响应性能，即控制系统的校正，本书将在第九章专门加以讨论。

第四节 高阶系统的时域分析

用高阶微分方程来描述的系统称为高阶系统。严格地说，工厂中实际使用的控制系统都是高阶系统。对高阶系统的时域分析是比较困难的，因此，在遇到三阶或三阶以上高阶系统的分析时，仅考虑主要因素，忽略次要因素，从而使高阶系统的分析变得简化。上述设想，在一定的条件下是允许的、可行的。如直流电动机输出转角与电枢电压的动态关系为三阶微分方程，因电动机的电感 L_a 很小，忽略其影响时，则转角与电枢电压的关系方程为二阶微分方程。又如，测速电动机的输出量与输入量关系为一阶微分方程，当时间常数很小时，其关系可看成比例环节等，这样使整个控制系统的简化作用是很明显的。将高阶系统简化，便可将一阶系统、二阶系统分析的结论推广应用到高阶系统中，对之进行近似分析处理。

一、闭环系统主导极点

设高阶系统的微分方程为

$$a_n c^{(n)}(t) + a_{n-1} c^{(n-1)}(t) + \cdots + a_1 c^{(1)}(t) + a_0 c(t)$$
$$= b_m r^{(m)}(t) + b_{m-1} r^{(m-1)}(t) + \cdots + b_1 r^{(1)}(t) + b_0 r(t) \qquad (n \geqslant m)$$

在零初始状态下，对上式两边进行拉氏变换，即

$$(a_n s^n + a_{n-1} s^{n-1} + \cdots + a_1 s + a_0) C(s)$$
$$= (b_m s^m + b_{m-1} s^{m-1} + \cdots + bs + b_0) R(s) \qquad (n \geqslant m)$$

得高阶系统的闭环传递函数为

$$\Phi(s) = \frac{C(s)}{R(s)} = \frac{M(s)}{D(s)} = \frac{b_m s^m + b_{m-1} s^{m-1} + \cdots + b_1 s + b_0}{a_n s^n + a_{n-1} s^{n-1} + \cdots + a_1 s + a_0}$$

$$= \frac{K \prod\limits_{j=1}^{m} (\tau_j s + 1)}{\prod\limits_{i=1}^{n} (T_i s + 1)} = \frac{K^* \prod\limits_{j=1}^{m} (s - z_j)}{\prod\limits_{i=1}^{n} (s - p_i)} \qquad (3\text{-}27)$$

式中，$K = \dfrac{b_0}{a_0}$ 为系统的总增益；$K^* = \dfrac{b_m}{a_n}$ 为系统根轨迹增益；

$z_j = -\dfrac{1}{\tau_j}(j = 1, 2, \cdots, m)$ 是 $M(s) = 0$ 的根，即 $\Phi(s)$ 的零点；

$p_i = -\dfrac{1}{T_i}(i = 1, 2, \cdots, n)$ 是 $N(s) = 0$ 的根，即 $\Phi(s)$ 的极点。

为分析的方便，假设系统所有的极点都不相等。

如果系统的所有极点 p_i 是互不相等的实数根，则系统单位阶跃响应的拉氏变换式为

$$C(s) = \Phi(s) R(s) = \Phi(s) \frac{1}{s} = \frac{K \prod\limits_{j=1}^{m} (\tau_j s + 1)}{s \prod\limits_{i=1}^{n} (T_i s + 1)} \qquad (3\text{-}28)$$

将式（3-28）写成部分分式之和形式，即

$$C(s) = \frac{K}{s} + \sum_{i=1}^{n} \frac{K_i}{T_i s + 1} \tag{3-29}$$

式中，K_i 是待定系数，其计算式为

$$K_i = C(s)(T_i s + 1)\Big|_{s=-\frac{1}{T_i}} \qquad (i = 1, 2, \cdots, n)$$

对式（3-29）进行拉氏反变换，即得系统的单位阶跃响应为

$$c(t) = K + \sum_{i=1}^{n} \frac{K_i}{T_i} e^{-\frac{1}{T_i}t} \tag{3-30}$$

若 n 阶高阶系统有 r 对共轭复数极点，则有 q（$q=n-2r$）个实数极点，此时

$$\Phi(s) = \frac{K \prod_{j=1}^{m}(\tau_j s + 1)}{\prod_{i=1}^{q}(T_i s + 1)\prod_{k=1}^{r}(T_k^2 s^2 + 2\xi_k T_k s + 1)}$$

同理可得系统的单位阶跃响应为

$$C(s) = \Phi(s)R(s)$$

$$= \frac{K \prod_{j=1}^{m}(\tau_j s + 1)}{s \prod_{i=1}^{q}(T_i s + 1)\prod_{k=1}^{r}(T_k^2 s^2 + 2\xi_k T_k s + 1)}$$

将上式进行拉氏反变换，并令 $\omega_k = \frac{1}{T_k}$，得

$$c(t) = K + \sum_{i=1}^{q} \frac{K_i}{T_i} e^{-\frac{1}{T_i}t}$$
$$+ \sum_{k=1}^{r} C_k e^{-\xi_k \omega_k t}\left[B_k \cos(\omega_k \sqrt{1-\xi_k^2}\,t) + \sqrt{1-B_k^2}\sin(\omega_k \sqrt{1-\xi_k^2}\,t)\right] (t \geqslant 0) \tag{3-31}$$

式中，K_i、B_k、C_k 均为实数；ξ_k、ω_k 分别为第 k 个二阶振荡环节的阻尼比和固有频率。

式（3-31）表明，式（3-27）所示的高阶系统的单位阶跃响应包含指数函数项和正弦函数项，即高阶系统的单位阶跃响应可表示为一阶环节与二阶环节的单位阶跃响应的若干项之和。

从以上分析，可以得出结论如下。

① 高阶系统的单位阶跃响应，是由稳态和暂态分量组成，稳态分量决定系统的稳态精度，暂态分量决定响应的动态性能。

② 高阶系统的响应由许多分量组成，它们与系统的零点、极点的分布有关。各分量的动态变化过程又与分量的极点到虚轴的距离，以及极点附近有无零点有关。距虚轴越近，而且其附近又无零点的极点，称其为主导极点（Leading Poles），它对应的暂态分量对整个响应的影响最大，而其他极点对应的分量对整个响应的影响就小。

二、高阶系统的主导极点分析

由高阶系统的传递函数，可方便地知道系统的零点和极点分布，根据系统主导极点的作用，便可对高阶系统进行近似分析。

① 对高阶系统的零点和极点经过主导极点处理，使系统保留1~3个主导极点，忽略非主导极点。将高阶系统近似处理成为一阶、二阶或三阶系统，将一阶、二阶系统的时域分析结论应用到高阶系统分析之中。

② 通常认为，主导极点离虚轴的距离与非主导极点离虚轴的距离之比小于1/5，且附近不存在零点。若极点与零点的距离与它们本身的模之比小于1/10，则称这对零点与极点为偶极子。与附近的零点形成偶极子的极点，对系统响应的影响可忽略不计。

第五节　MATLAB 在系统时域分析中的应用

本章前面已经谈到，为了研究控制系统的时域特性，经常采用系统在典型信号作用下的动态响应（如阶跃响应、脉冲响应），下面介绍在第二章已把控制系统的数学模型输入到MATLAB环境的基础上，如何利用MATLAB来求系统的时域响应。

一、系统单位阶跃响应和冲激响应的求解

在 MATLAB 的控制系统工具箱中，求解单位阶跃和冲激响应的函数是 step（ ）和 impulse（ ）。它们的调用格式分别为

[y, t _ out] ＝step（sys） y＝step（sys, t _ in） [y, t _ out, x] ＝step（sys）

[y, t _ out] ＝impulse（sys） y＝impulse（sys, t _ in） [y, t _ out, x] ＝impulse（sys）

输入变量中，sys 为给定系统的模型，变量 t _ in 是由要计算的点所在时刻的值组成的向量，一般可以由 t _ in＝0：dt：t _ end 等步长地产生出来，其中 t _ end 为终值时间，而 dt 为计算步长。输出变量中，系统输出值在 y 向量中返回；由系统模型 sys 的特性自动生成的时间变量在向量 t _ out 中返回；如果系统模型 sys 由状态方程给出，状态向量由 x 返回，否则 x 将返回空矩阵。如果用户在调用此函数时不返回任何变量，则将自动地绘制出阶跃响应曲线，同时绘制出稳态值。step（ ）和 impulse（ ）函数还有其他的调用格式，用户可以通过help 得到其帮助信息。下面举例说明其应用。

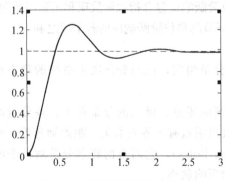

图 3-18　系统单位阶跃响应曲线

【例 3-4】 传递函数模型的阶跃响应：考虑一个由传递函数给出的系统模型

$$\Phi(s)=\frac{25}{s^2+4s+25}$$

解　在 MATLAB 的命令窗口输入如下命令
≫num＝[25]；den＝[1 4 25]；g＝tf(num,den)；%输入系统模型
≫step（g）；%绘制阶跃响应曲线

其中 step 是求取单位阶跃响应的函数。当 step 左边没有输出变量时，此时可以得到系统的单位阶跃响应如图3-18所示。从图中可以看出，系统响应的稳态值为1，系统的动态响应过程具有超调。

当需要了解单位阶跃响应的数值解及其计算点的时间时，可以利用 step（ ）函数的如

下格式

$$[y, t\_out] = step(sys)$$

对于本例，在 MATLAB 命令窗口输入

≫num＝［25］；den＝［1 4 25］；g＝tf（num，den）；％输入系统模型

≫［y，t_out］＝step（g）；％得系统阶跃响应值和计算点时间值

≫［y，t_out］；％将系统阶跃响应值和计算点时间值同时输出

此时，不画出系统单位阶跃响应曲线。系统单位阶跃响应的数值解 y 和计算点时间 t_out 的前 28 个数值为

Columns 1 through 7

0	0.0092	0.0352	0.0759	0.1290	0.1923	0.2634
0	0.0276	0.0552	0.0828	0.1104	0.1380	0.1656

Columns 8 through 14

0.3404	0.4213	0.5041	0.5871	0.6690	0.7482	0.8237
0.1933	0.2209	0.2485	0.2761	0.3037	0.3313	0.3589

Columns 15 through 21

0.8944	0.9597	1.0189	1.0715	1.1174	1.1563	1.1884
0.3865	0.4141	0.4417	0.4693	0.4969	0.5245	0.5521

Columns 22 through 28

1.2137	1.2325	1.2452	1.2521	1.2538	1.2507	1.2434
0.5798	0.6074	0.6350	0.6626	0.6902	0.7178	0.7454

通过上面阶跃响应的部分数值解可以看出，当 t_out＝0.6902 时，系统响应的最大值 y_{max}＝1.2538。因此，通过对系统响应数值解的分析，可以求出系统的性能指标。并可确定系统性能的好坏。

【例 3-5】 零极点模型的阶跃响应：考虑下面给出的 6 阶零极点模型

$$\Phi(s) = \frac{6(s+1)(s-2)}{(s+0.5)(s+1.5)(s+3)(s+4)^2(s+5)}$$

解 可以使用下面的 MATLAB 语句得出系统的阶跃响应曲线。如图 3-19 所示。

≫z＝［－1；2］；p＝［－0.5；－1.5；－3；－4；－4；－5］；k＝6；g＝zpk（z,p,k）；％输入系统模型

≫step（g）；％绘制阶跃响应曲线

从这个例子可以看出，系统的阶跃响应曲线并不总是具有图 3-18 所指出的形状，因为这个例子有右半平面的零点，其稳态值为负值。

【例 3-6】 系统的单位冲激响应：考虑下面的传递函数模型

$$\Phi(s) = \frac{1}{s^2 + 0.2s + 1}$$

解 在 MATLAB 的命令窗口输入如下命令，可以得到系统的单位脉冲响应曲线如图 3-20 所示。

≫num＝1；den＝［1 0.2 1］；g＝tf（num，den）；％输入系统模型

≫impulse（g）；％绘制脉冲响应曲线

二、系统在其他输入下时域响应的求解

1. 斜坡响应

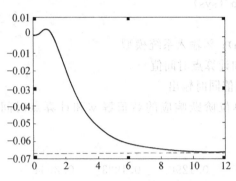

图 3-19　系统单位阶跃响应曲线

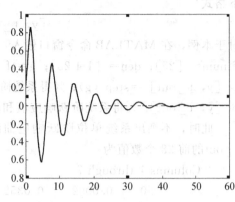

图 3-20　系统单位脉冲响应曲线

在 MATLAB 中没有斜坡响应的命令，因此，需要利用阶跃响应命令求斜坡响应。可以先用 s 除 $\Phi(s)$，再利用阶跃响应命令求斜坡响应。

【例 3-7】 考虑下列闭环系统

$$\frac{C(s)}{R(s)} = \frac{1}{s^2 + s + 1}$$

对于单位斜坡输入量，$R(s) = 1/s^2$，因此

$$C(s) = \frac{1}{s^2 + s + 1} \times \frac{1}{s^2} = \frac{1}{(s^2 + s + 1)s} \times \frac{1}{s}$$

解　在 MATLAB 的命令窗口输入如下命令得到系统的单位斜坡响应如图 3-21 所示。其中虚线为斜坡输入，实线为输出。

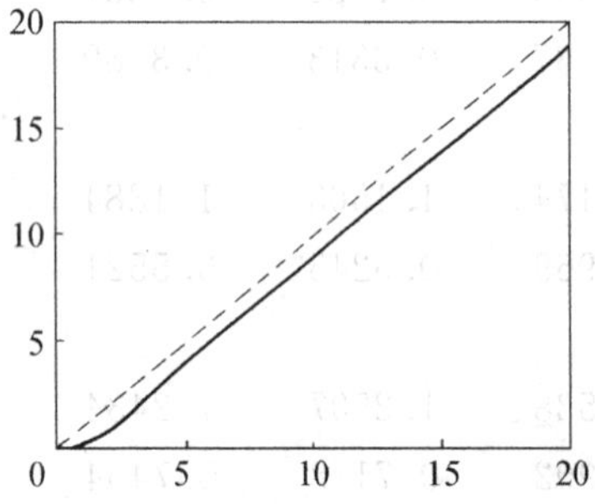

图 3-21　系统单位斜坡响应曲线

≫num=1；den=[1 1 1 0]；g=tf（num，den）；％输入系统模型

≫ [y，t_out]=step（g）；％求系统响应值及计算点时间值

≫plot（t_out，t_out，'：'）；hold on；step（g）；％绘制输入曲线和响应曲线

2. 对初始条件的响应

下面通过一个例子，介绍一种获得对初始条件响应的方法。

【例 3-8】 设系统的微分方程为

$$\ddot{x} + 3\dot{x} + 2x = 0$$

其初始条件为 $x(0) = 0.1, \dot{x}(0) = 0.05$。

解　对上述系统方程进行拉普拉斯变换，得

$$s^2 X(s) - sx(0) - \dot{x}(0) + 3 \times [sX(s) - x(0)] + 2X(s) = 0$$

代入已知数值，得

$$X(s) = \frac{0.1s + 0.35}{s^2 + 3s + 2}$$

该方程可以写成

$$X(s) = \frac{0.1s^2 + 0.35s}{s^2 + 3s + 2} \times \frac{1}{s}$$

因此，系统在初始条件下（零输入）响应，可以由下列系统的单位阶跃响应来求出。

$$\Phi(s) = \frac{0.1s^2 + 0.35s}{s^2 + 3s + 2}$$

在 MATLAB 的命令窗口输入如下命令，可以得到系统在初始条件下的零输入响应如图 3-22 所示。

≫num＝[0.1 0.35 0]；den＝[1 3 2]；g＝tf（num，den）；％输入系统模型

≫step（g）；％绘制响应曲线

当系统用状态方程对象形式给出时，系统的零输入响应还可以由控制系统工具箱中给出的 initial（）函数求出。initial（）函数的使用方法大家可以参考有关书籍。

3. 任意输入下系统的时域响应

在控制系统工具箱中提供了 lsim（）函数来求任意输入信号激励下的时域响应，这个函数的调用格式如下

$$y＝lsim（sys，u，t）$$

这个函数的调用格式和 step（）函数的调用格式很接近，只是在这个函数的调用中多了一个 u 向量，该向量表示系统输入信号在各个时刻的值。

【例 3-9】 设系统的闭环传递函数为

$$\Phi(s)=\frac{5s+100}{s^4+8s^3+32s^2+80s+100}$$

求系统在输入信号 $r(t)=1+e^{-t}\cos(t)$ 作用下的响应曲线。

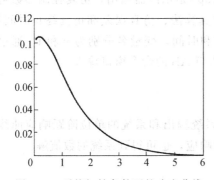

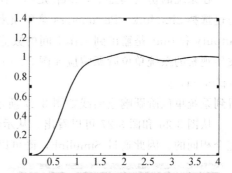

图 3-22 系统初始条件下的响应曲线 图 3-23 任意给定输入下系统的响应曲线

解 在 MATLAB 的命令窗口输入如下命令，可以得到系统在给定输入信号作用下的响应曲线如图 3-23 所示。

≫num＝[5 100]；den＝[1 8 32 80 100]；g＝tf（num，den）；％输入系统模型

≫t＝0：.04：4；u＝1+exp（-t）.＊cos（5＊t）；％计算输入信号在计算点时间的值

≫lsim（g，u，t）；％绘制响应曲线

三、应用 Simulink 分析系统的时域响应

当控制系统的数学模型以结构图的形式给出，或控制系统的输入信号是诸如锯齿波等特

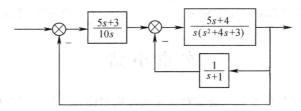

图 3-24 控制系统结构图

殊信号，此时利用 Simulink 的仿真功能，可以很方便地得到系统的时间响应。

【例 3-10】 系统的结构图如图 3-24 所示，利用 Simulink 求系统的单位阶跃响应。

解 利用 Simulink 建立的控制系统仿真模型如图 3-25 所示。

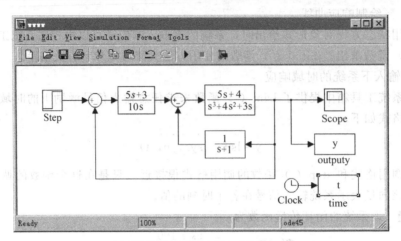

图 3-25　控制系统仿真模型

在系统的仿真模型中，Step 是单位阶跃输入，Scope 是示波器输出，仿真控制参数可以通过选择 Simulink | Parameters 菜单项来设置，如仿真算法、仿真误差和仿真终止时间等。outputy 和 time 是输出到工作空间的数值形式的响应和时间，变量名分别为 y 和 t。通过示波器观察的系统单位阶跃响应如图 3-26 所示。在 MATLAB 的命令窗口输入

≫plot（t，y）

得到系统单位阶跃响应曲线如图 3-27 所示。

从图 3-26 和图 3-27 可以看出，从示波器观察的系统输出和系统的单位阶跃响应曲线是完全相同的。因此通过 Simulink，既可以观察系统的响应，也可得到系统的数值解。

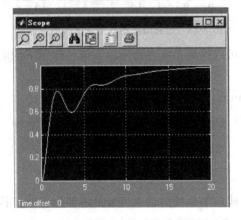

图 3-26　从示波器观察的系统单位阶跃响应

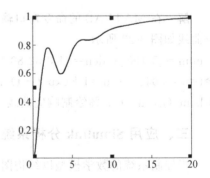

图 3-27　系统单位阶跃响应曲线

本 章 小 结

为了分析和比较系统的性能，通常对系统施加典型输入信号进行响应分析。常见的典型信号有单位阶跃信号、斜坡信号、加速度信号、正弦函数信号和单位脉冲信号。

　　自动控制系统的时域分析法，是通过求解控制系统在典型信号作用下的时间响应，来分析系统的稳定性、快速性和准确性。时域分析法直观，物理概念明确，是自动控制原理的基本分析方法。在单位阶跃信号作用下，定义了系统的时域性能指标。常以超调量、调整时间和稳态误差等来评价控制系统的性能。

　　对于一阶系统，时间常数是影响响应曲线的主要特征量；二阶系统的数学模型中，典型结构参数有 ξ、ω_n（或 ξ、T），单位阶跃信号作用下的欠阻尼系统的响应，以及性能指标求取是分析二阶系统的主要内容。对二阶系统的分析，在时域分析法中占有重要地位；高阶系统的时间响应获取有一定困难，利用主导极点的概念，对高阶系统进行近似处理，再借助于一阶、二阶系统的分析结论，可以分析高阶系统。

　　借助 MATLAB，通过数值计算的方法，可以求解任意系统在各种输入下的时间响应。其中阶跃响应和冲激响应可以利用提供的 step（ ）和 impluse（ ）函数求解；任意输入作用下的系统响应可以利用 lsim（ ）函数求解；还可利用 MATLAB 的仿真工具 Simulink 求解系统的时域响应。

习　　题

　　3-1　一阶系统如图3-28所示，其中 $G(s) = \dfrac{10}{0.2s+1}$，采用负反馈控制后使调整时间 t_s 为原来的 0.1 倍，并保证总的放大倍数不变。试确定 K_c 和 K_f 值。

　　3-2　设某单位负反馈系统的闭环传递函数 $\varPhi(s) = \dfrac{1}{Ts+1}$，当输入单位阶跃信号时，经过 60s 系统响应才达到稳态值的 95%。试确定系统的时间常数 T 及开环传递函数 $G(s)$。

　　3-3　单位负反馈系统，在输入信号 $r(t) = 1(t) + t \times 1(t)$ 作用下，输出响应 $c(t) = t \times 1(t)$。试求系统的开环传递函数 $G(s)$，并计算阶跃响应性能指标。

　　3-4　已知二阶系统的单位阶跃响应曲线如图3-29所示，试确定系统的开环传递函数。设该系统为单位反馈系统。

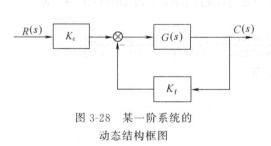

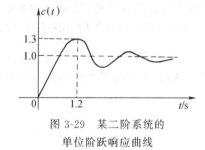

图 3-28　某一阶系统的
动态结构框图

图 3-29　某二阶系统的
单位阶跃响应曲线

　　3-5　已知控制系统的动态结构如图3-30所示，试确定系统具有最佳阻尼比时的 K_c 值，并计算该系统的单位阶跃响应时域指标 σ、$t_s(\pm5\%)$。

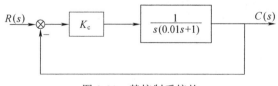

图 3-30　某控制系统的
动态结构图

　　3-6　某二阶控制系统的传递函数为 $\dfrac{C(s)}{R(s)} = \dfrac{\omega_n^2}{s^2 + 2\xi\omega_n s + \omega_n^2}$，试求下列情况下的单位阶跃响应的动态

性能指标 σ、t_s、t_p。

① $\xi=0.1$、$\omega_\text{n}=5\text{rad}\cdot\text{s}^{-1}$；

② $\xi=0.1$、$\omega_\text{n}=10\text{rad}\cdot\text{s}^{-1}$；

③ $\xi=0.5$、$\omega_\text{n}=5\text{rad}\cdot\text{s}^{-1}$。

3-7 已知某单位负反馈控制系统的开环传递函数 $G(s)=\dfrac{K}{s(Ts+1)}$。试求在下列条件下的单位阶跃响应的时域指标 σ 和 t_s。（$\pm2\%$）。

① $K=4.5$，$T=1\text{s}$；

② $K=1$，$T=1\text{s}$；

③ $K=0.16$，$T=1\text{s}$。

3-8 已知单位负反馈系统的开环传递函数 $G(s)=\dfrac{K}{s(Ts+1)}$，若要求 $\sigma\leqslant16\%$，$t_\text{s}=6\text{s}$（$\pm5\%$），试确定参数 K 值、T 值。

3-9 闭环控制系统的动态结构如图3-31所示，$G(s)=\dfrac{16}{s(s+1)}$，若要求系统 $\xi=0.7$，速度负反馈系数 τ 值应为多少？

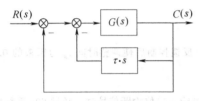

图 3-31　某闭环控制
系统的动态结构图

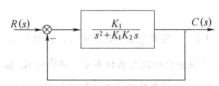

图 3-32　某闭环控制
系统的动态结构图

3-10 已知一闭环控制系统如图3-32所示。其中，$K_1=2$，试求 K_2 使系统具有最佳阻尼比（$\xi=0.707$）之值。

3-11 设三阶系统的闭环传递函数为 $\Phi(s)=\dfrac{5(s^2+5s+6)}{s^3+6s^2+10s+8}$，①利用 MATLAB 绘制系统的单位阶跃响应曲线；②利用 MATLAB 求解系统响应的数值解，并得到系统的超调量、调节时间和峰值时间。

3-12 设一个8阶系统的闭环传递函数为

$$\Phi(s)=\frac{18s^7+514s^6+5982s^5+36380s^4+122664s^3+222088s^2+185760s+40320}{s^8+36s^7+546s^6+4536s^5+22449s^4+67284s^3+118124s^2+109584s+40320}$$

利用 MATLAB 求出系统单位阶跃响应和脉冲响应的数值解。

第四章 自动控制系统的频域分析法

引言 控制系统的时域分析法是分析系统的最基本方法，它能准确地描述系统的动态性能。但是，当研究系统参数变化的影响时，计算量大，还难以找出其规律，对于高阶系统的分析就更为困难。因此，人们在工程实践中，经常应用频率特性分析法来研究系统。

频域分析法、时域分析法和根轨迹分析法一起，作为经典控制理论的重要组成部分，既相互渗透，又相互补充，在经典控制理论中占有重要的地位。尤其是频率特性有着明确的物理意义，可用实验方法予以测定，因此，频率特性分析法在工程设计中得到广泛应用。

本章主要介绍频率特性的基本概念，典型环节和系统的频率特性曲线，为控制系统的校正提供理论基础和设计方法。

第一节 频域分析方法概述

频率特性分析法是一种图解法，它不用求解系统的微分方程，用频率特性的方法将系统的特性展示在复平面上，能较方便地判断某参数或环节对系统性能的影响，为系统的校正提供理论依据。

一、频率特性的概念

频率特性（Frequency Characteristic）是系统（或环节）对不同频率的正弦信号的稳态响应特性。如图 4-1 所示，系统在不同频率的正弦输入信号 $r(t)$ 的作用下，系统的稳态输出信号 $c(t)$ 的频率与输入信号的频率相同，只是其幅值和相位与输入信号不同。

由图 4-1 分析可见，若保持输入信号的幅值 A_r 不变，逐次改变输入信号的频率 ω，则可测得系统的稳态输出（过渡过程结束后）信号的幅值 A_c 和对应的相位差 φ：当输入为 $r_1(t) = A_r \sin\omega_1 t$，其输出为 $c_1(t) = A_{c1}\sin(\omega_1 t + \varphi_1)$，此时，输出与输入的振幅之比为 $M_1 = A_{c1}/A_r$，相位滞后了 φ_1；若改变频率 ω，使输入 $r_2(t) = A_r\sin\omega_2 t$，则系统输出为 $c_2(t) = A_{c2}\sin(\omega_2 t + \varphi_2)$，此时振幅之比为 $M_2 = A_{c2}/A_r$，相位滞后了 φ_2。因此，若以频率 ω 为自变量，系统的振幅之比 $M(\omega)$ 和相位变化量 $\varphi(\omega)$ 为因变量，它们都是频率 ω 的函数，称之为系统的频率特性，即

$$\begin{cases} M(\omega) = \dfrac{A_c}{A_r} & (4\text{-}1) \\ \varphi(\omega) = \varphi_c - \varphi_r & (4\text{-}2) \end{cases}$$

式中，A_c 为输出正弦量的振幅；A_r 为输入正弦量的振幅；φ_c 为输出正弦量的相位；φ_r 为输入正弦量的相位。

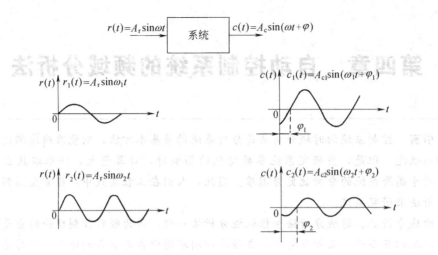

图 4-1 正弦信号下的频率响应示意图

若用横轴表示信号的频率 ω，用纵轴表示振幅比 $M(\omega)$ 以及相位差 $\varphi(\omega)$，则式(4-1)、式(4-2) 可描述两条曲线，如图 4-2 所示为系统的频率特性曲线。通常称：$M(\omega)$ 为幅频特性 (Amplitude Frequency Characteristic)；$\varphi(\omega)$ 为相频特性 (Phase Frequency Characteristic)。

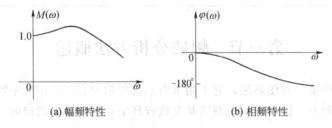

(a) 幅频特性   (b) 相频特性

图 4-2 系统的频率特性曲线

一般地，频率特性用符号 $G(\mathrm{j}\omega)$ 表示，则幅频特性 $M(\omega)$、相频特性 $\varphi(\omega)$ 可表示成

$$G(\mathrm{j}\omega) = |G(\mathrm{j}\omega)| \angle G(\mathrm{j}\omega) \tag{4-3}$$

其中

$$|G(\mathrm{j}\omega)| = M(\omega) \tag{4-4}$$

$$\angle G(\mathrm{j}\omega) = \varphi(\omega) \tag{4-5}$$

式(4-4) 反映了系统对不同频率正弦输入信号幅值的放大（或衰减）性能；式(4-5) 描述了系统对不同频率正弦输入信号的相位滞后（或超前）关系，因此两者综合反映了系统对不同频率正弦信号的频率响应特性。

二、频率特性与传递函数的关系

1. 频率特性的获取

频率特性作为一种数学模型，它与传递函数有着密切的关系。若已知系统或环节的传递函数 $G(s)$，则其频率特性为 $G(\mathrm{j}\omega)$。即只要令传递函数 $G(s)$ 中的 $s=\mathrm{j}\omega$，便可求得 $G(\mathrm{j}\omega)$。

$$G(\mathrm{j}\omega)=G(s)\big|_{s=\mathrm{j}\omega} \tag{4-6}$$

从频率特性的定义及其与传递函数、微分方程的关系可知，求取系统输出稳态分量与输入量的复数比，便可求取系统的频率特性。

2. 频率特性的数学本质

对于线性系统，其传递函数一般可写成

$$G(s) = \frac{C(s)}{R(s)} = \frac{b_m s^m + b_{m-1} s^{m-1} + \cdots + b_1 s + b_0}{a_n s^n + a_{n-1} s^{n-1} + \cdots + a_1 s + a_0} \quad (n \geq m)$$

有

$$C(s) = \frac{(b_m s^m + b_{m-1} s^{m-1} + \cdots + b_1 s + b_0)/a_n}{(s - s_1)(s - s_2) \cdots (s - s_i) \cdots (s - s_n)} R(s) \tag{4-7}$$

若输入量 $r(t) = A_r \sin\omega t$，则其拉氏变换式 $R(s) = \dfrac{A_r \omega}{s^2 + \omega^2}$，代入式(4-7)，可得

$$C(s) = \frac{(b_m s^m + b_{m-1} s^{m-1} + \cdots + b_1 s + b_0)/a_n}{(s - s_1)(s - s_2) \cdots (s - s_i) \cdots (s - s_n)} \times \frac{A_r \omega}{s^2 + \omega^2}$$

$$= \sum_{i=1}^{n} \frac{a_i}{(s - s_i)} + \left(\frac{b}{s + j\omega} + \frac{\bar{b}}{s - j\omega} \right) \tag{4-8}$$

式中，s_i 为系统的特征根；$a_i (i = 1, 2, \cdots, n)$、$b$、$\bar{b}$（$b$ 的共轭复数）为待定系数。

对式(4-8)进行拉氏反变换，得系统输出量

$$c(t) = \sum_{i=1}^{n} a_i e^{s_i t} + (b e^{-j\omega t} + \bar{b} e^{j\omega t}) \tag{4-9}$$

对于稳定系统，特征根 s_i 应具有负实部，则 $c(t)$ 的第一部分将随时间 $t \to \infty$ 而逐渐趋向于零。$c(t)$ 的第二部分为稳态分量，用 $c_{ss}(t)$ 表示

$$c_{ss}(t) = b e^{-j\omega t} + \bar{b} e^{j\omega t} \tag{4-10}$$

其中，b、$\bar{b}$ 由待定系数法求得

$$b = G(s) \frac{A_r \omega}{s^2 + \omega^2} (s + j\omega) \Big|_{s = -j\omega} = -\frac{A_r G(-j\omega)}{2j}$$

$$\bar{b} = G(s) \frac{A_r \omega}{s^2 + \omega^2} (s - j\omega) \Big|_{s = j\omega} = \frac{A_r G(j\omega)}{2j}$$

式中，$G(j\omega) = M(\omega) e^{j\varphi(\omega)}$，而 $G(-j\omega) = M(\omega) e^{-j\varphi(\omega)}$

将 $G(j\omega)$、$G(-j\omega)$ 代入系数 b、$\bar{b}$ 中，得系数

$$b = -\frac{A_r}{2j} M(\omega) e^{-j\varphi(\omega)}, \bar{b} = \frac{A_r}{2j} M(\omega) e^{j\varphi(\omega)}$$

再将系数 b、$\bar{b}$ 代入式(4-10)，则

$$c_{ss}(t) = A_r M(\omega) \frac{e^{j[\omega t + \varphi(\omega)]} - e^{-j[\omega t + \varphi(\omega)]}}{2j}$$

由欧拉公式，可得

$$c_{ss}(t) = A_c \sin[\omega t + \varphi(\omega)] \tag{4-11}$$

式(4-11)表明，线性系统在正弦信号作用下，其输出量的稳态分量的频率与输入信号相同。其幅值 $A_c = M(\omega) A_r$，相位差为 $\varphi(\omega)$，即

$$M(\omega) = \frac{A_c}{A_r} = |G(j\omega)|, \varphi(\omega) = \angle G(j\omega)$$

而 $|G(j\omega)| \angle G(j\omega) = G(j\omega)$，因此，$G(j\omega)$ 为系统的频率特性。

从以上分析，可知

① 频率特性只适用于线性系统（或环节）；

② 频率特性与传递函数一样，是一种数学模型，它包含了系统的结构和参数；

③ 频率特性可通过实验测得。

3. 频率特性的图形表示

频率特性是复数，可用图形表示。在工程中，频率特性 $G(j\omega)$ 以图形的方式表示，常见的有伯德图、乃奎斯特图等。

（1）伯德图（Bode） 伯德图又称为对数频率特性图（Logarithm Frequency Characteristic Chart），由对数幅频特性曲线（Logarithm Amplitude Frequency Characteristic Curve）和对数相频特性曲线（Logarithm Phase Frequency Characteristic Curve）两部分组成。对数幅频特性的纵轴表示对数幅值 $L(\omega)$，等分刻度；横轴表示频率 ω，以 $\lg\omega$ 刻度。对数相频特性的纵轴表示 $\varphi(\omega)$，等分标定，横轴为频率 ω。对数幅频与相频特性图上下对齐。

（2）乃奎斯特图（Nyquist） 乃奎斯特图又称为极坐标图（Polar Coordinates Chart）或幅相频率特性曲线（Amplitude-phase Frequency Characteristic Curve）。当 ω 从 $0 \rightarrow \infty$，根据表达式 $G(j\omega) = |G(j\omega)| \angle G(j\omega) = M(\omega)\angle\varphi(\omega)$，其频率特性 $G(j\omega)$ 是极坐标系上的一条曲线，可得到每一个 ω 所对应的幅值 $M(\omega)$ 和相位 $\varphi(\omega)$。乃奎斯特图在一张图上，同时表示频率特性的幅值和相角，表示得直观、形象。但由于乃奎斯特图需要逐点绘制，计算量较大。

第二节 开环系统的伯德图分析

由第二章分析可知，一个自动控制系统是由若干个典型环节组成的。从典型环节的传递函数出发，讨论其频率特性及特点，是频率特性分析法的基础。

一、伯德图的表示

伯德图由对数幅频特性曲线和对数相频特性曲线组成。实际应用中，通常定义

$$\begin{cases} L(\omega) = 20\lg|G(j\omega)| = 20\lg M(\omega) \\ \varphi(\omega) \end{cases} \tag{4-12}$$

为对数频率特性。

由于对数频率特性，能方便地将串联环节频率特性的幅值相乘转化为对数幅值之和；$L(\omega)$ 的渐近线与 $\lg\omega$ 呈线性关系，即以 $L(\omega)$ 为纵轴，$\lg\omega$ 为横轴，则其特性曲线将为直线；同时，横轴 ω 以 $\lg\omega$ 标定，可以将 ω 的范围进行压缩，从而将频率范围扩展很多，尤其是高频段。因此，工程实际中应用最多。

伯德图采用的半对数坐标系如图 4-3 所示。对数幅频特性的纵轴表示 $L(\omega)$，单位为 dB，横轴标为频率 ω，单位为 rad/s。

显然，由于横轴按 ω 的对数标定，因此，对 ω 而言不是等分的。频率 ω 从 1 到 10 的对数值如表 4-1 所示。

表 4-1 ω 在 1～10 之间的对数值

ω	1	2	3	4	5	6	7	8	9	10
$\lg\omega$	0	0.30	0.48	0.60	0.70	0.78	0.85	0.90	0.95	1

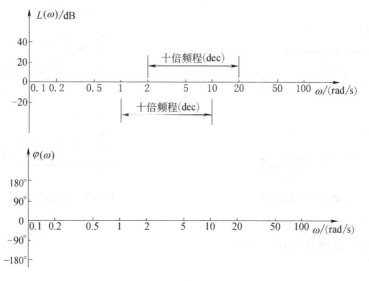

图 4-3 对数频率特性曲线的坐标

从图 4-3 可以看出，lgω 每增加一长度单位，则 ω 将变化 10 倍，记作"十倍频程"，用 dec 表示。对数相频特性图，采用相同的横轴表示频率轴，纵轴表示 $\varphi(\omega)$，等分标定。

二、典型环节的伯德图

1. 比例环节

比例环节的传递函数为 $G(s) = K$

其频率特性为

$$G(j\omega) = K = K\angle 0° \tag{4-13}$$

对数频率特性为

$$L(\omega) = 20\lg |G(j\omega)| = 20\lg K \tag{4-14}$$

$$\varphi(\omega) = 0° \tag{4-15}$$

式（4-14）表示一条水平直线，其高度为 $20\lg K$，若 K 增加，则 $L(\omega)$ 直线向上平移。式（4-15）表示一条与 $0°$ 重合的直线，与 K 无关，其伯德图见图 4-4 所示。

2. 积分环节

积分环节的传递函数为 $G(s) = 1/s$

频率特性为

$$G(j\omega) = \frac{1}{j\omega} = \frac{1}{\omega}\angle -90° \tag{4-16}$$

根据式（4-16），对数频率特性为

$$L(\omega) = 20\lg \frac{1}{\omega} = -20\lg\omega \tag{4-17}$$

$$\varphi(\omega) = -90° \tag{4-18}$$

积分环节的对数频率特性，如图 4-5 所示。由于对数频率特性的频率轴是以 lgω 分度的，显然式（4-17）表示的是 $L(\omega)$ 与 lgω 关系的一条直线，其斜率为 $-20\mathrm{dB/dec}$，且经过（1，0）点。式（4-18）为对数相频特性，它是一条平行于实轴的直线，位于 $-90°$ 位置。

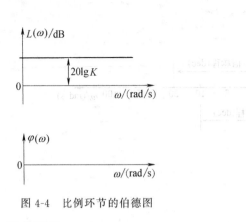

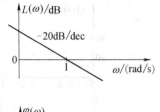

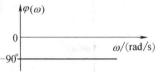

图 4-4 比例环节的伯德图   图 4-5 积分环节的伯德图

3. 微分环节

微分环节的传递函数为 $G(s) = s$

频率特性为

$$G(j\omega) = j\omega = \omega \angle + 90° \tag{4-19}$$

根据式(4-19)，可知对数频率特性为

$$L(\omega) = 20\lg\omega \tag{4-20}$$

$$\varphi(\omega) = +90° \tag{4-21}$$

由于 $L(\omega)$ 与 $\lg\omega$ 成直线关系，故它是一条斜率为 20dB/dec，且经过（1，0）点的直线。对数相频特性是一条与 ω 轴平行的直线，位于 $+90°$ 处。微分环节的伯德图如图 4-6 所示。

4. 惯性环节

惯性环节的传递函数为

$$G(s) = \frac{1}{Ts+1} \tag{4-22}$$

图 4-6 微分环节的伯德图

频率特性为

$$G(j\omega) = \frac{1}{1+jT\omega} = \frac{1}{\sqrt{(T\omega)^2+1}} \angle -\tan^{-1}T\omega \tag{4-23}$$

对数频率特性由式(4-23) 可得

$$L(\omega) = 20\lg\frac{1}{\sqrt{(T\omega)^2+1}} = -20\lg\sqrt{(T\omega)^2+1} \tag{4-24}$$

$$\varphi(\omega) = -\tan^{-1}T\omega \tag{4-25}$$

式(4-24) 所示的对数幅频特性曲线是一条曲线，常用分段直线进行近似的绘制方法。即先作 $L(\omega)$ 的渐近线，然后再进行误差修正，得到该环节较精确的对数幅频特性曲线。求对数幅频特性曲线的渐近线方法如下。

（1）低频段 当 $\omega \ll 1/T$ 时，$T\omega \ll 1$，这时忽略 $T\omega$，有

$$L(\omega) = -20\lg\sqrt{(T\omega)^2+1} \approx 0$$

即惯性环节的低频渐近线为一条 0dB 的水平线，如图 4-7 所示。

（2）高频段 当 $\omega \gg 1/T$ 时，$T\omega \gg 1$，这时忽略 1，有

$$L(\omega) = -20\lg \sqrt{(T\omega)^2 + 1} \approx -20\lg \sqrt{(T\omega)^2} = -20\lg T\omega$$

上式表明，惯性环节的高频渐近线的斜率为 $-20\mathrm{dB/dec}$，即 $T\omega$ 每增加十倍频程，$L(\omega)$ 就下降 $20\mathrm{dB}$，参见图 4-7。

（3）交接频率　交接频率又称转折频率，是高频渐近线与低频渐近线交接处的频率。对惯性环节，易知其转折频率 $\omega = 1/T$，此时 $L(\omega) \approx 0\mathrm{dB}$。

惯性环节的实际 $L(\omega)$ 曲线和其渐近线，在 $\omega = 1/T$ 时，出现最大误差，即

$$L(\omega) = -20\lg \sqrt{1+1} + 20\lg 1 = -3\mathrm{dB}$$

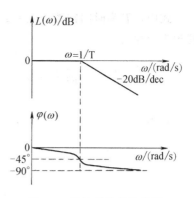

图 4-7　惯性环节的伯德图

同样可计算出 $\omega = \dfrac{1}{2} \times \dfrac{1}{T}$ 及 $\omega = 2\dfrac{1}{T}$ 等处的误差，并将结果列于表 4-2 所示。

表 4-2　惯性环节对数幅频特性误差修正值及其相角

$T\omega$	0.1	0.25	0.5	1.0	2	2.5	10
误差 $L(\omega)/\mathrm{dB}$	-0.04	-0.32	-1.0	-3.0	-1.0	-0.65	-0.04
相角 $\varphi(\omega)/(°)$	-5.7	-14.0	-26.6	-45	-63.4	-68.2	-89.4

式（4-25）为惯性环节的对数相频特性，同样可作如下近似计算

当 $\omega \ll 1/T$ 时，取 $\omega \approx 0$　$\varphi(\omega) = 0°$；

当 $\omega \gg 1/T$ 时，取 $\omega \to \infty$，$\varphi(\omega) = -90°$；

当 $\omega = 1/T$ 时，即 $T\omega = 1$，$\varphi(\omega) = -45°$。

可绘制惯性环节的对数相频特性曲线如图 4-7 所示。在 $T\omega = 1$ 附近的相角值参见表 4-2。

从以上分析可知，惯性环节的交接频率 $\omega = 1/T$ 是一个重要参数，改变 T 的大小，只使近似对数频率特性左右平移，并不改变其形状。

5. 一阶微分环节

一阶微分环节的传递函数为 $G(s) = Ts + 1$

频率特性为

$$G(\mathrm{j}\omega) = 1 + \mathrm{j}T\omega = \sqrt{(T\omega)^2 + 1}\angle \tan^{-1} T\omega \tag{4-26}$$

对数频率特性为

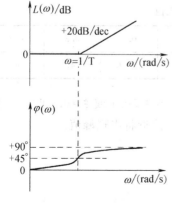

$$L(\omega) = 20\lg \sqrt{(T\omega)^2 + 1} \tag{4-27}$$

$$\varphi(\omega) = \tan^{-1} T\omega \tag{4-28}$$

由传递函数可以看出，一阶微分环节是惯性环节的倒数，从惯性环节的伯德图，根据其对于频率轴 ω 的对称性，可以画出一阶微分环节的对数频率特性曲线如图 4-8 所示。

6. 振荡环节

振荡环节的传递函数为

图 4-8　一阶微分环节的伯德图

$$G(s) = \frac{1}{T^2 s^2 + 2\xi T s + 1} = \frac{\omega_{\mathrm{n}}^2}{s^2 + 2\xi \omega_{\mathrm{n}} s + \omega_{\mathrm{n}}^2}$$

式中，T 为时间常数；$\omega_n = 1/T$ 为无阻尼振荡频率（固有振荡频率）。

其频率特性为

$$G(j\omega) = \frac{\omega_n^2}{(j\omega)^2 + 2\xi\omega_n(j\omega) + \omega_n^2} = \frac{1}{1 - \left(\dfrac{\omega}{\omega_n}\right)^2 + j2\xi\dfrac{\omega}{\omega_n}} = M(\omega)\angle\varphi(\omega) \quad (4\text{-}29)$$

式中

$$M(\omega) = \frac{1}{\sqrt{\left[1 - \left(\dfrac{\omega}{\omega_n}\right)^2\right]^2 + \left(2\xi\dfrac{\omega}{\omega_n}\right)^2}} \quad (4\text{-}30)$$

$$\varphi(\omega) = -\tan^{-1}\frac{2\xi\dfrac{\omega}{\omega_n}}{1 - \left(\dfrac{\omega}{\omega_n}\right)^2} \quad (4\text{-}31)$$

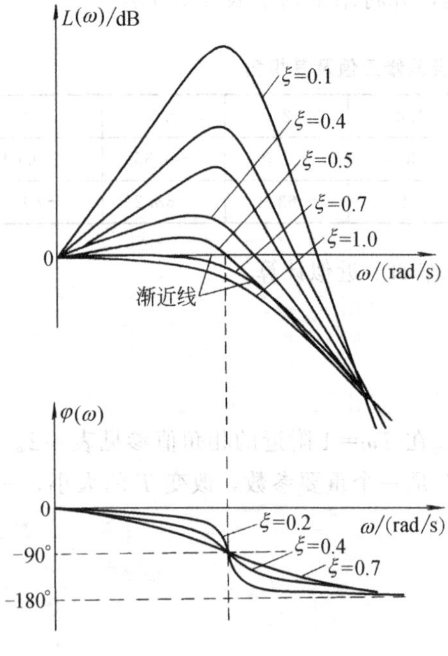

对数幅频特性根据式(4-30)，有

$$L(\omega) = -20\lg\sqrt{\left[1 - \left(\dfrac{\omega}{\omega_n}\right)^2\right]^2 + \left(2\xi\dfrac{\omega}{\omega_n}\right)^2} \quad (4\text{-}32)$$

采用近似方法绘制：

（1）低频段 当 $\omega \ll \omega_n$ 时，$\omega/\omega_n \ll 1$，$L(\omega) \approx -20\lg\sqrt{1} = 0\mathrm{dB}$，振荡环节低频段的渐近线也是一条零分贝线。

（2）高频段 当 $\omega \gg \omega_n$ 时，$\omega/\omega_n \gg 1$，$L(\omega) \approx -20\lg\sqrt{(\omega/\omega_n)^4} = -40\lg(\omega/\omega_n)$，$L(\omega)$ 是一条斜率为 $-40\mathrm{dB/dec}$ 的直线。

（3）交接频率处 当 $\omega = \omega_n$ 时，即 $\omega/\omega_n = 1$，两直线在此相交，此时 $L(\omega) \approx 0$。振荡环节的对数幅频特性曲线如图 4-9 所示。实际 $L(\omega)$ 曲线在交接频率处为

$$L(\omega) = -20\lg(2\xi) \quad (4\text{-}33)$$

由式(4-33) 可见，在 $\omega = \omega_n = 1/T$ 附近，

图 4-9 振荡环节的伯德图

其误差与 ξ 有关，ξ 越小，误差越大。依据式(4-33) 计算的结果，列于表 4-3 中。

表 4-3 振荡环节对数幅频特性误差修正值

ξ	0.1	0.2	0.4	0.5	0.6	0.7	0.8	1.0
误差 $L(\omega)/\mathrm{dB}$	+14	+8	+2	0	-1.6	-3.0	-4.0	-6.0

由表 4-3 可以看出，当 $0.4 < \xi < 0.7$ 时，误差小于 3dB；当 $\xi < 0.4$ 或 $\xi > 0.7$ 时，误差较大，应当进行修正。当 $\xi < 0.7$ 时，幅频特性在 $\omega = \omega_n = 1/T$ 附近将出现峰值。

对数相频特性曲线由式(4-31) 确定。分析可得

$\omega = 0$ 时，$\varphi(\omega) = 0°$；

$\omega = \omega_n = 1/T$ 时，$\varphi(\omega) = -90°$；

$\omega \to \infty$ 时，$\varphi(\omega) = -180°$。

对数相频特性曲线，也因 ξ 值的不同而不同，其对数相频特性曲线如图 4-9 所示。

7. 延迟环节

延迟环节又称纯滞后环节，其传递函数为 $G(s) = e^{-\tau_0 s}$，τ_0 为滞后时间。其频率特性为

$$G(j\omega) = e^{-j\tau_0\omega} = 1\angle - \tau_0\omega \tag{4-34}$$

由式(4-34) 可知，对数幅频特性和相频特性为

$$L(\omega) = 20\lg M(\omega) = 20\lg 1 = 0\text{dB} \tag{4-35}$$

$$\varphi(\omega) = -\tau_0\omega \quad (\text{rad}) = -57.3\tau_0\omega(°) \tag{4-36}$$

延迟环节的对数频率特性曲线如图 4-10 所示。可以看出，τ_0 越大，则滞后角 $\varphi(\omega)$ 就越大，这对控制系统不利，因此要尽量避免含有较大滞后时间的延迟环节。

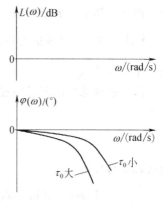

图 4-10 延迟环节的伯德图

三、高阶系统伯德图的画法

控制系统总是由若干个典型环节组成的，熟悉了典型环节的频率特性，就容易绘制系统的开环频率特性。从而根据系统的乃奎斯特曲线和伯德图，对闭环系统的稳定性及性能指标进行分析和计算。

设单位反馈系统的开环传递函数 $G(s)$ 为

$$G(s) = G_1(s)G_2(s)\cdots G_n(s) = \prod_{i=1}^{n} G_i(s)$$

则其频率特性为

$$G(j\omega) = \prod_{i=1}^{n} G_i(j\omega) = \prod_{i=1}^{n} M_i(\omega) e^{j\sum_{i=1}^{n}\varphi_i(\omega)}$$

可得开环幅频特性

$$M(\omega) = \prod_{i=1}^{n} M_i(\omega) \tag{4-37}$$

和开环相频特性

$$\varphi(\omega) = \sum_{i=1}^{n} \varphi_i(\omega) \tag{4-38}$$

从而得出结论：高阶系统的开环幅频特性等于各串联环节的幅频特性之积；高阶系统的开环相频特性等于各串联环节的相频特性之和。

由式(4-37) 取对数，得系统的开环对数幅频特性

$$L(\omega) = 20\lg M(\omega) = 20\lg \prod_{i=1}^{n} M_i(\omega) = 20\sum_{i=1}^{n}\lg M_i(\omega) = \sum_{i=1}^{n} L_i(\omega) \tag{4-39}$$

和开环对数相频特性

$$\varphi(\omega) = \sum_{i=1}^{n} \varphi_i(\omega) \tag{4-40}$$

从式(4-39) 和式(4-40) 可以看出，高阶系统开环对数幅频特性和相频特性分别等于该系统各个组成（典型）环节的对数幅频特性和相频特性之和。

绘制高阶系统的对数幅频和相频特性曲线时，可先画出各个典型环节的对数幅频和相频

特性曲线，然后将典型环节曲线在纵轴方向相加，即得到开环对数频率特性曲线。

【**例 4-1**】 一系统的开环传递函数为 $G(s) = \dfrac{10}{(s+1)(2s+1)}$，试绘制该系统的开环对数频率特性曲线。

解 根据系统的开环传递函数，该系统由一个比例和两个惯性环节串联而成，其频率特性为

$$G(j\omega) = \frac{10}{(1+j\omega)(1+j2\omega)}$$

对数幅频特性为

$$\begin{aligned} L(\omega) &= 20\lg|G(j\omega)| = 20\lg10 - 20\lg\sqrt{1+\omega^2} - 20\lg\sqrt{1+(2\omega)^2} \\ &= L_1(\omega) + L_2(\omega) + L_3(\omega) \end{aligned}$$

对数相频特性为

$$\varphi(\omega) = 0° - \tan^{-1}\omega - \tan^{-1}(2\omega) = \varphi_1(\omega) + \varphi_2(\omega) + \varphi_3(\omega)$$

画出各环节的对数幅频和相频特性，然后分别相加，得到对数频率特性曲线如图 4-11 所示。

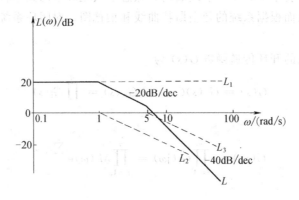

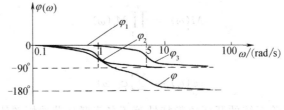

图 4-11 【例 4-1】系统开环对数频率特性曲线

【**例 4-2**】 某 I 型系统的传递函数为 $G(s) = \dfrac{5}{s(0.1s+1)}$

试绘制该系统伯德图。

解 该系统由比例、积分和惯性环节串联而成，频率特性为

$$G(j\omega) = \frac{5}{j\omega(1+j0.1\omega)}$$

对数幅频特性为

$$\begin{aligned} L(\omega) &= 20\lg5 - 20\lg\omega - 20\lg\sqrt{1+(0.1\omega)^2} \\ &= L_1(\omega) + L_2(\omega) + L_3(\omega) \end{aligned}$$

对数相频特性为

$$\varphi(\omega)=0°-90°-\tan^{-1}(0.1\omega)=\varphi_1(\omega)+\varphi_2(\omega)+\varphi_3(\omega)$$

在图 4-12 中，分别画出 L_1、L_2 和 L_3，然后相加得到 $L(\omega)$；同理可得对数相频特性 $\varphi(\omega)$。

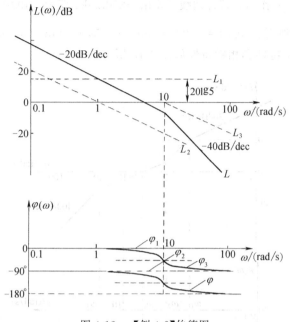

图 4-12　【例 4-2】伯德图

从上述例题，可以看出系统对数幅频特性的特点：若系统无积分环节，低频段特性为一水平直线，高度为 $20\lg K$；有积分环节，低频段斜率为 $-20×\nu$ dB/dec，ν 为积分环节个数，且在 $\omega=1$ 时，$L(\omega)=20\lg K$；随着 ω 增加，交接频率由低到高，在交接频率处，幅频特性曲线的斜率就改变一次：遇到 $1+Ts$ 环节，斜率增加 20dB/dec；遇到 $\dfrac{1}{Ts+1}$ 环节时，斜率减小 20dB/dec；遇到 $T^2s^2+2\xi Ts+1$ 环节时，斜率增加 40dB/dec；遇到 $\dfrac{1}{T^2s^2+2\xi Ts+1}$ 环节时，斜率减小 40dB/dec。

绘制系统伯德图的步骤总结如下。

① 由开环传递函数，求出各典型环节的交接频率（转折频率），从低到高排列；

② 当 $\omega=1$ 时，$L(\omega)=20\lg K$；

③ 根据 $\omega=1$，$L(\omega)=20\lg K$ 的点，绘制斜率为 $-20×\nu$ dB/dec 的低频渐近线；

④ 在 ω 轴上，ω 从低到高，每遇到一个典型环节的转折频率，幅频特性曲线的斜率就改变一次。

在工程分析、设计中，幅频特性曲线 $L(\omega)$ 与 ω 轴的相交频率 ω_c（剪切频率、穿越频率或截止频率）和相角 $\varphi(\omega_c)$，是分析系统稳定性的重要参数。

【例 4-3】 若系统的开环传递函数为 $G(s)=\dfrac{10(0.5s+1)}{s(s+1)(0.05s+1)}$，试绘制该系统的伯德图，并求相角 $\varphi(\omega_c)$。

解　① 交接频率为：$\omega_1=\dfrac{1}{1}=1(\text{rad/s})$，$\omega_2=\dfrac{1}{0.5}=2(\text{rad/s})$，$\omega_3=\dfrac{1}{0.05}=20(\text{rad/s})$。

② 当 $\omega=1$ 时，$L(\omega)=20\lg K=20\lg 10=20\mathrm{dB}$。有一个积分环节，低频渐进线的斜率为 $-20\mathrm{dB/dec}$。在 $\omega=1$ 时，惯性环节 $\dfrac{1}{s+1}$ 作用，特性曲线斜率由 $-20\mathrm{dB/dec}$ 变为 $-40\mathrm{dB/dec}$。在 $\omega=2$ 时，一阶微分环节 $0.5s+1$ 作用，特性曲线斜率由 $-40\mathrm{dB/dec}$ 变为 $-20\mathrm{dB/dec}$。在 $\omega=20$ 时，惯性环节 $\dfrac{1}{0.05s+1}$ 作用，特性曲线斜率由 $-20\mathrm{dB/dec}$ 变为 $-40\mathrm{dB/dec}$。

③ 由开环相频特性得：$\varphi(\omega)=-90°+\tan^{-1}(0.5\omega)-\tan^{-1}\omega-\tan^{-1}(0.05\omega)$，因此，该系统的开环对数幅频特性和相频特性如图 4-13 所示。

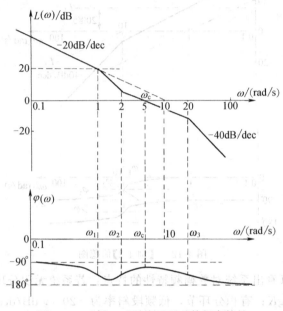

图 4-13 【例 4-3】系统开环对数频率特性

④ 求穿越频率 ω_c

方法一：在特性曲线 $\omega_1\sim\omega_2$ 之间，由于斜率为 $-40\mathrm{dB/dec}$，有

$$\frac{20\lg K'-20\lg 10}{\lg 2-\lg 1}=-40$$

得 $$K'=2.5$$

同理，在 $\omega_2\sim\omega_c$ 之间，其斜率为 $-20\mathrm{dB/dec}$，有

$$\frac{20\lg 1-20\lg 2.5}{\lg\omega_c-\lg 2}=-20$$

解得 $$\omega_c=5\mathrm{rad/s}$$

方法二：因为 $L(\omega_c)=0\mathrm{dB}$ 或 $M(\omega_c)=1$，同时，考虑到 $\omega_c>\omega_1$，$\omega_c>\omega_2$ 及 $\omega_c<\omega_3$，对于 ω_1 和 ω_2 来说，ω_c 属高频段，取高频近似直线；对 ω_3 来说，ω_c 属低频段，故取低频近似直线，所以有

$$M(\omega_c)=\frac{10\sqrt{(0.5\omega_c)^2+1}}{\omega_c\sqrt{\omega_c^2+1}\times\sqrt{(0.05\omega_c)^2+1}}\approx\frac{10\times0.5\omega_c}{\omega_c\times\omega_c}=1$$

解之得 $$\omega_c=5\mathrm{rad/s}$$

⑤ 相位角 $\varphi(\omega_c)$：$\varphi(\omega_c) = -90° + \tan^{-1}(0.5 \times 5) - \tan^{-1}5 - \tan^{-1}(0.05 \times 5) = -114.5°$

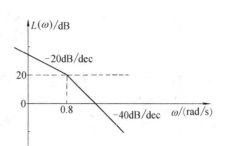

图 4-14　【例 4-4】系统的对数幅频特性

【例 4-4】 某最小相位系统，其开环对数幅频特性如图 4-14 所示，试写出该系统的开环传递函数。

解　从图可看出，该系统是由比例、积分和惯性环节组成。则传递函数为

$$G(s) = \frac{K}{s(Ts+1)}$$

又　　　　　　　　　　　　$T = \dfrac{1}{\omega} = \dfrac{1}{0.8} = 1.25$

因为　　　　　　　　　　$L(0.8) = 20\text{dB}$

即　　　　　　　　　　　$M(0.8) = 10$

根据渐近线幅频特性特点，有　$\dfrac{K}{0.8 \times 1} = 10$

得　　　　　　　　　　　$K = 8$

因此，该传递函数为　　　$G(s) = \dfrac{8}{s(1.25s+1)}$

第三节　开环系统的乃奎斯特图分析

一、乃奎斯特图的表示

当 ω 从 $0 \to \infty$ 时，根据频率特性表达式 $G(j\omega) = |G(j\omega)| \angle G(j\omega) = M(\omega) \angle \varphi(\omega)$，可得到每一个 ω 所对应的幅值 $M(\omega)$ 和相位 $\varphi(\omega)$。在复平面上，把频率特性 $G(j\omega)$ 表示成矢量，$M(\omega)$ 即为矢量 $G(j\omega)$ 的模 $|G(j\omega)|$，$\varphi(\omega)$ 为矢量 $G(j\omega)$ 的幅角 $\angle G(j\omega)$。乃奎斯特图就是矢量 $G(j\omega)$ 的矢端，当变量 ω 从 $0 \to \infty$ 时的运动轨迹。

现以惯性环节为例，来绘制该环节的乃奎斯特图。惯性环节的传递函数为

$$G(s) = \frac{1}{Ts+1} \tag{4-41}$$

令 $s = j\omega$，代入式(4-41)，得惯性环节的频率特性为

$$G(j\omega) = \frac{1}{1+jT\omega} = \frac{1}{\sqrt{(T\omega)^2+1}} \angle -\tan^{-1}T\omega \tag{4-42}$$

在绘制乃奎斯特图时，选取几个特殊点，求得相应的模值和相角，由 ω 从 $0 \to \infty$ 的顺序，绘制该曲线，根据式(4-42) 有

当 $\omega = 0$ 时，$M(\omega) = 1$，$\varphi(\omega) = 0°$；

当 $\omega = 1/T$ 时，$M(\omega) = 1/\sqrt{2}$，$\varphi(\omega) = -45°$；

当 $\omega \to \infty$ 时，$M(\omega) = 0$，$\varphi(\omega) = -90°$。

可画出如图 4-15 所示的频率特性曲线。

在图 4-15 上，$M(\omega) = |G(j\omega)| = 1/\sqrt{(T\omega)^2+1}$，当 ω 从 $0 \to \infty$ 变化时，$M(\omega)$ 由 $1 \to 0$ 变化；$\varphi(\omega) = \angle G(j\omega) = -\tan^{-1}T\omega$，当 ω 从 $0 \to \infty$ 变化时，$\varphi(\omega)$ 由 $0 \to -90°$ 变化。规定正

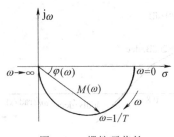

图 4-15　惯性环节的
乃奎斯特图

实轴方向的相角为 0°，顺时针转过的角度为负角度，逆时针转过的角度为正角度。

在一张图上，同时表示频率特性的模和相角，频率特性展示得直观、形象。但由于乃奎斯特图需要逐点绘制，计算量较大，特别是高阶系统，图形绘制更为不便，为此，更多使用对数频率特性图。

二、典型环节的乃奎斯特图分析

1. 比例环节

根据比例环节的频率特性，其幅频特性为 $M(\omega) = K$；相频特性 $\varphi(\omega) = 0°$。由此可见，$M(\omega)$ 和 $\varphi(\omega)$ 均为常数，与频率无关。其乃奎斯特图是实轴上的一个点 K，如图 4-16 所示。

可以看出，因为相位差为零，输出不滞后，输出信号与输入信号同时出现，这是比例环节的特点。

2. 积分环节

由于积分环节的频率特性为

$$G(j\omega) = \frac{1}{j\omega} = \frac{1}{\omega} \angle -90° \tag{4-43}$$

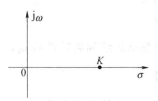

图 4-16　比例环节的
乃奎斯特曲线

因此，其乃奎斯特图可根据式(4-43)，分析如下：

当 $\omega \to 0$ 时，$M(\omega) \to \infty$，$\varphi(\omega) = -90°$；当 $\omega = 1$ 时，$M(\omega) = 1$，$\varphi(\omega) = -90°$；当 $\omega \to \infty$ 时，$M(\omega) = 0$，$\varphi(\omega) = -90°$。

由此可知，幅频特性 $M(\omega)$ 与 ω 成反比，相频特性 $\varphi(\omega)$ 恒等于 $-90°$。积分环节的乃奎斯特曲线如图 4-17 所示。当频率 ω 从 $0 \to \infty$ 时，特性曲线由虚轴的 $-j\infty \to 0$ 点变化。

3. 微分环节

由于微分环节的频率特性为

$$G(j\omega) = j\omega = \omega \angle +90° \tag{4-44}$$

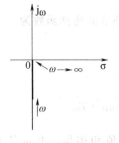

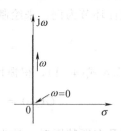

图 4-17　积分环节的乃奎斯特曲线　　　　　图 4-18　微分环节的乃奎斯特曲线

因此，根据式(4-44)，可知 $M(\omega) = \omega$，$\varphi(\omega) = +90°$。当 ω 从 $0 \to \infty$ 时，$M(\omega)$ 从 $0 \to \infty$，$\varphi(\omega) = +90°$。其乃奎斯特图如图 4-18 所示。当 ω 从 $0 \to \infty$ 时，特性曲线与正虚轴重合。

4. 惯性环节

前面已画出惯性环节当 ω 从 $0 \to \infty$ 的乃奎斯特曲线，如图 4-15 所示。由于极坐标与直角坐标有着对应的关系，其绘制过程也可以用直角坐标表示。即

$$G(j\omega) = \text{Re}[G(j\omega)] + j\text{Im}[G(j\omega)]$$

$$= U(\omega) + jV(\omega) \tag{4-45}$$

式中，$R_e[G(j\omega)]$ 表示取 $G(j\omega)$ 的实部；$I_m[G(j\omega)]$ 表示取 $G(j\omega)$ 的虚部。

根据惯性环节的频率特性有

$$G(j\omega) = \frac{1}{1 + jT\omega} = \frac{1}{1 + (T\omega)^2} + j\frac{-T\omega}{1 + (T\omega)^2}$$

$$= U(\omega) + jV(\omega) \tag{4-46}$$

当 $\omega = 0$ 时，$U(\omega) = 1$，$V(\omega) = 0$；

当 $\omega = 1/T$ 时，$U(\omega) = 1/2$，$V(\omega) = -1/2$；

当 $\omega \to \infty$ 时，$U(\omega) = 0$，$V(\omega) = 0$。

根据 ω 从 $0 \to \infty$ 时，$U(\omega)$ 与 $V(\omega)$ 的变化，可得图 4-19 所示特性曲线。

可以证明，当 ω 从 $0 \to \infty$ 时，惯性环节的乃奎斯特图是个以 $(1/2, j0)$ 为圆心，$1/2$ 为半径的一个半圆。从数学的观点，当 ω 从 $-\infty \to +\infty$，则该曲线为一个圆，即

$$\left(U - \frac{1}{2}\right)^2 + (V - 0)^2 = \left(\frac{1}{2}\right)^2 \tag{4-47}$$

如图 4-19 中所示，用虚线表示 ω 从 $-\infty \to 0$ 的曲线，因为 ω 为负已无实际物理意义。

5. 一阶微分环节

一阶微分环节的频率特性为

$$G(j\omega) = 1 + jT\omega = \sqrt{(T\omega)^2 + 1} \angle - \tan^{-1} T\omega \tag{4-48}$$

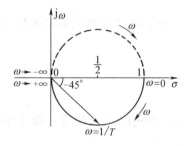

图 4-19 惯性环节的乃奎斯特曲线

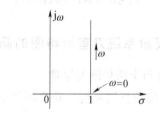

图 4-20 一阶微分环节的乃奎斯特曲线

一阶微分环节的乃奎斯特图由复平面上的点 $(1, j0)$ 出发，平行于虚轴，当 ω 从 $0 \to \infty$ 变化时，逐渐向上直到 $+\infty$ 处，如图 4-20 所示。

6. 振荡环节

振荡环节的频率特性由式(4-29) 得

$$G(j\omega) = \frac{\omega_n^2}{(j\omega)^2 + 2\xi\omega_n(j\omega) + \omega_n^2} = \frac{1}{1 - \left(\frac{\omega}{\omega_n}\right)^2 + j2\xi\frac{\omega}{\omega_n}} = M(\omega) \angle \varphi(\omega)$$

其中
$$M(\omega) = \frac{1}{\sqrt{\left[1 - \left(\frac{\omega}{\omega_n}\right)^2\right]^2 + \left(2\xi\frac{\omega}{\omega_n}\right)^2}} \tag{4-49}$$

$$\varphi(\omega) = -\tan^{-1}\frac{2\xi\frac{\omega}{\omega_n}}{1 - \left(\frac{\omega}{\omega_n}\right)^2} \tag{4-50}$$

根据式(4-49)和式(4-50)，计算 ω 从 $0 \to \infty$ 时对应的 $M(\omega)$ 和 $\varphi(\omega)$ 值，如

当 $\omega = 0$ 时，$M(\omega) = 1$，$\varphi(\omega) = 0°$；

当 $\omega = \omega_n$ 时，$M(\omega) = 1/2\xi$，$\varphi(\omega) = -90°$；

当 $\omega \to \infty$ 时，$M(\omega) = 0$，$\varphi(\omega) = -180°$。

绘制的乃奎斯特曲线，如图4-21所示。可见特性曲线起于点 (1, j0)；当 $\omega = \omega_n = 1/T$ 时，$G(j\omega_n) = (1/2\xi)\angle -90°$，特性曲线与负虚轴相交，且 ξ 值越小，$M(\omega_n)$ 的模值越大，曲线离原点越远。随 ω 的增加，$M(\omega)$ 以 $-180°$ 的角度趋向于原点。

7. 延迟环节

延迟环节的频率特性为 $G(j\omega) = 1\angle -\tau_0\omega$，当 ω 从 $0 \to \infty$ 时，$M(\omega) = 1$，模保持不变；相角 $\varphi(\omega) = -\tau_0\omega$，随 ω 的增加而增加。该环节乃奎斯特图是一个以原点为圆心，半径为1的圆，如图4-22所示。

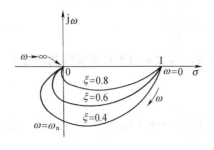

图4-21 振荡环节的乃奎斯特曲线

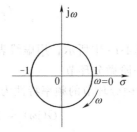

图4-22 延迟环节的乃奎斯特曲线

三、高阶系统乃奎斯特图的画法

1. 绘制乃奎斯特图的原理

对于单位负反馈系统，其开环频率特性可由式(4-37)和式(4-38)确定，即开环幅频特性和开环相频特性分别为 $M(\omega) = \prod_{i=1}^{n} M_i(\omega)$，$\varphi(\omega) = \sum_{i=1}^{n} \varphi_i(\omega)$。

在绘制系统的开环乃奎斯特曲线时，只要给定 ω 值，经过计算，得到该系统在复平面上的一个点。当 ω 从 $0 \to \infty$ 时，将各点连成曲线，即为该系统的乃奎斯特图。

2. 绘制开环系统乃奎斯特曲线举例

【**例 4-5**】 设一系统的开环传递函数为 $G(s) = \dfrac{10}{(s+1)(2s+1)}$，试绘制该系统的开环幅相频率特性曲线。

解 从开环传递函数不难看出，该系统由一个比例环节和两个惯性环节串联而成，其频率特性为 $G(j\omega) = 10 \times \dfrac{1}{j\omega + 1} \times \dfrac{1}{j2\omega + 1}$

开环幅频特性为 $M(\omega) = |G(j\omega)| = \prod_{i=1}^{3} M_i(\omega) = 10 \times \dfrac{1}{\sqrt{\omega^2 + 1}} \times \dfrac{1}{\sqrt{(2\omega)^2 + 1}}$

开环相频特性为 $\varphi(\omega) = \angle G(j\omega) = \sum_{i=1}^{3} \varphi_i(\omega) = 0 - \tan^{-1}\omega - \tan^{-1}(2\omega)$

对于给定的 ω 值，通过以上两式，便可计算出相应的 $M(\omega)$ 和 $\varphi(\omega)$，绘制出开环幅相频率特性曲线，如图 4-23 所示。

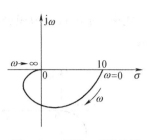

图 4-23 【例 4-5】系统乃奎斯特图

从该系统的开环频率特性表达式，可方便求得其特性曲线 $G(j\omega)$ 的起点和终点。

起点：
$$\lim_{\omega \to 0} G(j\omega) = 10\angle 0°$$

终点：
$$\lim_{\omega \to \infty} G(j\omega) = 0\angle -180°$$

从图 4-23 中可以看出，该曲线起始于点（10，j0），并以 $-180°$ 的入射角终止于原点。

【例 4-6】 已知系统的开环传递函数为 $G(s) = \dfrac{10}{s(2s+1)}$，试绘制该系统的开环幅相频率特性曲线。

解 该系统由比例环节、积分环节和惯性环节组成，其频率特性表达式为

$$G(j\omega) = \frac{10}{j\omega(j2\omega+1)}$$

幅频特性为
$$M(\omega) = \frac{10}{\omega \sqrt{(2\omega)^2+1}}$$

相频特性为
$$\varphi(\omega) = -90° - \tan^{-1} 2\omega$$

$G(j\omega)$ 曲线的起点为
$$\lim_{\omega \to 0} G(j\omega) = \infty\angle -90°$$

$G(j\omega)$ 曲线的终点为
$$\lim_{\omega \to \infty} G(j\omega) = 0\angle -180°$$

绘制其开环幅相频率特性曲线如图 4-24 所示。

【例 4-7】 绘制系统的乃奎斯特曲线，其开环传递函数为 $G(s) = \dfrac{K(T_1 s+1)}{s^2(T_2 s+1)}$，$(T_1 > T_2)$。

解 方法同前例，其开环频率特性为 $G(j\omega) = \dfrac{K(jT_1\omega+1)}{(j\omega)^2(jT_2\omega+1)}$

开环幅频特性为
$$M(\omega) = \frac{K \sqrt{(T_1\omega)^2+1}}{\omega^2 \sqrt{(T_2\omega)^2+1}}$$

开环相频特性为
$$\varphi(\omega) = 0° - 2\times90° + \tan^{-1} T_1\omega - \tan^{-1} T_2\omega$$

乃奎斯特曲线的起点为 $(\infty, -180°)$，终点为 $(0, -180°)$。其乃奎斯特曲线如图 4-25 所示。图中乃奎斯特曲线之所以是从负实轴的下方开始，是因为 $T_1 > T_2$，转折频率 $\omega_1 < \omega_2$，与 ω_1 对应的环节 $T_1 s+1$（比例微分）先起作用，提供正相角，使 $G(j\omega)$ 曲线逆时针偏转。随着 ω 的增加，与 ω_2 对应的环节 $1/(T_2 s+1)$（惯性环节）后起作用，提供负相角，使 $G(j\omega)$ 曲线顺时针偏转，最终以 $-180°$ 终止于原点。

3. 绘制乃奎斯特曲线的一般规律

设系统为最小相位系统，开环传递函数一般形式为

$$G(s) = \frac{b_m s^m + b_{m-1} s^{m-1} + \cdots + b_1 s + b_0}{a_n s^n + a_{n-1} s^{n-1} + \cdots + a_1 s + a_0}$$

$$= \frac{K(\tau_1 s+1)(\tau_2 s+1)\cdots(\tau^2 s^2 + 2\xi_m \tau s + 1)\cdots}{s^\nu(T_1 s+1)(T_2 s+1)\cdots(T^2 s^2 + 2\xi T s + 1)\cdots}$$

式中，$n > m$；ν 为积分环节的个数；τ 为微分环节的时间常数；T 为惯性环节的时间常数。

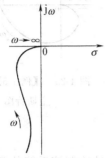

图 4-24 【例 4-6】系统的开环幅相频率特性曲线

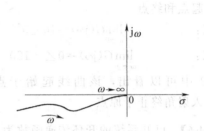

图 4-25 【例 4-7】系统的开环乃奎斯特曲线

其开环频率特性可表示为

$$G(j\omega) = \frac{K(1 + j\tau_1\omega)(1 + j\tau_2\omega)\cdots[(j\tau\omega)^2 + j2\xi_m\tau\omega + 1]\cdots}{(j\omega)^\nu(1 + jT_1\omega)(1 + jT_2\omega)\cdots[(jT\omega)^2 + j2\xi T\omega + 1]\cdots} \tag{4-51}$$

（1）乃奎斯特曲线的起点　当 $\omega \to 0$ 时，由式（4-51）可得

$$\lim_{\omega \to 0} G(j\omega) = \lim_{\omega \to 0} \frac{K}{(j\omega)^\nu} = \lim_{\omega \to 0} \frac{K}{\omega^\nu} \angle -\nu \times 90° \tag{4-52}$$

由于不同的 ν 值，乃奎斯特曲线的起点可以来自极坐标轴的四个方向，如图 4-26 所示。式（4-52）表明，$G(j\omega)$ 曲线的起点只与系统的 K 和 ν 有关，与惯性环节、微分环节、振荡环节、二阶微分环节等无关。依据开环传递函数积分环节数目 ν 将开环系统定义成"型别"（简称型）如下：

① "0" 型系统，$\nu = 0$，$G(j\omega)$ 曲线起始于点 $K \angle 0°$；
② "Ⅰ" 型系统，$\nu = 1$，$G(j\omega)$ 曲线起始于相角为 $-90°$ 的无穷远处；
③ "Ⅱ" 型系统，$\nu = 2$，$G(j\omega)$ 曲线起始于相角为 $-180°$ 的无穷远处；
④ "Ⅲ" 型系统，$\nu = 3$，$G(j\omega)$ 曲线起始于相角为 $-270°$ 的无穷远处。

（2）乃奎斯特曲线的终点　由式（4-51）可知

$$\lim_{\omega \to \infty} G(j\omega) = \lim_{\omega \to \infty} \frac{b_m/a_n}{(j\omega)^{n-m}} = \lim_{\omega \to \infty} \frac{b_m/a_n}{(\omega)^{n-m}} \angle -90°(n-m)$$
$$= 0 \angle -90°(n-m)(n > m) \tag{4-53}$$

式（4-53）表明，$G(j\omega)$ 曲线以一定规律的角度趋向于原点，如图 4-27 所示。

【例 4-8】 设某Ⅱ型系统的开环传递函数为 $G(s) = \dfrac{250(s+1)}{s^2(s+5)(s+10)}$
试绘制系统的开环乃奎斯特曲线。

解　将开环传递函数转换成时间常数的标准形式，即

$$G(s) = \frac{5(s+1)}{s^2(0.1s+1)(0.2s+1)}$$

令 $s = j\omega$，得其频率特性为

$$G(j\omega) = \frac{5(1 + j\omega)}{(j\omega)^2(1 + j0.1\omega)(1 + j0.2\omega)}$$

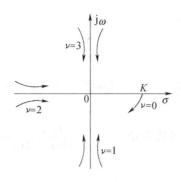

图 4-26 乃奎斯特曲线的起点

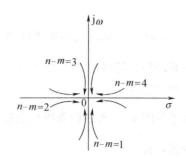

图 4-27 开环幅相频率特性曲线的终点

根据式(4-52)，$\nu=2$，所以，$G(j\omega)$ 起点为

$$\lim_{\omega \to 0}G(j\omega) = \infty \angle -90° \times 2 = \infty \angle -180°$$

同理，由式(4-53)，$n-m=4-1=3$，所以，曲线 $G(j\omega)$ 终点为

$$\lim_{\omega \to \infty}G(j\omega) = 0\angle -(n-m) \times 90° = 0\angle -270°$$

又因为该开环传递函数包含一个比例微分环节、两个惯性环节，其转折频率分别为

$$\omega_1 = \frac{1}{T_1} = \frac{1}{1} = 1, \omega_2 = \frac{1}{T_2} = \frac{1}{0.2} = 5,$$

$$\omega_3 = \frac{1}{T_3} = \frac{1}{0.1} = 10。$$

将转折频率依次由低到高排列，随着 ω 增加，对应起作用的环节依次为 $s+1$、$\dfrac{1}{0.2s+1}$、$\dfrac{1}{0.1s+1}$，使曲线 $G(j\omega)$ 发生相应偏转，得到该系统的开环乃奎斯特曲线如图 4-28 所示。

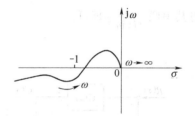

图 4-28 【例 4-8】系统乃奎斯特曲线

第四节 闭环频率特性与闭环频域指标

对于稳定的闭环系统，常利用闭环频率特性指标，如峰值和频宽等，来进一步分析系统的稳定性和快速性。因此，本节讨论由系统的开环频率特性来获得闭环频率特性，并给出闭环频域指标。

一、闭环频率特性

对于单位反馈系统，其开环传递函数为 $G(s)$，闭环传递函数为 $\Phi(s) = \dfrac{G(s)}{1+G(s)}$，则闭环频率特性为

$$\Phi(j\omega) = \frac{G(j\omega)}{1+G(j\omega)} \qquad (4-54)$$

式(4-54)给出了开环频率特性与闭环频率特性之间的关系。以幅值相角形式表示为

$$\Phi(j\omega) = M_B(\omega)e^{j\alpha(\omega)} \qquad (4-55)$$

式中　$\Phi(j\omega)$——系统闭环频率特性；

$M_{B(\omega)}$ ——系统闭环幅频特性，$M_{B(\omega)} = \dfrac{|G(j\omega)|}{|1 + G(j\omega)|}$；

$\alpha(\omega)$ ——系统闭环相频特性，$\alpha(\omega) = \angle \dfrac{G(j\omega)}{1 + G(j\omega)}$。

在开环频率特性图中，求出一系列频率下的 $G(j\omega)$ 和 $1 + G(j\omega)$ 的幅值和相角，就可得到闭环频率特性。

对于如图 4-29 所示的非单位负反馈系统，其闭环传递函数为 $\Phi(s) = \dfrac{G(s)}{1 + G(s)H(s)}$，做等效变换，得

$$\Phi(s) = \frac{G(s)H(s)}{1 + G(s)H(s)} \times \frac{1}{H(s)}$$

则其闭环频率特性为

$$\Phi(j\omega) = \frac{G(j\omega)H(j\omega)}{1 + G(j\omega)H(j\omega)} \times \frac{1}{H(j\omega)} \tag{4-56}$$

可以看出，对非单位反馈系统，可先求前一部分的频率特性 $\dfrac{G(j\omega)H(j\omega)}{1 + G(j\omega)H(j\omega)}$，然后再将其串联 $\dfrac{1}{H(j\omega)}$ 即可。

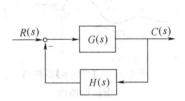

图 4-29 非单位负反馈系统

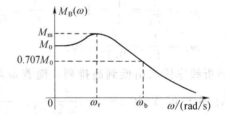

图 4-30 控制系统的闭环幅频特性曲线

二、闭环频域指标

典型控制系统的闭环幅频特性曲线如图 4-30 所示，它可以从开环对数特性曲线转换而来，为了描述该曲线的特点，表征闭环系统的性能，常用下列频域指标。

(1) 零频幅值 M_0 当 $\omega = 0$ 时的闭环幅频值，它反映系统的稳态性能。

(2) 谐振峰值 M_r 最大峰值与零频峰值之比，即 $M_r = M_m / M_0$，它反映系统的相对稳定性。

(3) 谐振频率 ω_r 出现谐振峰值时的频率，它反映系统动态快速性，ω_r 越大，响应越快。

(4) 频宽 ω_b 当 ω 增加时，$M_B(\omega)$ 下降到 $0.707M_0$ 时的频率，它也反映系统的响应速度。ω_b 越大，表明系统响应速度越快。

第五节　MATLAB 在系统频域分析中的应用

从本章的分析可以看出，频域分析法是分析控制系统的一种有效的方法。频域分析的一个重要特点是利用图解的方法来反映系统的频率特性，这些图形包括 Bode 图、Nyquist 曲线、

Nichols 曲线、等 M 等 N 圆等。利用 MATLAB 可以很容易地绘制这些曲线，从而利用这些曲线来对系统进行分析和设计。

一、利用 MATLAB 绘制 Nyquist 曲线

在 MATLAB 的控制系统工具箱中提供了一个 nyquist（ ）函数，该函数可以用来直接求解 Nyquist 阵列，或绘制出 Nyquist 图。该函数的调用格式为

$$[re, im] = nyquist（sys, w\_in）$$
$$[re, im, w\_out] = nyquist（sys）$$
$$nyqusit（sys）$$
$$nyquist（sys, w\_in）$$
$$nyquist（sys, \{wmin, wmax\}）$$
$$nyquist（sys1, sys2, \cdots, w\_in）$$

输入变量中，sys 为给定系统的模型；变量 w_in 为由要计算的点所在的角频率 ω 值组成的向量；〔wmin，wmax〕代表计算角频率 ω 的范围，wmin 是 ω 范围的最小值，wmax 是 ω 范围的最大值。

输出变量中，re 和 im 分别为系统 Nyquist 阵列的实部和虚部。如果只给出一个返回变量，则返回的变量为复数矩阵，其实部和虚部可以用来绘制系统的 Nyquist 图；由系统模型 sys 的特性自动生成的角频率变量在向量 w_out 中返回。

如果用户在调用此函数时不返回任何变量，则将自动绘制出系统的 Nyquist 曲线，当输入是多个系统时，则在同一图形窗口，同时绘制出多个系统的 Nyquist 曲线。下面举例说明其应用。

【例 4-9】　考虑系统的开环传递函数为 $G(s) = \dfrac{1}{s^2 + 0.8s + 1}$

解　由下面的 MATLAB 命令直接绘制出系统的 Nyquist 图，如图 4-31 所示。在这幅图中，实轴和虚轴的范围是自动确定的。

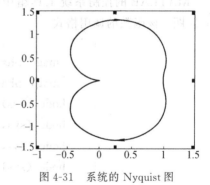

图 4-31　系统的 Nyquist 图

≫num＝1；den＝[1 0.8，1]；g＝tf（num，den）；%输入系统模型

≫nyquist（g）；%绘制系统的 Nyquist 图

直接应用 MATLAB 中的函数 nyquist（ ）得到的系统 Nyquist 图，其 ω 的变化范围是从 $-\infty \rightarrow +\infty$。若想得到 ω 从 $0 \rightarrow +\infty$ 的 Nyquist 图，可以利用下例介绍的方法。

【例 4-10】　考虑系统的开环传递函数为 $G(s) = \dfrac{1}{s(s+1)}$

解　在这一传递函数中，因为分母包含 s 项，当 ω 很小时会产生很大的幅值，若直接利用 MATLAB 中的 nyquist（ ）函数得到的图形如图 4-32 所示。这一图形难以反映 ω 较大时幅值和相角的变化规律。利用如下的一组 MATLAB 命令，可以得到 ω 从 $0 \rightarrow +\infty$ 的 Nyquist 图，如图 4-33 所示。

≫num＝ [1]；den＝ [1 1 0]；g＝tf（num，den）；%输入系统模型

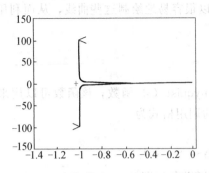

图 4-32　直接利用 nyquist（）函数
　　　　得到的 Nyquist 图

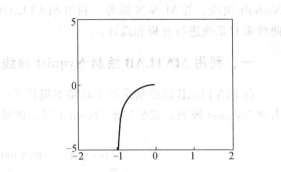

图 4-33　放大后的 Nyquist 图（$\omega > 0$）

≫ ［re，im］＝nyquist（g）；plot（re（:），im（:））；%得到系统频率特性的实部和虚部

≫axis（［−2 2 −5 5］）；%确定坐标轴范围，实轴为−2 到 2，虚轴为−5 到 5

　　在上面这组 MATLAB 命令中，利用 nyquist（）函数得到的 Nyquist 阵列的实部（re）和虚部（im）均是三维矩阵，所谓三维矩阵，实际是针对多变量系统而设计的，第 i 个输出变量针对第 j 个输入变量的频域响应实部和虚部分别由 re（i，j，:）和 im（i，j，:）给出。对于单变量系统来说，实部和虚部分别可以由 re（:）和 im（:）得到。

　　为了看清系统的 Nyquist 图在（−1，j0）点附近的变化情况，利用命令 axis（［−2 2 −5 5］)对（−1，j0）点附近的图形进行了放大。

二、利用 MATLAB 绘制 Bode 图

　　MATLAB 的控制系统工具箱中提供了 bode（）函数来求取、绘制给定线性系统的 Bode 图，该函数的调用格式

> ［mag，pha］＝bode（sys，w_in）
> ［mag，pha，w_out］＝bode（sys）
> bode（sys）
> bode（sys，w_in）
> bode（sys，{wmin，wmax}）
> bode（sys1，sys2，…，w_in）

　　在 bode（）函数的调用格式中，sys、w_in、w_out 和 {wmin，wmax} 的解释与 nyquist（）函数的解释相同，只是输出变量 mag 和 pha 分别为系统的幅值和相位向量，这里得出的（mag，pha）仍为三维矩阵。下面举例说明其应用。

　　【例 4-11】　考虑下列传递函数 $G(s) = \dfrac{1}{s(s+1)(s+2)}$

　　解　在 MATLAB 命令窗口输入以下命令可以得到系统 Bode 图如图 4-34 所示。

≫z＝［］；p＝［0 −1 −2］；k＝1；g＝zpk（z，p，k）；%输入系统模型

≫bode（g）；grid on；%绘制系统 Bode 图，并加上网格

　　当需要利用 MATLAB 绘制系统的近似对数幅频特性曲线时，可以利用 MATLAB 语言编写相应的函数来绘制。在此，不介绍函数是如何编写的，仅给出一个用编写的函数绘制的

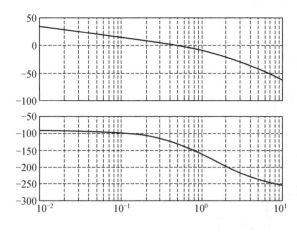

图 4-34 系统 Bode 图

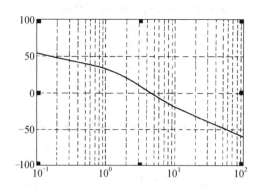

图 4-35 系统近似幅频特性曲线

系统近似对数幅频特性曲线的例子。

【**例 4-12**】 系统传递函数为 $G(s) = \dfrac{10(s+10)}{s(s+1)(s+2)}$，绘制其近似幅频特性曲线。

解 其近似幅频特性曲线如图 4-35 所示。

本 章 小 结

频率特性是线性系统在不同频率的正弦信号作用下，其稳态输出与输入之比与频率的关系，它可以反映系统的动态响应性能。

频率特性也是系统的一种数学模型，它可从传递函数得到。当传递函数中，令 $s = j\omega$ 就得到了系统的频率特性。在工程实际中，频率特性也可通过实验方法测得或验证，因此具有明确的物理意义。

频率特性的表达式是复数，可以用乃奎斯特图（幅相频率特性图、极坐标图）和伯德图（对数频率特性图）来表示，它们本质上是相同的。频率特性法是一种图解法。

控制系统是由典型环节组成的，典型环节频率特性是绘制系统开环频率特性的基础。单位反馈系统的开、闭环频率特性有着对应的关系。闭环频域指标有零频幅值、谐振峰值、谐振频率和频宽等。

利用 MATLAB 的 nyquist（ ）和 bode（ ）函数可以方便地绘制系统的乃奎斯特图和伯德图，在利用 nyquist（ ）函数绘制具有积分环节的开环传递函数的乃奎斯特图时，注意确定坐标轴的范围。而绘制近似对数幅频特性曲线时，需要编写 m 函数。

习 题

4-1 若控制系统的传递函数 $G(s) = \dfrac{1}{2s+1}$，试求在下列输入信号作用下，系统的稳态输出量。

① $r(t) = \sin(t + 30°)$

② $r(t) = 3\cos(2t - 45°)$

③ $r(t) = \sin(t + 30°) + 3\cos(2t - 45°)$

4-2 某系统在输入信号 $r(t) = 1(t)$ 的作用下，其输出量 $c(t)$ 为

$$c(t)=1-1.8e^{-4t}+0.8e^{-9t}, \quad (t \geqslant 0)$$

试求系统的传递函数 $G(s)$ 和频率特性 $G(j\omega)$ 的表达式。

4-3 已知系统的开环传递函数如下，试分别绘制各系统的开环幅相频率特性曲线。

① $G(s)=\dfrac{200}{s(s+5)(s+15)}$ ② $G(s)=\dfrac{150}{s^2}$

③ $G(s)=\dfrac{5}{s(s^2+0.4s+1)}$ ④ $G(s)=\dfrac{80(s+1)}{s(s+4)(s+5)}$

⑤ $G(s)=\dfrac{10(2s+1)}{s^2}$

4-4 设系统的开环传递函数如下，试画出各系统的开环对数频率特性曲线。

① $G(s)=\dfrac{10}{5s+1}$ ② $G(s)=\dfrac{10}{(2s+1)(5s+1)}$

③ $G(s)=\dfrac{10(s+0.1)}{s^2(s+0.5)}$ ④ $G(s)=\dfrac{100}{s^2(s+1)(10s+1)}$

4-5 试画出传递函数为 $G(s)=\dfrac{10(s+0.2)}{s^2(s+0.01)}$ 的对数幅频特性渐近线和相频特性曲线。

4-6 试求出如图 4-36 所示系统的频率特性，并画出其对数幅频渐近线特性。

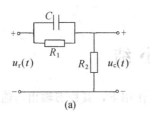 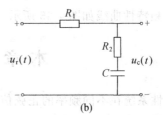

图 4-36 题 4-6 图

4-7 已知最小相位系统的开环对数幅频渐近线如图 4-37 所示，试写出其对应的开环传递函数。

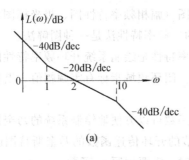 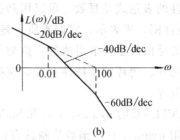

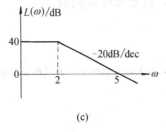 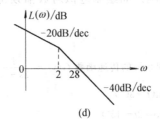

图 4-37 题 4-7 图

4-8 图 4-38（a）、（b）分别为 Ⅰ型和Ⅱ型系统的对数幅频特性曲线，试证明：$\omega_1 = K$，$\omega_2 = \sqrt{K}$。

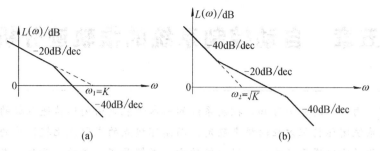

图 4-38　题 4-8 图

4-9 已知某环节的对数幅频特性曲线如图 4-39 所示，试写出该环节的传递函数。

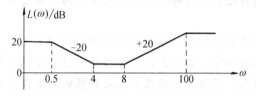

图 4-39　题 4-9 图

4-10 利用 MATLAB 绘制题 4-3 各系统的乃奎斯特图，并和人工绘制的图形进行比较。

4-11 利用 MATLAB 绘制题 4-4 各系统的伯德图，并和人工绘制的图形进行比较。

第五章　自动控制系统的根轨迹分析法

引言　由前面的分析可知，控制系统的基本性能是由闭环传递函数的极点决定的，即由系统闭环特征方程的根来确定。而闭环极点的求取是比较困难的，尤其是当特征方程的阶次高于三阶时，用一般的方法求解是不可能的。而且，在分析系统某一参数变化对系统性能的影响时，时域分析方法的计算工作量大，使得分析系统的工作变得复杂。同时还不能直观地看出参数变化的影响趋势，而根轨迹法可以克服这一不足。

根轨迹分析法是自动控制系统分析的一种图解方法，它形象直观，使用简便，特别适用于高阶系统的研究，因此在控制工程的分析和设计中广泛应用。本章主要介绍根轨迹的基本概念，闭环系统的根应满足的根轨迹方程，从系统的开环零点和开环极点的分布出发，阐述绘制系统闭环根轨迹的基本规则。最后，介绍如何利用MATLAB来绘制系统的根轨迹，为今后利用绘制的根轨迹进行系统分析作准备。

第一节　根轨迹分析法概述

为了避免直接求解高次方程根的麻烦，间接找到系统闭环特征根，在1948年，伊文思（W. R. Evans）提出了根轨迹方法。根轨迹法是直接由系统的开环零点和极点的分布出发，研究系统中某一参数变化时对闭环极点的影响。根轨迹法是复域中的一种分析方法，它与频域分析法互为补充，在工程实践中得到了广泛应用。

一、根轨迹的概念

根轨迹分析法是通过作图来分析和研究自动控制系统的，现通过一个控制系统的例子，来说明根轨迹的基本概念。

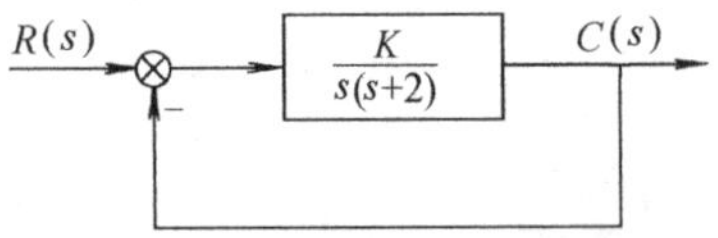

已知二阶系统的动态结构如图 5-1 所示，系统的开环传递函数 $G(s)$ 为

图 5-1　二阶系统的动态结构图

$$G(s) = \frac{K}{s(s+2)} \tag{5-1}$$

式中，K 为系统开环传递函数的根轨迹增益。

该系统有两个开环极点　$p_1 = 0$、$p_2 = -2$

将系统两个开环极点表示在复平面上，如图 5-2 所示。

系统的闭环传递函数为

$$\Phi(s) = \frac{C(s)}{R(s)} = \frac{K}{s^2 + 2s + K} \tag{5-2}$$

由式(5-2)可得到闭环特征方程为

$$s^2 + 2s + K = 0 \qquad (5\text{-}3)$$

根据式(5-3)，可解得闭环特征根，即系统的闭环极点为

$$s_{1,2} = -1 \pm \sqrt{1-K} \qquad (5\text{-}4)$$

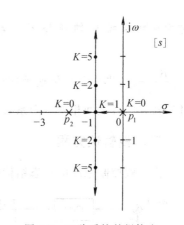

图 5-2　二阶系统的根轨迹

由式(5-4)，取不同的 K 值，可求得闭环极点 s_1、s_2 的值，列于表 5-1 中。

由表 5-1 可知，系统的闭环极点将随 K 的变化而变化。当 K 从 $0 \to \infty$ 时，特征方程所确定的根 s_1、s_2 在 s 平面上的移动轨迹称为根轨迹。下面讨论根轨迹增益 K 改变时系统根轨迹的变化规律。

① 当 $K=0$ 时，$s_1=0$，$s_2=-2$。这两点恰是开环传递函数的两个极点。根轨迹是从 $K=0$ 时开始，即从系统的开环极点出发。

表 5-1　闭环极点 s 与 K 的数值

K	0	0.5	1	2	3	4	5	∞
s_1	0	-0.3	-1	$-1+\mathrm{j}1$	$-1+\mathrm{j}1.4$	$-1+\mathrm{j}1.7$	$-1+\mathrm{j}2$	$-1+\mathrm{j}\infty$
s_2	-2	-1.7	-1	$-1-\mathrm{j}1$	$-1-\mathrm{j}1.4$	$-1-\mathrm{j}1.7$	$-1-\mathrm{j}2$	$-1-\mathrm{j}\infty$

② 当 $0<K<1$ 时，s_1、s_2 为负实根，位于负实轴上。随着 K 的增加，两个闭环极点 s_1、s_2 同时向 -1 点靠近，此时，两闭环特征根为不相等的负实数，阶跃响应为非周期变化过程，这种情况为过阻尼情况。

③ 当 $K=1$ 时，两闭环特征根相等，$s_1=s_2=-1$，重合在 -1 点，其阶跃响应也为非周期变化过程，称该情况为临界阻尼情况。

由式(5-4) 可知，若令 $1-K=0$，得 $K=1$。即 $K=1$ 时，为闭环特征根是负实根还是共轭复根的分界点。

④ 当 $K>1$ 时，$s_{1,2}=-1\pm\mathrm{j}\sqrt{K-1}$ 为一对共轭复数根。若取 $K=2$，则 $s_{1,2}=-1\pm\mathrm{j}1$。因其实部为 -1，虚部 $\sqrt{K-1}$ 随着 K 的增大而增大；当 $K\to\infty$，虚部也趋向于无穷。此时系统的阶跃响应为衰减振荡过程，并且当 K 增大，阻尼比 ξ 减小，超调量 σ 增大。这种情况为欠阻尼情况。

在 s 平面上，根轨迹上的箭头方向表明 K 增大时，闭环极点的运动方向，可用数值表明某极点处增益 K 的大小。在 s 平面，随着 K 增加，由闭环极点移动而形成的根轨迹，如图 5-2 所示。

系统的根轨迹绘制后，根据闭环极点的位置，就可以对系统进行分析，作出稳、快、准三方面的评价。从上例可以看出：

① $K>0$，系统闭环极点都位于 s 平面的左半部，系统是稳定的；

② $K=0$，$s_1=0$，$s_2=-2$，是根轨迹的起点，且系统是 I 型系统；

③ $0<K<1$ 为过阻尼情况；

④ $K=1$，系统为临界阻尼；

⑤ $K>1$，系统为欠阻尼情况，且 K 越大，ξ 越小，σ 越大。

需要说明的是式(5-1) 的开环传递函数，是写成零点和极点的形式，此时的系统增益 K

称为开环系统根轨迹增益。若将式（5-1）开环传递函数写成 $G(s) = \dfrac{K/2}{s\left(\dfrac{1}{2}s+1\right)} =$

$\dfrac{K_1}{s(Ts+1)}$，即：开环传递函数写成时间常数形式时，系统增益为 $K_1 = \dfrac{K}{2}$，K_1 称为系统开

环增益，两者之间相差一个系数。在绘制根轨迹时，一般取开环根轨迹增益 K 为参变量。

二、根轨迹方程

设一般控制系统的动态结构图如图 5-3 所示。

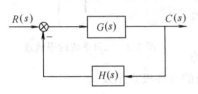

图 5-3　一般控制系统的动态结构图

该闭环系统的开环传递函数 $G(s)H(s)$ 可写成

$$G(s)H(s) = \frac{K_1 \prod\limits_{j=1}^{m}(\tau_j s + 1)}{\prod\limits_{i=1}^{n}(T_i s + 1)} \tag{5-5}$$

式中，K_1 为系统的开环放大系数（写成时间常数

形式）；T_i 为分母中的时间常数；τ_j 为分子中的时间常数。式（5-5）也可写成绘制根轨迹的标准传递函数形式，即

$$G(s)H(s) = \frac{K \prod\limits_{j=1}^{m}(s - z_j)}{\prod\limits_{i=1}^{n}(s - p_i)} \tag{5-6}$$

式中，K 为系统的开环根轨迹增益（写成零、极点形式）；z_j 为系统的开环零点；p_i 为系统的开环极点。由式（5-5）和式（5-6），不难看出

$$K_1 = K \frac{\prod\limits_{j=1}^{m}(-z_j)}{\prod\limits_{i=1}^{n}(-p_i)}$$

其中，$z_j = \dfrac{1}{\tau_j}$　（$j=1,2,\cdots,m$）；$p_i = \dfrac{1}{T_i}$　（$i=1,2,\cdots,n$）。

由于系统的闭环特征方程为

$$1 + G(s)H(s) = 0 \tag{5-7}$$

即

$$G(s)H(s) = -1 \tag{5-8}$$

将式（5-6）代入式（5-8），得

$$\frac{K \prod\limits_{j=1}^{m}(s - z_j)}{\prod\limits_{i=1}^{n}(s - p_i)} = -1 \tag{5-9}$$

式（5-9）称为根轨迹方程，其为复域方程。

因为复数 -1 即为 $1 \times e^{j(2k+1)\pi}$（$k=0,\pm1,\pm2,\cdots$），所以可将式（5-9）写成根轨迹的幅值方程和相角方程，即

幅值方程
$$\dfrac{K\prod\limits_{j=1}^{m}|s-z_j|}{\prod\limits_{i=1}^{n}|s-p_i|}=1 \tag{5-10}$$

相角方程　$\sum\limits_{j=1}^{m}\angle(s-z_j)-\sum\limits_{i=1}^{n}\angle(s-p_i)=(2k+1)180^{\circ}$ 　$(k=0,\pm1,\pm2,\cdots)$ 　(5-11)

在复平面上，如果某点 s 是根轨迹上的一个闭环极点，那么它与开环零点、极点构成的矢量必须满足式(5-10)和式(5-11)，否则，s 就不是根轨迹上的一个点。

实际绘制根轨迹时，可用相角方程来确定根轨迹上的点，用幅值方程来确定该点对应的根轨迹增益 K。因为相角方程与 K 无关，将满足相角方程的 s 值代入幅值方程，必能满足幅值方程，并可求出一个对应 K 值。

根据相角方程，用试探法可绘制出根轨迹图。例如系统开环传递函数为 $G(s)H(s)=$
$\dfrac{K(s-z_1)}{(s-p_1)(s-p_2)(s-p_3)}$，其零点 z_1 和极点 p_1、p_2、p_3 分布如图 5-4 中所示。

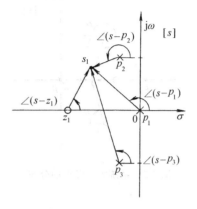

图 5-4　闭环极点与开环零、
极点的相角关系

在 s 平面上任取一点 s_1，用量角器测出夹角 $\angle(s-p_1)$、$\angle(s-p_2)$、$\angle(s-p_3)$ 和 $\angle(s-z_1)$，代入式(5-11)，若能满足式(5-11)的相角方程，则点 s_1 即在根轨迹上。依次求出若干点，用平滑曲线连接起来，即可得到参变量 K 变化的根轨迹。

第二节　根轨迹的绘制方法

用试探法绘制根轨迹，显然十分费时。工程中根轨迹的绘制是根据幅值方程和相角方程，找出若干规则，依据规则，画出根轨迹的大致图形。再对图形加以修正，便可得到较为准确的根轨迹图形。

根据根轨迹方程，可以导出以开环根轨迹增益 K 为参变量的根轨迹的绘制法则。

1. 根轨迹的分支数

根轨迹的分支数，等于开环极点个数 n。

因为开环根轨迹增益 K 从 $0\to\infty$ 时，一个闭环极点由起点变化到终点的根轨迹叫一个分支数，所以根轨迹的分支数与开环极点的个数相等（$n\geqslant m$）。

2. 根轨迹的起点和终点

根轨迹起始于开环极点，终止于开环零点。当 $n>m$ 时，有（$n-m$）条根轨迹终止于无穷远处；当 $n<m$ 时，有（$m-n$）条起始于无穷远处。

由根轨迹方程式(5-9)可知，当 $K=0$ 时，只有 $s=p_i$ 才能满足方程式(5-9)，因此根轨迹起始于开环极点 p_i。当 $K\to\infty$ 时，只有 $s=z_j$ 才能满足方程式(5-9)，因此根轨迹终止于开环零点 z_j。

3. 根轨迹的对称性

根轨迹图形对称于实轴。因为实际系统的闭环极点只可能是实根和共轭复数根,它们在复平面 s 上的分布是对称于实轴的。因此,根轨迹对称于实轴。

4. 实轴上的根轨迹

实轴上的根轨迹只有在试探点 s_1 右边实轴上零点和极点的个数之和为奇数时,试探点所在的区段上才有根轨迹。

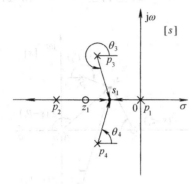

图 5-5 系统零、极点的分布

【例 5-1】 设系统的零、极点分布如图 5-5 所示,试确定实轴上的根轨迹。

解 根据实轴上的根轨迹规则,可以判断该系统的根轨迹在实轴上的区段应是:$p_1 \sim z_1$ 区段和 $p_2 \sim -\infty$ 区段。而在 $p_2 \sim z_1$ 区段中,因其右边有 1 个零点和 1 个极点,零点和极点的个数之和为 2(偶数),故无根轨迹。

5. 根轨迹的渐近线

当 $n > m$ 时,随着 $K \to \infty$,有($n-m$)条根轨迹沿着一些直线趋向于 s 平面的无穷远处。这些直线即为根轨迹的渐近线。

(1)渐近线条数 因为有 n 条根轨迹,除 m 条趋向于开环零点,故有($n-m$)条根轨迹趋向于无穷远处的零点。渐近线条数为($n-m$)条。

(2)渐近线与正实轴的夹角 φ_a

$$\varphi_a = \frac{\pm(2k+1)180°}{n-m} \quad (k=0,1,2,\cdots,n-m-1) \tag{5-12}$$

(3)渐近线与实轴的交点 σ_a

$$\sigma_a = \frac{\sum_{i=1}^{n} p_i - \sum_{j=1}^{m} z_j}{n-m} \tag{5-13}$$

【例 5-2】 某单位负反馈系统的开环传递函数为 $G(s) = \dfrac{K}{s(s+1)(s+2)}$,试求该系统根轨迹的起点、终点、分支数、渐近线及实轴上的根轨迹。

解 该系统有 3 个开环极点:$p_1=0$,$p_2=-1$,$p_3=-2$,其分布如图 5-6 所示。3 个开环极点即为根轨迹的起点。$n=3$,共有 3 条根轨迹。

因为开环零点数 $m=0$,所以 3 条根轨迹均趋向于无穷远处,其渐近线夹角 φ_a 由式(5-12)得

$$\varphi_a = \frac{\pm(2k+1)180°}{n-m} = \frac{\pm(2k+1)180°}{3-0}$$

$$= \begin{cases} 60° & k=0 \\ -60° & k=0 \\ 180° & k=1 \end{cases}$$

由式(5-13)得渐近线与实轴交点 σ_a 为

$$\sigma_a = \frac{\sum_{i=1}^{3} p_i - \sum_{j=0}^{0} z_j}{3-0} = \frac{0+(-1)+(-2)-0}{3} = -1$$

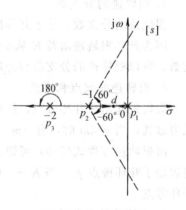

图 5-6 [例 5-2] 图

根据实轴上的根轨迹规则，在实轴上 $[0，-1]$ 及 $[-2，-\infty)$ 区段内有根轨迹，如图 5-6 所示。

6. 根轨迹的分离点

两条或两条以上根轨迹在 s 平面上相遇又分开的点称为分离点 d（或会合点）。n 支根轨迹在某点会合或分开时，对应的闭环特征方程应有 n 重根。确定 n 支根轨迹的分离点，实质上是求闭环特征方程的 n 重根。

复平面 s 上根轨迹的分离点必须满足方程

$$\frac{\mathrm{d}K}{\mathrm{d}s}=0 \tag{5-14}$$

式中，K 为系统开环根轨迹增益。

【例 5-3】 求【例 5-2】中根轨迹的分离点 d 点的坐标。

解 系统的闭环特征方程为 $1+G(s)=0$，即：$1+\dfrac{K}{s(s+1)(s+2)}=0$，得

$$K =- s(s+1)(s+2)$$

根据式(5-14)，有 $\dfrac{\mathrm{d}K}{\mathrm{d}s}=-（3s^2+6s+2）=0$。

解以上方程得 $s_1=-0.423$，$s_2=-1.58$（舍去）。

又因为在实轴 $-2\sim-1$ 段范围内无根轨迹，所以 $s_2=-1.58$ 不是分离点，故舍去。

设根轨迹的分离点的坐标为 d，也可用下式来求解。即

$$\sum_{i=1}^{n}\frac{1}{d-p_i}=\sum_{j=1}^{m}\frac{1}{d-z_j} \tag{5-15}$$

式中，p_i 为系统的开环极点（$i=0$，1，2，$\cdots$，n）；z_j 为系统的开环零点（$j=0$，1，2，$\cdots$，m）。

必须说明，式(5-14) 或式(5-15) 的解并不都是分离点或会合点，必须满足根轨迹方程式(5-9) 条件的才是分离点或会合点。

7. 根轨迹的起始角与终止角

根轨迹的起始角是指根轨迹在起点处的切线与正实轴的夹角，如图 5-7 中的 θ_{p1}，又称为出射角。根轨迹的终止角是指根轨迹在终点处的切线与正实轴的夹角，如图 5-8 中的 θ_{z1}，又称为入射角。一般，只需确定共轭复数极点的起始角和共轭复数零点的终止角。

如图 5-7 所示系统的零、极点分布中，假设极点 p_1 附近有个动点 s_1，由相角方程式

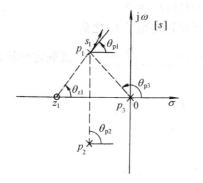

图 5-7 根轨迹的起始角

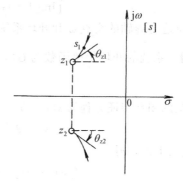

图 5-8 根轨迹的终止角

(5-11) 可得 $\angle(s_1 - z_1) - \sum_{i=1}^{3} \angle(s_1 - p_i) = \pm(2k+1)180°$

当 s_1 无限靠近 p_1 时,即 $s_1 \rightarrow p_1$,则各开环零、极点指向 s_1 的矢量,就转变成指向 p_1 的矢量。而且此时角度 $\angle(s_1 - p_1)$ 即为 p_1 点处的起始角 θ_{p1},即:$\theta_{p1} = \angle(s_1 - p_1)\big|_{s_1 \rightarrow p_1}$,因此,有 $\theta_{p1} = (2k+1)180° + \angle(s_1 - z_1) - \sum_{j=1}^{m} \angle(s_1 - p_i)$。推广到一般情况,在 p_k 处的起始角 θ_{pk} 计算公式为

$$\theta_{pk} = 180° + \sum_{j=1}^{m} \angle(p_k - z_j) - \sum_{\substack{i=1 \\ i \neq k}}^{n} \angle(p_k - p_i) \tag{5-16}$$

此处考虑到起始角度的惟一性,所以取 $k=1$,而且将 $-180°$ 与 $+180°$ 视为同一角度。

同理可获得开环零点在 z_k 处的终止角 θ_{zk} 的计算公式为

$$\theta_{zk} = 180° - \sum_{\substack{j=1 \\ j \neq k}}^{m} \angle(z_k - z_j) + \sum_{i=1}^{n} \angle(z_k - p_i) \tag{5-17}$$

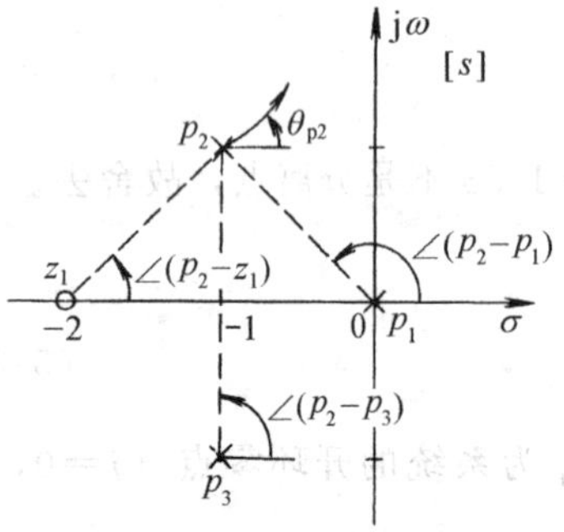

图 5-9 【例 5-4】极点 p_2 的起始角确定

【例 5-4】 某系统的开环传递函数为 $G(s)H(s) = \dfrac{K(s+2)}{s(s^2+2s+2)}$,其零极点的分布如图 5-9 所示。试求根轨迹的起始角与终止角。

解 由题意可知,该系统的根轨迹有 3 支,即有 3 个起始角,一个终止角。

开环极点 p_2 处的起始角为

$$\theta_{p2} = 180° + \angle(p_2 - z_1) - \angle(p_2 - p_1) - \angle(p_2 - p_3)$$
$$= 180° + 45° - 135° - 90° = 0°$$

同理可得 $\theta_{p3} = 0°$,$\theta_{p1} = 180°$,$\theta_{z1} = 0°$。

8. 根轨迹与虚轴的交点

当根轨迹由 s 平面的左半平面进入右半平面时,系统便由稳定状态变成不稳定状态。根轨迹与虚轴相交时,系统处于临界稳定状态,此时系统闭环特征方程的根就以纯虚根 $\pm j\omega$ 出现。因此,令 $s = j\omega$ 代入闭环特征方程,得 $1 + G(j\omega)H(j\omega) = 0$,将该方程分解成实部与虚部形式,即 $\text{Re}[1 + G(j\omega)H(j\omega)] + j\text{Im}[1 + G(j\omega)H(j\omega)] = 0$。

令

$$\begin{cases} \text{Re}[1 + G(j\omega)H(j\omega)] = 0 \\ \text{Im}[1 + G(j\omega)H(j\omega)] = 0 \end{cases} \tag{5-18}$$

便可求出根轨迹与虚轴的交点 ω 和开环系统临界根轨迹增益 K 之值。

【例 5-5】 系统的开环传递函数为 $G(s)H(s) = \dfrac{K}{s(s+1)(s+2)}$,试确定根轨迹与虚轴的交点。

解 系统的闭环特征方程为 $s(s+1)(s+2) + K = 0$,即

$$s^3 + 3s^2 + 2s + K = 0$$

令 $s = j\omega$,代入上式,得

$$(j\omega)^3 + 3(j\omega)^2 + 2(j\omega) + K = 0$$

整理得

$$(-3\omega^2 + K) + j(2\omega - \omega^3) = 0$$

即
$$\begin{cases} -3\omega^2 + K = 0 \\ 2\omega - \omega^3 = 0 \end{cases}$$

解得
$$\omega_1 = 0, \; K_1 = 0, \; \omega_{2,3} = \pm\sqrt{2}, \; K_2 = 6。$$

由上式可知，系统根轨迹与虚轴有 3 个交点，其中一个交点为一条根轨迹的起点，而当根轨迹增益为 6 时，系统处于临界状态。

* 9. 根轨迹的分离角和会合角

分离角是指根轨迹离开重极点处的切线与正实轴的夹角；而会合角指根轨迹进入重极点处的切线与正实轴的夹角。

根轨迹在 s 平面上，当开环增益 K 增加到 K_1 时，闭环系统出现重极点。设系统 n 个极点中有 l 重极点，则有 $(n-l)$ 个单极点。

(1) 分离角 θ_d　推导 l 重极点的分离角计算公式时，将 $K=K_1$ 时的闭环极点作为一个新的系统的开环极点，这样新系统的根轨迹与原系统在 $K \geqslant K_1$ 时的根轨迹重合。这样，求分离角就转变成求新系统的起始角。因此，系统根轨迹的分离角 θ_d 为

$$\theta_d = \frac{1}{l}\Big[(2k+1)180° + \sum_{j=1}^{m}\angle(d-z_j) - \sum_{i=l+1}^{n}\angle(d-p_i)\Big] \tag{5-19}$$

式中，d 为所示分离点的坐标；z_j 为原系统的开环零点；p_i 为除 l 个重极点外原系统的开环极点；l 为重根数，即分离点 d 的分支数。

(2) 会合角 φ_d　推导根轨迹重极点处的会合角时，可假设根轨迹倒转，将求原系统在重合点处的会合角，就转变成求新系统的起始角，则原系统在会合点 d 处的会合角 φ_d 为

$$\varphi_d = \frac{1}{l}\Big[(2k+1)180° + \sum_{i=1}^{n}\angle(d-p_i) - \sum_{i=l+1}^{n}\angle(d-s_i)\Big] \tag{5-20}$$

式中，d 为分离点的坐标；p_i 为原系统的开环极点；s_i 为原系统的闭环极点；l 为重根数。

【例 5-6】　某负反馈系统的开环传递函数为 $G(s)H(s) = \dfrac{K(s+1)}{s^2+3s+3.25}$，试求系统的根轨迹。

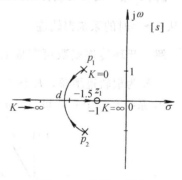

图 5-10　【例 5-6】图

解　由以上法则，可以知道

① 根轨迹有 2 支。

② 令 $s+1=0$ 得 $z_1 = -1$（1 个开环零点），

又令 $s^2+3s+3.25=0$ 求得 $p_{1,2} = -1.5 \pm j1$（2 个开环极点），并将开环零、极点表示于图 5-10 中。

③ 根轨迹起始于 p_1 和 p_2 处，终止于 -1 和 $-\infty$ 处。

④ 实轴上，在 $[-1, -\infty)$ 区段上有根轨迹。

⑤ 求分离点：$K = -\dfrac{s^2+3s+3.25}{s+1}$，令 $\dfrac{\mathrm{d}K}{\mathrm{d}s} = 0$，得

$$s^2 + 2s - 0.25 = 0$$

解得分离点 $s_1 = -2.12$，$s_2 = 0.12$（舍去），即分离点坐标为 $d = -2.12$，在 d 处既是分离点又是会合点。

⑥ 求分离角 θ_d。

$$\theta_d = \frac{1}{2}[(2k+1)180° + \angle(d-z_1)] = \frac{1}{2}[(2k+1)180° + 180°] = \frac{1}{2}[(2k)180°]$$

当 $k=0$ 时，$\theta_{d1}=0°$；当 $k=1$ 时，$\theta_{d2}=180°$。

⑦ 求会合角 φ_d，根据式(5-20)，有

$$\varphi_d = \frac{1}{2}[(2k+1)180° + \angle(d-p_1) + \angle(d-p_2)]$$

$$= \frac{1}{2}\left[(2k+1)180° + \arctan\frac{1}{2.12-1.5} - \arctan\frac{1}{2.12-1.5}\right]$$

$$= \frac{1}{2}[(2k+1)180°]$$

当 $k=0$ 时，$\theta_{d1}=180°$；当 $k=1$ 时，$\varphi_{d2}=-90°$。

根据以上分析，可绘制系统根轨迹如图 5-10 所示。

10. 根之和法则

当 $n-m \geqslant 2$ 时，系统闭环特征方程各个根之和与开环根轨迹增益 K 无关，即无论 K 取何值，n 个开环极点之和等于 n 个闭环极点之和，即

$$\sum_{i=1}^{n} s_i = \sum_{i=1}^{n} p_i, \quad n-m \geqslant 2 \tag{5-21}$$

式中，p_i 为系统开环极点；s_i 为系统闭环极点；n 为系统开环传递函数分母的阶数；m 为系统开环传递函数分子的阶数。

由于开环极点是不变的常数，随着增益 K 的增加，闭环极点随之变化，在根轨迹上移动。若有闭环极点在 s 平面上向左移动，必然有另外的闭环极点向右移动，使得闭环极点之和不变。此规律对于判断根轨迹的走向是十分有用的。

【例 5-7】 设负反馈控制系统的开环传递函数为 $G(s)H(s) = \dfrac{K}{s(s+1)(0.5s+1)}$，试绘制 K 从 $0 \to \infty$ 时的系统根轨迹。

解 开环传递函数可写成 $G(s)H(s) = \dfrac{2K}{s(s+1)(s+2)} = \dfrac{K^*}{s(s+1)(s+2)}$，由该式可得，$K^* = 2K$ 为根轨迹增益，K 从 $0 \to \infty$ 时，K^* 也从 $0 \to \infty$。

① 系统有 3 个开环极点，$n=3$，且 $p_1=0$，$p_2=-1$，$p_3=-2$；系统没有开环零点，$m=0$。将上述开环零、极点表示于图 5-11 中。

② 因为 $n=3$，所以有 3 条根轨迹。分别起始于开环极点 p_1，p_2 和 p_3 点，均终止于无穷远处。

③ 渐近线：渐近线条数 $n-m=3$，有 3 条渐近线；渐近线夹角为 φ_a。

由 $\varphi_a = \dfrac{\pm(2k+1)180°}{n-m} = \dfrac{\pm(2k+1)180°}{3}$，得 $\varphi_{a1}=+60°$、$\varphi_{a2}=-60°$、$\varphi_{a3}=180°$；渐近线交点 $\sigma_a = \dfrac{0+(-1)+(-3)-0}{3-0} = -1$。将 3 条渐近线用虚线表示，如图 5-11 中所示。

④ 实轴上的根轨迹，在区间 $[0, -1]$ 及 $[-2, -\infty)$ 处有根轨迹。

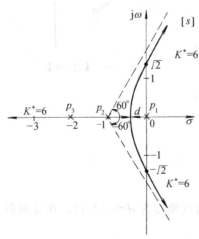

图 5-11 【例 5-7】系统的根轨迹

⑤ 分离点 d，由式(5-9) 得 $K^* = -s(s+1)(s+2) = -(s^3+3s^2+2s)$，令 $\dfrac{\mathrm{d}K^*}{\mathrm{d}s} = 0$，得

$3s^2+6s+2=0$，解得 $s_{1,2} = -1 \pm \dfrac{1}{3}\sqrt{3}$，即：$d_1 = -0.42$ 和 $d_2 = -1.58$（舍去）。

⑥ 分离角 θ_{d}，$\theta_{\mathrm{d}} = \dfrac{(2k+1)180^\circ}{l} = \dfrac{1}{2}(2k+1)180^\circ = \pm 90^\circ$。

⑦ 与虚轴交点，闭环特征方程为 $s(s+1)(s+2)+K^*=0$，令 $s=\mathrm{j}\omega$ 代入该式，得 $-3\omega^2 + K^* + \mathrm{j}(2\omega-\omega^3) = 0$，于是解得：$\omega_1 = 0$，$\omega_{2,3} = \pm\sqrt{2}$，$K^* = 6$；若将 $K^* = 6$ 代入闭环特征式，有 $s^3+3s^2+2s+6=0$，即 $(s+3)(s^2+2)=0$，解得：$s_1=-3$ 和 $s_{2,3}=\pm\mathrm{j}\sqrt{2}$（$K^*=6$ 处）。根据上述计算结果，绘制根轨迹如图 5-11 所示。当 $K^*=6$ 时，有 3 个闭环极点，即：$s_1=-3$，$s_2=\mathrm{j}\sqrt{2}$ 和 $s_3=-\mathrm{j}\sqrt{2}$。

依据根之和规则可以看出，当一个闭环极点 s_1 沿着 $[-2, -\infty)$ 区间向左移动时，另外两个闭环极点（s_2、s_3）则沿着根轨迹向右移动。当 $K^*>6$ 时，有两个闭环极点（s_2、s_3）移动到 s 平面的右边，此时系统已成不稳定状态。所以，只有当 $0<K^*<6$ 时，系统是稳定的，即 $0<K<3$ 是系统稳定范围。

【例 5-8】 已知单位反馈系统的开环传递函数为 $G(s)H(s) = \dfrac{K(s+2)}{s(s+3)(s^2+2s+2)}$，试绘制系统的根轨迹，并求出其稳定状态的开环根轨迹增益 K。

解 由根轨迹法则可知

① 从开环传递函数可知开环零、极点。系统有 1 个开环零点，$z_1=-2$；系统有 4 个开环极点，$p_1=0$，$p_2=-3$，$p_{3,4}=-1\pm\mathrm{j}1$。将系统的开环零、极点表示在图 5-12 中。

② $n=4$，$m=1$，根轨迹有 4 个分支，有 3 条趋向于无穷远处。

③ 实轴上 $[0, -2]$ 和 $[-3, -\infty)$ 区域有根轨迹。

④ 有 3 条渐近线，与实轴夹角 $\varphi_{\mathrm{a}} = \dfrac{\pm(2k+1)180^\circ}{n-m} = \dfrac{\pm(2k+1)180^\circ}{3}$，解得 $\varphi_{\mathrm{a}1} = +60^\circ$、$\varphi_{\mathrm{a}2} = -60^\circ$、$\varphi_{\mathrm{a}3} = 180^\circ$。

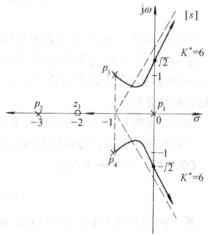

图 5-12　【例 5-8】系统的根轨迹

与实轴交点 $\sigma_{\mathrm{a}} = \dfrac{\displaystyle\sum_{i=1}^{n} p_i - \sum_{j=1}^{m} z_j}{4-1} = \dfrac{0+(-3)+(-1-\mathrm{j}1)+(-1+\mathrm{j}1)}{3} = -1$，将渐近线用虚线表示，如图 5-12 中所示。

⑤ 极点 p_3、p_4 处的起始角，

$$\theta_{\mathrm{p}3} = 180^\circ + \angle(p_3-z_1) - \angle(p_3-p_1) - \angle(p_3-p_2) - \angle(p_3-p_4)$$

$$= 180^\circ + 45^\circ - 135^\circ - \arctan\frac{1}{2} - 90^\circ = -26.6^\circ$$

同理可得 $\theta_{\mathrm{p}4} = +26.6^\circ$。

⑥ 与虚轴的交点，由开环传递函数，可得系统的闭环特征方程为

$$s(s+3)(s^2+2s+2)+K(s+2)=0$$

即

$$s^4+5s^3+8s^2+(6+K)s+2K=0$$

令 $s=j\omega$ 得

$$(j\omega)^4+5(j\omega)^3+8(j\omega)^2+(6+K)(j\omega)+2K=0$$

即

$$(2K+\omega^4-8\omega^2)+j[(6+K)\omega-5\omega^3]=0$$

解得

$$\omega_1=0, \omega_{2,3}=1.62, K=7.05$$

根轨迹与虚轴交点为 $\pm j1.62$，此时，$K=7.05$ 为临界稳定开环根轨迹增益。画出系统的根轨迹如图 5-12 所示。

第三节　MATLAB 在系统根轨迹分析中的应用

系统的根轨迹分析方法是一种图解的方法，因此，利用根轨迹分析系统的前提是正确绘制系统的根轨迹。MATLAB 的控制系统工具箱中提供了 rlocus（）函数，来绘制给定系统的根轨迹。该函数的调用格式是

> R＝rlocus（sys，K–in）
> ［R，K–out］＝rlocus（sys）
> rlocus（sys）

输入变量中，sys 为系统的对象模型；K–in 为用户自己选择的增益向量。

输出变量中，R 为根轨迹各个点构成的复数矩阵，K–out 为自动生成的增益向量，K–out 向量中的每个元素对应于 R 矩阵中的一行。这样产生的 K 向量可以用来确定闭环系统稳定的增益范围。

如果在函数调用中不返回任何参数，则将在图形窗口中自动绘制出系统的根轨迹曲线。

下面举例说明根轨迹的绘制与应用。

【例 5-9】 考虑如下系统

$$G(s)=\frac{1}{s(s+1)(s+2)}$$

解 在 MATLAB 命令窗口输入如下命令，可以得到系统根轨迹如图 5-13 所示。

≫z＝［］；p＝［0 -1 -2］；K=1；g＝zpk（z，p，K）；％输入系统模型

≫rlocus（g）；％绘制系统根轨迹

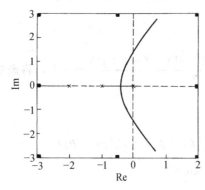

图 5-13　根轨迹曲线

当想了解各根轨迹增益 K 对应的各个根的数值解时，可以采用 rlocus（）函数的如下格式

［R，K–out］＝rlocus（sys）；

对于例 5-9 中的系统，在 MATLAB 的命令窗口输入

≫z＝［］；p＝［0 -1 -2］；K=1；g＝zpk（z，p，K）；％输入系统模型

≫［R，K］＝rlocus（g）；％自动生成增益向量 K，并计算各增益时的闭环系统的根

通过上述命令，可以得到

R =

Columns 1 through 4

0	-0.0260	-0.0516	-0.1079
-1.0000	-0.9499	-0.9037	-0.8111
-2.0000	-2.0241	-2.0447	-2.0810

Columns 5 through 8

-0.2815	-0.3761	-0.4226	$-0.4220+0.0471i$
-0.5765	-0.4705	-0.4226	$-0.4220-0.0471i$
-2.1421	-2.1534	-2.1547	-2.1560

Columns 9 through 12

$-0.3805+0.3892i$	$-0.3081+0.6604i$	$-0.2060+0.9440i$	$-0.0681+1.2671i$
$-0.3805-0.3892i$	$-0.3081-0.6604i$	$-0.2060-0.9440i$	$-0.0681-1.2671i$
-2.2391	-2.3838	-2.5879	-2.8638

Columns 13 through 16

$0.1129+1.6478i$	$0.1893+1.8009i$	$0.6870+2.7455i$	Inf
$0.1129-1.6478i$	$0.1893-1.8009i$	$0.6870-2.7455i$	Inf
-3.2257	-3.3786	-4.3739	Inf

K =

Columns 1 through 7

0	0.0500	0.0954	0.1821	0.3476	0.3811	0.3849

Columns 8 through 14

0.3887	0.6633	1.2659	2.4160	4.6110	8.8000	11.0785

Columns 15 through 16

35.0334	Inf

从上面的数值解可以看出，当根轨迹增益 K 由 4.6 变化到 8.8 时，有两个闭环系统的根从 s 平面左半部越过虚轴到达右半部，从而系统变得不稳定。为了得到临界稳定的增益 K 值，可以使根轨迹增益 K 在 4.6～8.8 的范围内，以较小的步长变化，然后根据 R 值确定较准确的临界稳定增益 K 值。对于本例，在 MATLAB 命令窗口输入

≫[R,K]＝rlocus(g,[4.6:0.1:8.8])；%K 在 4.6～8.8 范围内的计算步长为 0.1

从输出的根 R 中可以看出，当 $K=6$ 时，系统临界稳定，从而可以确定稳定的 K 值范围。

【例 5-10】 考虑具有下列传递函数的系统

$$G(s)=\frac{s+1}{s(s-1)(s^2+4s+16)}$$

解　在 MATLAB 的命令窗口输入如下命令可以得到系统的根轨迹如图 5-14（a）所示。

≫num＝[1 1]；den＝[conv([1 −1],[1 4 16]),0]；g＝tf(num,den)；%输入系统模型

≫rlocus(g)；%绘制系统根轨迹

从图 5-14（a）可以看出，根轨迹图的横坐标和纵坐标的标度不是 1：1。为保证其标度比为 1：1，使一条斜率为 1 的直线就是理想的 45°斜线，可以在 MATLAB 的命令窗口继续输入下列命令，从而得到系统的根轨迹图如图 5-14（b）所示。

≫axis（[−6 6 −6 6]）；%设定横轴和纵轴的范围

≫axis（'square'）；%使图形窗口为正方形

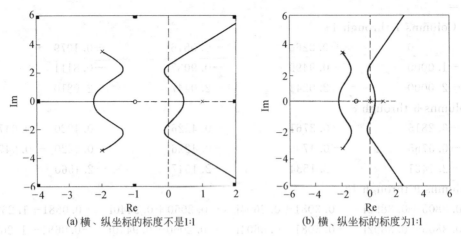

图 5-14 根轨迹曲线

从系统根轨迹图可以看出，虽然开环系统在 s 右半平面具有不稳定的极点 1，但其构成的闭环系统在一定的根轨迹增益范围内可保证系统的稳定，这一根轨迹增益范围可保证所有闭环系统的极点在 s 平面左半部。

控制系统工具箱中提供了 rlocfind（）函数。该函数允许用户求取根轨迹上指定点处的开环根轨迹增益值。并将该增益下所有的闭环极点显示出来。这个函数的调用格式是

$$[K, P] = \text{rlocfind}(\text{sys})$$

当这个函数启动之后，在图形窗口上出现要求用户使用鼠标定位的提示，用户可以用鼠标左键点击所关心的根轨迹上的点，这样将返回一个 K 变量，该变量为与所选择点对应的开环根轨迹增益，同时返回的 P 变量则为在该增益下所有闭环极点的位置。此外，该函数还自动地将该增益下所有的闭环极点直接在根轨迹曲线上显示出来。

对于【例 5-10】例所示的系统，在 MATLAB 的命令窗口接着输入

≫[K,P]＝rlocfind(g)；％选择根轨迹上的一个点

　Select a point in the graphics window

　selected－point ＝

　　0.0092 ＋ 1.5789i

K ＝

　23.4915

P ＝

　　－1.4950 ＋ 2.6947i

　　－1.4950 － 2.6947i

　　－0.0050 ＋ 1.5728i

　　－0.0050 － 1.5728I

≫[K,P]＝rlocfind(g)；％选择根轨迹上的另一个点

　Select a point in the graphics window

　selected－point ＝

　　0.0092 ＋ 2.5965i

K =

36.1966

P =

0.0174 + 2.5916i

0.0174 − 2.5916i

−1.5174 + 1.7568i

−1.5174 − 1.7568I

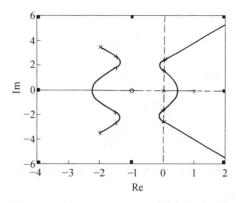

图 5-15 执行 rlocfind( ) 后的根轨迹曲线

执行 rlocfind( ) 函数后，利用鼠标在根轨迹图上定位的两个点（以 + 表示）如图 5-15 所示。

根据得到的 K 值，可以看出，使得闭环系统稳定的根轨迹增益范围大约是 $K \in (23.4915，36.1966)$。

本 章 小 结

根轨迹是系统开环传递函数中某一参数变化时，闭环极点在 s 平面上的运行轨迹。常以系统开环根轨迹增益作为变化参量。

根轨迹法是系统分析的一种图解方法，它是在复平面内进行的，因此是一种复域分析方法。它使分析高阶系统闭环特征根受某一参数的影响变得简单。

绘制系统根轨迹时，是以开环零、极点为基础，根据基本规则来进行的。绘制根轨迹的基本规则有 10 条，它们都是由根轨迹方程，即幅值方程和相角方程导出的。在绘制系统根轨迹时，s 平面上的坐标比例应相同，以保证如起始角等角度在图形上能正确反映出来。获得系统根轨迹后，利用幅值方程可求出某一 K 值对应的闭环极点；也可求出某一闭环极点对应的开环增益。

利用 MATLAB 中的 rlocus( ) 函数可以准确绘制出系统的根轨迹，或是得到各根轨迹增益计算点的闭环特征根值。利用 rlocfind( ) 函数可以方便地得到根轨迹上某点对应的闭环极点和开环根轨迹增益。

习 题

5-1 已知系统的开环零、极点分布如图 5-16 所示，试概略绘制系统的根轨迹图。

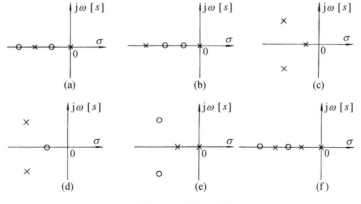

图 5-16 题 5-1 图

5-2 已知系统的开环传递函数如下，试绘制 K 从 $0 \to \infty$ 变化时的根轨迹。

① $G(s) = \dfrac{K}{s(s+1)(s+3)}$

② $G(s) = \dfrac{K}{s(s+1)(s^2+2s+2)}$

③ $G(s) = \dfrac{K(s+5)}{s(s+3)}$

④ $G(s) = \dfrac{K(s+1)}{s(s+3)(s+5)}$

5-3 设反馈系统的开环传递函数为 $G(s) = \dfrac{K}{s(0.05s^2+0.4s+2)}$，试作 K 从 $0 \to \infty$ 变化时的闭环根轨迹。

5-4 已知系统的开环传递函数 $G(s) = \dfrac{K}{s^2(s+2)}$。

① 试绘制 K 从 $0 \to \infty$ 变化时的根轨迹的大致图形；

② 若增加一个开环零点 $z = -1$，绘制其根轨迹，系统的稳定性有何变化？

5-5 在负实轴上增加一个开环零点，使系统开环传递函数为 $G(s) = \dfrac{K(s+a)}{s^2(s+3)}$，欲使闭环系统稳定，试确定 a 的值。

5-6 设单位反馈控制系统的开环传递函数为 $G(s) = \dfrac{K}{s(0.5s+1)(0.2s+1)}$，试绘制 K 从 $0 \to \infty$ 变化时的系统根轨迹。

5-7 已知系统的开环传递函数 $G(s) = \dfrac{K}{s(2s+1)^2}$，试作 K 由 $0 \to \infty$ 变化时的根轨迹。

5-8 某控制系统的开环传递函数为 $G(s) = \dfrac{K}{s(2s+1)^3}$，试绘制 K 从 $0 \to \infty$ 变化时的系统根轨迹图。

5-9 利用 MATLAB 重做题 5-2。

5-10 利用 MATLAB 重做题 5-6，并求出根轨迹和虚轴相交时的闭环极点及此时的 K 值。

第六章 自动控制系统的稳定性分析

引言 稳定是系统正常工作的首要条件，系统分析首先是稳定性分析。只有在系统稳定的前提下，才有必要考虑系统动态性能和稳态性能的好坏。本章首先介绍系统稳定的概念；然后介绍几种系统稳定的判定方法，主要包括劳斯稳定判据和频域稳定判据，并用频域指标说明系统的相对稳定性；最后介绍 MATLAB 在系统稳定性分析中的一些应用。

在前面几章，介绍了控制系统的数学模型及控制系统的时域、频域及根轨迹三种分析方法。从本章开始到第十章，主要利用已介绍的方法来对控制系统进行分析和设计。对控制系统进行分析，就是分析已有系统能否满足对它提出的性能指标要求，分析某些参数变化对系统性能的影响。这其中第一步就是系统的稳定性分析，因为工程上所使用的控制系统必须是稳定的系统，不稳定的系统是根本无法工作的。因此，分析研究系统，首先要进行稳定性分析。

第一节 系统稳定性分析概述

一、系统稳定性概念

系统的稳定性是指自动控制系统在受到扰动作用使平衡状态破坏后，经过调节能重新达到平衡状态的性能。如当系统受到脉冲扰动后，被控量 $c(t)$ 发生偏差 $\Delta c(t)$，这种偏差随时间逐渐减少，系统又逐渐恢复到原来的平衡状态，即

$$\lim_{t \to \infty} |\Delta c(t)| = 0$$

则系统是稳定的，如图 6-1(a)所示；若这种偏差随时间不断扩大，即使扰动消失，系统也不能回到平衡状态，则系统就是不稳定的，如图 6-1(b)所示。

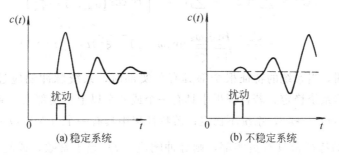

图 6-1 稳定系统与不稳定系统

在自动控制系统中，造成系统不稳定的物理因素主要有：系统中存在惯性或延迟环节，使系统中的信号产生时间上的滞后，使输出信号在时间上较输入信号滞后了一段时间，当系

统设有反馈时，就会出现输出量与输入量极性相同的部分，这同极性的部分便具有正反馈的作用，这就是系统不稳定的因素。若滞后的相位过大，或系统放大倍数不适当，使正反馈作用成为主导作用时，系统就会形成振荡而不稳定。

稳定性是系统去掉外作用后，自身的一种恢复能力，所以是系统的一种固有特性，它只取决于系统的结构和参数，而与初始条件及外作用无关。

系统的稳定性概念又分绝对稳定性和相对稳定性。系统的绝对稳定性是指系统稳定或不稳定的条件。系统的相对稳定性是指稳定系统的稳定程度，可以用超调量或稳定裕度来表示。

下面分析自动控制系统绝对稳定性——系统稳定的充要条件。

二、线性系统稳定的充要条件

线性闭环系统是否稳定，是系统本身的一种特性，与系统输入量无关。因此，假设线性系统在初始条件为零时，作用一个理想单位脉冲 $\delta(t)$，这时系统的输出增量为脉冲响应 $c(t)$。这相当于系统在扰动信号作用下，输出信号偏离平衡状态。若 $t\to\infty$ 时，脉冲响应

$$\lim_{t\to\infty}c(t)=0 \tag{6-1}$$

则线性系统是稳定的。

由第三章可知，任一高阶系统的闭环传递函数可表示为

$$\Phi(s)=\frac{C(s)}{R(s)}=\frac{M(s)}{D(s)}=\frac{b_m s^m+b_{m-1}s^{m-1}+\cdots+b_1 s+b_0}{a_n s^n+a_{n-1}s^{n-1}+\cdots+a_1 s+a_0}$$

因为 $\delta(t)$ 的拉氏变换为 1，所以系统输出量拉氏变换的零极点形式（假设所有极点为单极点）为

$$C(s)=\frac{K\prod_{i=1}^{m}(s-z_i)}{\prod_{j=1}^{q}(s-s_j)\prod_{k=1}^{r}(s^2+2\xi_k\omega_k s+\omega_k^2)}$$

$$=\sum_{j=1}^{q}\frac{A_j}{s-s_j}+\sum_{k=1}^{r}\frac{B_k s+C_k}{s^2+2\xi_k\omega_k s+\omega_k^2}$$

式中，$q+2r=n$，于是系统的脉冲响应为

$$c(t)=\sum_{j=1}^{q}A_j e^{s_j t}+\sum_{k=1}^{r}e^{-\xi_K\omega_k t}\left[B_k\cos\left(\omega_k\sqrt{1-\xi_k^2}\right)t\right.$$
$$\left.+\frac{C_k-B_k\xi_k\omega_k}{\omega_k\sqrt{1-\xi_k^2}}\sin(\omega_k\sqrt{1-\xi_k^2})t\right]\quad(t\geqslant 0) \tag{6-2}$$

式(6-2) 表明，当系统的特征根全部具有负实部时，系统脉冲响应过程是衰减的，式(6-1) 才成立，即系统稳定；若特征根中具有一个或一个以上正实部根，系统脉冲响应过程是发散的，即 $\lim\limits_{t\to\infty}c(t)\to\infty$，系统不稳定；若特征根中具有一个（对）或一个（对）以上零实部根，而其余的特征根具有负实部，则脉冲响应 $c(t)$ 趋于常数，或趋于等幅正弦振荡，系统为临界稳定。

由此可见，线性系统稳定的充要条件是：闭环系统特征方程的所有根均具有负实部；或者说，闭环传递函数的极点均位于 s 平面的左半部。图 6-2 给出了 s 平面上闭环极点（特征

根）的位置与稳定性的关系。

从上面的分析可以看出，系统稳定性可以通过解出特征方程式全部根，再根据上述原则判断系统是否稳定。但是，对于高阶系统，若不借助计算机，求解特征方程式的根是件很麻烦的工作，因此一般采用间接方法来判断特征方程式的全部根是否在 s 平面的左半部。经常采用的间接方法有代数稳定判据法、频域稳定判据法等。系统稳定性的判定方法可总结如下。

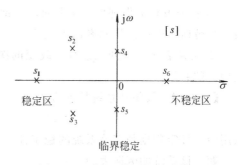

图 6-2　s 平面上闭环极点的位置与系统的稳定性

（1）直接方法　求解特征方程式的根。由上述系统稳定性充要条件来判定系统的稳定性。但求解高阶系统特征方程式的根是件很困难的工作，本章将介绍采用 MATLAB 工具软件帮助求解特征方程的根。

（2）间接方法　间接分析方法通常有代数稳定判据法、频域稳定判据法等。频域法分析系统稳定性不仅能分析系统的稳定性，也能方便地分析系统的相对稳定性。根轨迹法对稳定性分析也是有帮助的，它可分析系统中某一参数的变化对系统稳定性的影响，并求出这一参数在系统临界稳定时的取值。

利用 MATLAB 工具软件及间接方法对系统的稳定性和相对稳定性的分析具有特别的方便之处。

第二节　系统稳定性的代数分析法

系统稳定性的代数分析法包括劳斯稳定判据（Routh Criterion）和赫尔维茨稳定判据（Hurwitz Criterion）。这两种判据都是根据代数方程的各项系数，来确定方程是否有正实部根及正实部根数目的一种代数方法。当用于控制系统分析时，是根据闭环特征方程的系数，来判断系统的稳定性。本书只讨论劳斯稳定判据。

一、劳斯稳定判据

设线性系统的特征方程为
$$a_0 s^n + a_1 s^{n-1} + a_2 s^{n-2} + a_3 s^{n-3} + \cdots + a_n = 0$$
将其系数排列成劳斯表

s^n	a_0	a_2	a_4	$\cdots$
s^{n-1}	a_1	a_3	a_5	$\cdots$
s^{n-2}	$\dfrac{a_1 a_2 - a_0 a_3}{a_1} = b_1$	$\dfrac{a_1 a_4 - a_0 a_5}{a_1} = b_2$	$\dfrac{a_1 a_6 - a_0 a_7}{a_1} = b_3$	$\cdots$
s^{n-3}	$\dfrac{b_1 a_3 - a_1 b_2}{b_1} = c_1$	$\dfrac{b_1 a_5 - a_1 b_3}{b_1} = c_2$	$\dfrac{b_1 a_7 - a_1 b_4}{b_1} = c_3$	$\cdots$

劳斯表共有 $(n+1)$ 行，它的前两行元素由特征方程的系数直接构成，从第三行开始的元素，是根据前两行元素按照一定的计算方法得到的。为了简化数据运算，可以用一个正整数去除或乘某一行的各项，这时并不改变稳定性的结论。

劳斯判据的内容如下。

① 特征方程的根都位于 s 平面左半部的充分必要条件是：特征方程式各项系数都为正值，且劳斯表中第一列元素都为正值。

② 劳斯表中第一列元素符号改变的次数等于特征方程位于 s 右半平面根（正根、不稳定根）的数目。

【例 6-1】 设闭环系统特征方程为

$$s^4 + 2s^3 + 3s^2 + 4s + 5 = 0$$

试用劳斯稳定判据判定该系统的稳定性。

解 该系统的劳斯表为

s^4	1	3	5
s^3	2	4	0
s^2	$\dfrac{(2\times3)-(1\times4)}{2}=1$	5	
s^1	$\dfrac{(1\times4)-(2\times5)}{1}=-6$		
s^0	5		

由于劳斯表的第一列系数有两次变号，故该系统不稳定，且有两个正实部根。

二、劳斯稳定判据的特殊情况

当应用劳斯稳定判据分析线性系统的稳定性时，有时会遇到两种特殊情况，使得劳斯表中的计算无法进行下去，因此需要进行相应的数学处理，处理应不影响劳斯稳定判据的正确性。

1. 劳斯表中某行第一列数值为零，而其余各项不为零，或不全为零

因第一列数值不全为正，可确定系统不稳定。如需了解根的情况，可用一个无限小的正数 ε 代替 0，再应用劳斯判据。

【例 6-2】 某控制系统的特征方程为

$$s^5 + s^4 + 2s^3 + 2s^2 + 3s + 5 = 0$$

判断该系统的稳定性。若不稳定，确定不稳定根的数目。

解 该系统的劳斯表为

s^5	1	2	3
s^4	1	2	5
s^3	ε（＋）	-2	
s^2	$\dfrac{2\varepsilon+2}{\varepsilon}$（＋）	5	
s^1	$\dfrac{-4\varepsilon-4-5\varepsilon^2}{2\varepsilon+2}\to-2$		
s^0	5		

第一列数值符号改变两次，系统不稳定且有两个正实部根。

2. 劳斯表中出现全零行

这种情况表明特征方程中存在一些绝对值相同但符号相反的特征根（对称于原点的根）。

例如，两个大小相等但符号相反的实根、一对共轭纯虚根等。此时可用全零行上面一行的系数构造一个辅助方程 $F(s) = 0$，并用 $dF(s)/ds$ 的系数代替全零行的各项，把劳斯表继续列完。利用辅助方程可解得那些对称根。

【例 6-3】　设系统的特征方程为

$$s^6 + 2s^5 + 8s^4 + 12s^3 + 20s^2 + 16s + 16 = 0$$

试判断系统的稳定性。

解　按劳斯稳定判据要求，列出如下劳斯表

s^6	1	8	20	16
s^5	2	12	16	
s^4	2	12	16	
s^3	0	0	0	

由于出现全零行，故用 s^4 行的系数构造辅助方程

$$F(s) = 2(s^4 + 6s^2 + 8) = s^4 + 6s^2 + 8 = 0$$

取辅助方程对变量 s 的导数，得导数方程

$$\frac{dF(s)}{ds} = 4s^3 + 12s = 0$$

用导数方程的系数取代全零行相应的项，并按劳斯表的计算规则继续运算下去得

s^3	4	12
s^2	3	8
s^1	4/3	
s^0	8	

由于第一列数值没有变号，故无正实部根。但劳斯表的 s^3 行系数全为零，表示有对称根存在，解辅助方程可求出对称根。

$$F(s) = s^4 + 6s^2 + 8 = (s^2 + 4)(s^2 + 2) = 0$$

$$s_{1,2} = \pm j2, \qquad s_{3,4} = \pm j\sqrt{2}$$

另外两根可解得为

$$s_{5,6} = -1 \pm j1$$

因为有两对纯虚根，故该系统为临界稳定系统，实际上是不稳定系统。

三、劳斯稳定判据的应用

1. 相对稳定性分析

劳斯稳定判据回答了有关稳定性的问题，这在很多实际情况中是不充分的，通常，还需要知道系统相对稳定性的信息。即系统特征根在 s 平面上相对于虚轴的距离。此时，可用新变量 $s_1 = s + a$ 代入原系统特征方程，得到一个以 s_1 为变量的新特征方程，对新特征方程应用劳斯稳定判据，第一列中的符号改变次数等于位于垂线 $s = -a$ 右边根的数目。因此，通过这种方法，可以得到位于垂线 $s = -a$ 右边根的数目。

2. 确定闭环系统稳定时参数的取值范围

劳斯稳定判据没有指出如何改善系统的相对稳定性，以及如何使不稳定的系统达到稳定，但是它可以通过检查造成系统不稳定的参数值，确定一个或两个参数的变化对系统稳定性的影响。下面讨论如何确定参数值的稳定范围问题。

【例 6-4】 三阶系统的特征方程为 $a_0 s^3 + a_1 s^2 + a_2 s + a_3 = 0$，确定该系统稳定时的参数条件。

解 列劳斯表

$$
\begin{array}{lll}
s^3 & a_0 & a_2 \\
s^2 & a_1 & a_3 \\
s^1 & \dfrac{a_1 a_2 - a_0 a_3}{a_1} & \\
s^0 & a_3 &
\end{array}
$$

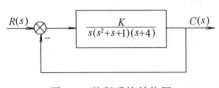

图 6-3 控制系统结构图

系统稳定条件：$a_0 > 0$，$a_1 > 0$，$a_2 > 0$，$a_3 > 0$ 且 $a_1 a_2 - a_0 a_3 > 0$，即 $a_1 a_2 > a_0 a_3$。三阶系统稳定的充分必要条件是特征方程各系数为正，且特征方程系数两内项之积大于两外项之积。

【例 6-5】 确定图 6-3 所示闭环系统稳定时 K 的取值范围。

解 系统闭环传递函数为

$$
\Phi(s) = \frac{K}{s(s^2 + s + 1)(s + 4) + K}
$$

特征方程

$$
s^4 + 5s^3 + 5s^2 + 4s + K = 0
$$

列劳斯表

$$
\begin{array}{llll}
s^4 & 1 & 5 & K \\
s^3 & 5 & 4 & \\
s^2 & 21 & 5K & \text{(同乘 5)} \\
s^1 & \dfrac{84 - 25K}{21} & & \\
s^0 & 5K & &
\end{array}
$$

系统稳定条件为 $K > 0$，且 $84 - 25K > 0$，即 $84/25 > K > 0$。

第三节 系统稳定性的频率特性分析法

利用系统的开环频率特性，来判别闭环系统的稳定性，并进一步确定稳定系统的相对稳定性，是控制工程中一种极为重要的方法。由于闭环系统稳定的充分必要条件是特征方程的所有根（闭环极点）都具有负实部，即都位于 s 左半平面，因此运用开环频率特性讨论闭环系统的稳定性，首先应找出开环频率特性和闭环特征根之间的关系。

本节介绍两种频域稳定判据，即乃奎斯特稳定判据和对数频率稳定判据。并介绍评价系统相对稳定性的方法。

一、乃奎斯特稳定判据

1. 系统开环频率特性和闭环特征式的关系

设单位反馈系统如图 6-4 所示，其开环传递函数为 $G(s)$，可表示为多项式之比的形式

$$G(s) = \frac{M(s)}{N(s)}$$

系统闭环传递函数可写成　　$\Phi(s) = \dfrac{G(s)}{1 + G(s)} = \dfrac{M(s)}{M(s) + N(s)}$

构造辅助函数　　　　　　　$F(s) = 1 + G(s)$

即　　　　　　$F(s) = 1 + \dfrac{M(s)}{N(s)} = \dfrac{M(s) + N(s)}{N(s)} = \dfrac{D(s)}{N(s)}$　　　　　(6-3)

式中，$N(s)$ 为系统的开环特征式；$D(s)$ 为系统的闭环特征式，$D(s) = M(s) + N(s)$。

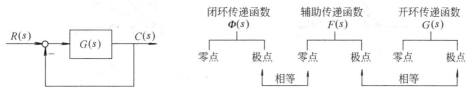

图 6-4　单位负反馈控制系统　　　　图 6-5　$G(s)$、$\Phi(s)$ 与 $F(s)$ 的关系

式(6-3) 表明，辅助函数 $F(s)$ 的极点是系统开环传递函数 $G(s)$ 的极点；辅助函数 $F(s)$ 的零点是系统闭环传递 $\Phi(s)$ 的极点。辅助函数 $F(s)$ 将开环传递函数 $G(s)$ 和闭环传递函数 $\Phi(s)$ 联系起来，其零点与极点的对应关系如图 6-5 所示。

一个实际控制系统，其开环传递函数 $G(s)$ 分母的阶次 (n) 总是高于分子的阶次 (m)，因此，开环传递函数特征方程的阶次 (n)，就是控制系统闭环传递函数特征方程的阶次，即 $D(s) = 0$ 与 $N(s) = 0$ 的根的个数相同。

令 $s = j\omega$，代入式(6-3)，得

$$F(j\omega) = 1 + G(j\omega) = \frac{M(j\omega) + N(j\omega)}{N(j\omega)} = \frac{D(j\omega)}{N(j\omega)} \tag{6-4}$$

式(6-4) 揭示了系统开环频率特性和闭环系统稳定性之间的关系。如果闭环系统稳定，那么闭环特征根应全部位于 s 左半平面，即辅助函数 $F(s) = 1 + G(s)$ 的零点应全部位于 s 左半平面。

2. 幅角原理

闭环控制系统的稳定性，取决于辅助函数 $F(s)$ 零点在 s 平面上的位置。由式(6-4) 可知，辅助函数 $F(s)$ 的频率特性为

$$F(j\omega) = 1 + G(j\omega) = \frac{M(j\omega) + N(j\omega)}{N(j\omega)} = \frac{D(j\omega)}{N(j\omega)}$$

$$= \frac{(j\omega - s_1)(j\omega - s_2)\cdots(j\omega - s_n)}{(j\omega - p_1)(j\omega - p_2)\cdots(j\omega - p_n)} = \frac{\displaystyle\prod_{i=1}^{n}(j\omega - s_i)}{\displaystyle\prod_{i=1}^{n}(j\omega - p_i)} \tag{6-5}$$

式中，s_i 为 $F(s)$ 的零点，即系统的闭环极点；p_i 为 $F(s)$ 的极点，即系统的开环极点。

现在分析当 ω 从 $0 \to \infty$ 时，$F(j\omega)$ 的幅角变化和其零、极点在复平面上位置的关系。因复数相乘（或除），其幅角为相加（或减）。现以一个实部为 α_i 的根为例，说明式(6-5) 中各子项矢量 $(j\omega - s_i)$ 和 $(j\omega - p_i)$ 的幅角变化。由式(6-5) 可知，当 ω 从 $0 \to \infty$ 时，矢量

$(j\omega - s_i)$ 的幅值 $|j\omega - s_i|$ 及幅角 $\angle(j\omega - s_i)$ 将随之变化；同理，矢量 $(j\omega - p_i)$ 的幅值和幅角也随之变化。因此，矢量 $1 + G(j\omega)$ 的幅角变化量为

$$\underset{\omega:0\to\infty}{\Delta\angle}[1+G(j\omega)] = \sum_{i=1}^{n}\underset{\omega:0\to\infty}{\Delta\angle}(j\omega-s_i) - \sum_{i=1}^{n}\underset{\omega:0\to\infty}{\Delta\angle}(j\omega-p_i) \tag{6-6}$$

式(6-6) 幅角增量的大小，取决于特征根 s_i、p_i 在复平面上的位置。如图 6-6 所示。

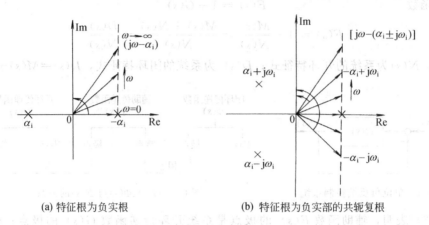

(a) 特征根为负实根   (b) 特征根为负实部的共轭复根

图 6-6 复平面左边的特征根的子因式幅角变化

若特征根 α_i 为负实根，如图 6-6 (a) 所示，则当 ω 从 $0\to\infty$ 时，矢量 $(j\omega - \alpha_i)$ 将逆时针旋转 $90°$。设逆时针方向的转角为正角，则有

$$\underset{\omega:0\to\infty}{\Delta\angle}(j\omega-\alpha_i)=+90° \tag{6-7}$$

若特征根 $\alpha_i \pm j\omega_i$ 为具有负实部的共轭复根，如图 6-6(b) 所示，则有

$$\underset{\omega:0\to\infty}{\Delta\angle}[j\omega-(\alpha_i+j\omega_i)] + \underset{\omega:0\to\infty}{\Delta\angle}[j\omega-(\alpha_i-j\omega_i)] = 2\times90° \tag{6-8}$$

从式(6-7) 和式(6-8) 可知，当特征根具有负实部（不论是实根还是共轭复根）时，各子因式的幅角增量平均为 $+90°$；同理，当特征根具有正实部（即不稳定根）时，则各子因式的幅角增量平均为 $-90°$。由此可以得出结论：如果系统在 s 右半平面有 p 个开环极点和 z 个闭环极点，式(6-6) 可得

$$\begin{aligned}\underset{\omega:0\to\infty}{\Delta\angle}[1+G(j\omega)] &= \sum_{i=1}^{n}\underset{\omega:0\to\infty}{\Delta\angle}(j\omega-s_i) - \sum_{i=1}^{n}\underset{\omega:0\to\infty}{\Delta\angle}(j\omega-p_i)\\ &=[(n-z)\times90°-z\times90°]-[(n-p)\times90°-p\times90°]\\ &=(n-2z)\times90°-(n-2p)\times90°\\ &=(p-z)\times180°=(p-z)\times\pi\end{aligned} \tag{6-9}$$

式(6-9) 表明，若系统开环传递函数 $G(s)$ 在 s 右半平面有 p 个极点，当 ω 从 $0\to\infty$ 时，辅助函数 $F(j\omega)=1+G(j\omega)$ 在复平面上的幅角增量为 $p\pi(z=0)$，闭环系统稳定。否则，闭环系统不稳定。

3. 乃奎斯特稳定判据

乃奎斯特稳定判据 （Nyquist Criterion） 是建立在复变函数的幅角原理基础上的，它揭示了系统开环幅相特性与闭环系统稳定性的关系。根据式(6-9)，有

$$\underset{\omega:0\to\infty}{\Delta\angle}[1+G(j\omega)] = (p-z)\pi = \frac{p-z}{2}\times2\pi = n\times2\pi \tag{6-10}$$

式中，$n=(p-z)/2$ 为矢量 $1+G(j\omega)$ 的幅角变化圈数。

式(6-10)表明，当 ω 从 $0 \rightarrow \infty$ 时，矢量 $1+G(j\omega)$ 的矢端轨迹逆时针方向围绕原点转动 $(p-z)/2$ 圈。

如果开环系统在右半平面有 p 个极点，那么闭环系统稳定的条件为：所有闭环特征根（n 个）都在 s 平面的左半部，即右半 s 平面的闭环极点数 $z=0$。根据式(6-10)有

$$n = \frac{(p-z)}{2} = \frac{(p-0)}{2} = \frac{p}{2} \tag{6-11}$$

即：当 ω 从 $0 \rightarrow \infty$ 时，矢量 $1+G(j\omega)$ 在复平面上逆时针绕原点转动 $p/2$ 圈，则闭环系统稳定。

由式(6-11)可知，若开环系统是稳定的，即开环系统在 s 右半平面极点数为零（$p=0$），则闭环系统稳定，必须满足：$n=0$。这表明，当 ω 从 $0 \rightarrow \infty$ 时，矢量 $1+G(j\omega)$ 的矢端变化曲线在复平面上不包围原点。

由于矢量 $1+G(j\omega)$ 和 $G(j\omega)$ 的实部相差 1，因此辅助矢量 $1+G(j\omega)$ 绕坐标原点转动的圈数，就是开环频率特性矢量 $G(j\omega)$ 围绕（-1，$j0$）点转动的圈数，如图 6-7 所示。

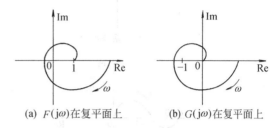

(a) $F(j\omega)$ 在复平面上 (b) $G(j\omega)$ 在复平面上

图 6-7 $F(j\omega)$ 与 $G(j\omega)$ 的关系

综上所述，乃奎斯特稳定判据可表述如下。

① 若开环传递函数 $G(s)$ 在 s 右半平面极点数为 p，闭环系统稳定的充分必要条件是：当 ω 从 $0 \rightarrow \infty$ 时，系统开环幅相频率特性曲线 $G(j\omega)$ 逆时针包围（-1，$j0$）点的圈数为 $p/2$；

② 若开环系统稳定（$p=0$），则闭环系统稳定的充分必要条件为开环幅相频率特性曲线 $G(j\omega)$ 不包围（-1，$j0$）点。

③ 若 $n \neq p/2$，则闭环系统不稳定，闭环系统在 s 右半平面极点（不稳定根）的个数为 $z=p-2n$。

从数学概念上，频率 ω 范围可以推广到 ω 从 $-\infty \rightarrow +\infty$。此时若闭环系统稳定，$G(j\omega)$ 曲线逆时针方向包围（-1，$j0$）的圈数应为 $n=p$ 圈。

图 6-8 表示了系统开环幅相频率特性的三种情况。若开环系统稳定，开环乃奎斯特曲线不包围（-1，$j0$）点，则闭环系统稳定，如图 6-8（a）所示；图 6-8（b）所示为 $G(j\omega)$ 曲线正好经过（-1，$j0$）点，则闭环系统处于临界稳定状态；若开环系统稳定，图 6-8（c）所示开环幅相频率特性曲线绕（-1，$j0$）点的圈数 $n=-1$（顺时针方向为负），则

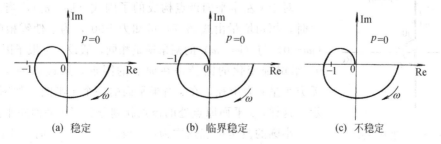

(a) 稳定 (b) 临界稳定 (c) 不稳定

图 6-8 三种开环系统的乃奎斯特曲线

$z=p-2n=0-2\times(-1)=2$，说明闭环系统不稳定，且有 2 个 s 右半平面的极点。

【例 6-6】 已知四个单位负反馈控制系统的开环乃奎斯特曲线如图 6-9 所示。分别判别对应闭环系统的稳定性。

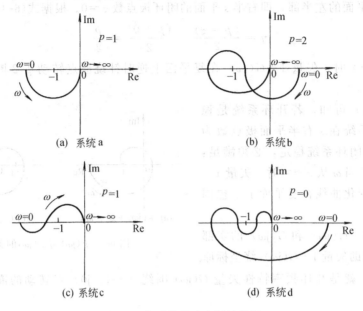

(a) 系统a (b) 系统b

(c) 系统c (d) 系统d

图 6-9　各系统的乃奎斯特曲线

解　① 在图 6-9（a）中，当 ω 从 $0\to\infty$ 时，$G(j\omega)$ 曲线逆时针绕（-1，j0）点转半圈，即 $n=1/2$。根据乃氏判据，闭环系统稳定条件应为 $n=p/2=1/2$，所以闭环系统稳定。

② 在图 6-9（b）中 $G(j\omega)$，曲线逆时针绕（-1，j0）点 1 圈，即 $n=1$，根据乃氏判据，$n=p/2=2/2=1$，符合系统稳定条件，故闭环系统稳定。

③ 在图 6-9（c）中，$G(j\omega)$ 曲线顺时针绕（-1，j0）点半圈，即 $n=-1/2$，与乃氏判据要求的 $n=p/2=1/2$ 不等，故闭环系统不稳定，此时闭环系统不稳定的极点数为 $z=p-2n=1-2\times(-1/2)=2$。

④ 在图 6-9(d)中，$G(j\omega)$ 曲线未包围（-1，j0）点，符合 $n=p/2=0$ 的条件，故闭环系统稳定。

4. 开环系统有零极点时乃氏判据的应用

在应用乃奎斯特稳定判据时，首先应确定开环系统不稳定的极点数目。而开环系统中含有积分环节，即开环系统有零极点时，此时开环系统处于临界稳定，在应用乃氏判据时可将零根看作为稳定根。

对于 s 左半平面极点构成的子因式 $(j\omega-a_i)$，当 ω 从 $0\to\infty$ 时，幅角增量由式(6-7)可知为 $+90°$，为了使零根的子因式 $(j\omega-0)$ 与 $(j\omega-a_i)$ 的幅角增量相同，假设：零根子因式 $(j\omega-0)$ 沿虚轴变化的路径是在原点的附近，通过以原点为圆心，无穷小量 ε 为半径，在 s 右半平面的一个小半圆，如图 6-10 所示。这样，s 平面原点处的极点就划分到了 s 平面左半边。

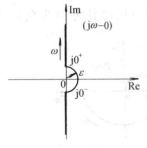

图 6-10　在坐标原点
有极点的处理

小圆的极坐标表达式为：$s=\varepsilon e^{j\theta}$，当 $\varepsilon\to0$ 时，小圆缩小为原点。

若 ω 从 $0^- \to 0^+$ 时，幅角 θ 从 $-90° \to +90°$。为画出 s 在小圆上运动时开环系统的幅相频率特性曲线，将 $s = \lim\limits_{\varepsilon \to 0} \varepsilon e^{j\theta}$ 代入系统开环传递函数：

$$G(s)\Big|_{s=\lim\limits_{\varepsilon \to 0}\varepsilon e^{j\theta}} = \frac{K(\tau_1 s + 1)\cdots}{s^\nu(T_1 s + 1)\cdots}\Big|_{s=\lim\limits_{\varepsilon \to 0}\varepsilon e^{j\theta}}$$

$$= \left(\lim_{\varepsilon \to 0}\frac{K}{\varepsilon^\nu}\right)e^{-j\nu\theta} = \infty e^{-j\nu\theta} = \infty \angle -\nu\theta \qquad (6\text{-}12)$$

式中，ν 为开环传递函数中积分个数。

由上分析可知，当 s 沿着小半圆从 $\omega = 0$ 变到 $\omega = 0^+$ 时，θ 角增量为 $+90°$，则开环传递函数的相角 $\varphi(\omega)$ 增量为 $-\nu \times 90°$，即

$$G(j\omega)\Big|_{\omega:0 \to 0^+} = \infty \angle -\nu \times 90° \qquad (6\text{-}13)$$

由式（6-13）可知，当 $G(s)$ 中含有 ν 个积分环节时，先绘制 ω 从 $0^+ \to \infty$ 的曲线，再画 ω 从 $0 \to 0^+$ 的虚线圆弧，其半径为 ∞，圆心角为 $-\nu \times 90°$，使得 $G(j\omega)$ 的曲线完整。如图 6-11 所示。最后，再根据乃氏判据，判断闭环系统稳定性。

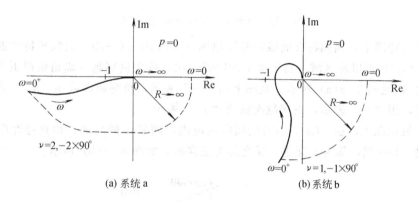

图 6-11　含有积分环节的乃奎斯特曲线

【例 6-7】 试判断图 6-11 所示系统的闭环稳定性。

解　在图 6-11 中，p 为开环系统在 s 右半平面的极点数，ν 为开环传递函数中积分个数。因为当 ω 从 $0 \to \infty$ 变化时，$G(j\omega)$ 曲线不包围（-1，$j0$）点，即 $n = 0$。而且，$n = \dfrac{p}{2} = 0$，满足乃氏稳定条件，因此，图中系统 a、系统 b 在闭环时均为稳定系统。

二、对数频率稳定判据

由于开环频率特性的乃奎斯特图和伯德图之间具有一定的对应关系，因此，可以将乃奎斯特稳定判据应用到对数频率特性曲线上，即利用开环对数幅频和相频特性曲线判断闭环系统的稳定性。这种方法称为对数频率稳定判据，其实质是乃奎斯特稳定判据的另一种形式。

开环频率特性的乃奎斯特图与伯德图是对同一系统的两种不同的图示方法，它们之间的对应关系如下。

① 乃奎斯特图中的单位圆相当于伯德图上的 0dB 线，即对数幅频特性图上的 ω 轴。因为 $L(\omega) = 20\lg|G(j\omega)| = 20\lg 1 = 0$dB。单位圆以外区域对应于伯德图中 $L(\omega) > 0$dB 的区域。

② 乃奎斯特图上的负实轴相当于伯德图上的 $-180°$ 线，乃奎斯特图中负实轴下方的区域对应于伯德图中的 $-180°$ 线的上方区域。

　　根据以上关系，乃奎斯特图上的单位圆可画成伯德图中幅频特性图中 0dB 线（即 ω 轴），负实轴可画成 Bode 图中相频特性曲线上的−180°线，如图 6-12 所示。

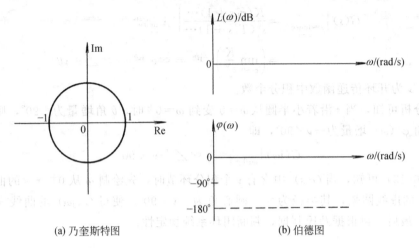

(a) 乃奎斯特图　　　　　　　　　　　　(b) 伯德图

图 6-12　乃奎斯特图与伯德图的关系

　　在乃奎斯特图上，幅相特性曲线顺时针包围（−1,j0）点一圈，则幅相特性曲线必然在实轴的（−1,j0）点以左区域，自下而上的穿越一次，称为负穿越（幅角负得更多，幅角的绝对值增大），见图 6-13(a) 所示。在图上用"−"表示，负穿越次数用"n_-"表示，反之称为正穿越，用"+"表示，正穿越次数用"n_+"表示。

　　对应于伯德图上，在 $L(\omega)>0$dB 的频段区域内，随着 ω 的增加，相频特性曲线 $\varphi(\omega)$ 自上而下穿过−180°线，称为负穿越；反之称为正穿越，如图 6-13(b) 所示。

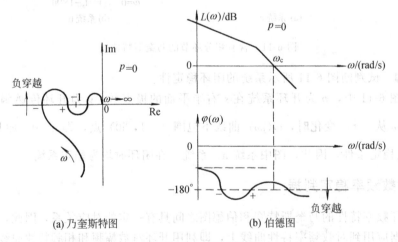

(a) 乃奎斯特图　　　　　　　　　　　　(b) 伯德图

图 6-13　乃奎斯特图和伯德图中的正、负穿越

　　因此，对数频率稳定判据可表述为：设开环系统有 p 个 s 右半平面极点，则闭环系统稳定的充分必要条件是，当 ω 从 0→∞ 时，在开环对数幅频特性 $L(\omega)>0$dB 的频段内，对数相频特性曲线穿越−180°线的正、负穿越次数之差应等于 $p/2$，即 $n=n_+-n_-=\dfrac{p}{2}$。若闭环系统不稳定，则闭环 s 右半平面的极点个数为 $z=p-2n$。

　　【**例 6-8**】　如图 6-13 所示系统，试判断其闭环稳定性。

解　由 Bode 图上可见，在开环幅频 $L(\omega)>0$dB 的区域内，相频特性 $\varphi(\omega)$ 曲线对 $-180°$ 线负穿越一次，正穿越一次，即 $n=n_+-n_-=1-1=0$，而 $n=\dfrac{p}{2}=0$，符合闭环稳定的条件，故该闭环系统稳定。

三、系统的相对稳定性

控制系统必须稳定，这是系统正常工作的前提条件。同时，还有一个系统的相对稳定性，即稳定程度的问题，它与系统的动态性能密切相关。

观察图 6-14 中三种不同放大系数 K 时的开环幅相频率特性曲线，设 $K_1<K_2<K_3$，可以发现，随着 K 的增加，曲线由形式Ⅰ→Ⅱ→Ⅲ。前面分析已知，若开环系统稳定，则闭环系统稳定的充分必要条件是开环幅相频率特性曲线不包围 $(-1,j0)$ 点，如图中曲线Ⅰ所示；当 $K=K_2$ 时，$G(j\omega)$ 曲线正好通过 $(-1,j0)$ 点，如图中曲线Ⅱ所示，闭环系统处于临界稳定状态；若继续增大 $K=K_3$ 时，$G(j\omega)$ 曲线包围 $(-1,j0)$ 点，如曲线Ⅲ所示，闭环系统成为不稳定系统。

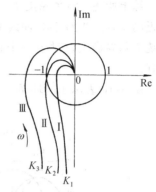

图 6-14　开环乃奎斯特曲线随 K 变化情形

由此可见，开环频率特性曲线，随着频率 ω 增加与负实轴相交时，其交点与 $(-1,j0)$ 点的"距离"，表征着系统的相对稳定程度，通常用相角裕度 γ 和幅值裕度 K_g 来衡量。

1. 相角裕度 γ

相角裕度，用 γ 表示，其定义为：开环幅频的模值 $|G(j\omega_c)|$ 为 1 时，其矢量与负实轴 $(-180°)$ 的夹角。在伯德图上，相当于 $L(\omega_c)=0$dB 时，$\varphi(\omega_c)$ 与 $-180°$ 线的相角差，如图 6-15 所示。

即
$$|G(j\omega_c)|=1，或 20\lg|G(j\omega_c)|=0\text{dB}$$
$$\gamma=\varphi(\omega_c)-(-180°)=180°+\varphi(\omega_c) \tag{6-14}$$

式中，ω_c 称为剪切频率（又称截止频率）。

2. 幅值裕度 K_g

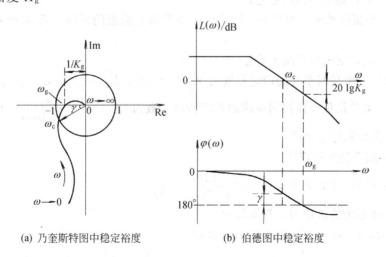

(a) 乃奎斯特图中稳定裕度　　　　(b) 伯德图中稳定裕度

图 6-15　稳定裕度 γ 与 K_g 的表示

幅值裕度用 K_g 表示。其定义为：当开环相频特性的相角 $\angle G(j\omega_g) = \varphi(\omega_g)$ 为 $-180°$ 时，其幅值 $|G(j\omega_g)|$ 的倒数，如图 6-15 所示，即

$$\varphi(\omega_g) = -180°$$

$$K_g = \frac{1}{|G(j\omega_g)|} \quad 或 \quad 20\lg K_g = -20\lg|G(j\omega_g)| = -L(\omega_g) \tag{6-15}$$

式中，K_g 为幅值裕度；ω_g 为交界频率，即 $G(j\omega)$ 与负实轴［或 $\varphi(\omega)$ 与 $-180°$ 线］相交时的频率。

综上所述，幅值裕度 K_g 与相角裕度 γ 反映了开环频率特性 $G(j\omega)$ 曲线在 $(-1,j0)$ 点附近的位置。当 $G(j\omega)$ 曲线正好穿过 $(-1,j0)$ 点，此时 $\gamma = 0$，$K_g = 1$（或 $20\lg K_g = 0\text{dB}$），系统为临界稳定。对于一个稳定系统，$G(j\omega)$ 曲线离 $(-1,j0)$ 点越远，则相对稳定性越好。

图 6-16 表示了闭环系统不稳定时的情形，此时 $\gamma < 0$，$K_g < 1$（或 $20\lg K_g < 0\text{dB}$）。

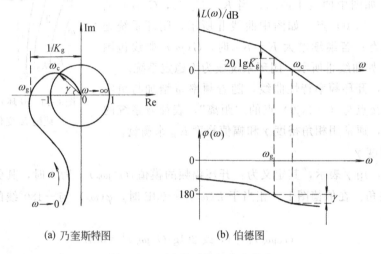

(a) 乃奎斯特图　　　　　(b) 伯德图

图 6-16　不稳定系统的稳定裕度

通过以上分析，可得出如下结论：

① 若 $\omega_c < \omega_g$，则闭环系统稳定；

② 对于最小相位系统，即开环系统无 s 右半平面零极点的系统，若 $\omega_c = \omega_g$，则闭环系统临界稳定；

③ 若 $\omega_c > \omega_g$，则闭环系统不稳定。

一般要求，一个控制系统的稳定裕度为 $\gamma > 40°\sim 60°$，$K_g > 2\sim 3$ 或 $20\lg K_g > 6\sim 10\text{dB}$。

【例 6-9】 某单位负反馈控制系统的开环传递函数为 $G(s) = \dfrac{1000(s+1)}{s^2(s+100)}$。试判断闭环系统的稳定性，并计算稳定裕度。

解 ① 判断系统的稳定性。

开环传递函数写成如下形式 $G(s) = \dfrac{10(s+1)}{s^2(0.01s+1)}$。

画出该开环系统的伯德图，其参数为

当 $\omega = 1$ 时，$L(\omega) = 20\lg K = 20\lg 10 = 20\text{dB}$

$$\omega_1 = \frac{1}{T_1} = \frac{1}{1} = 1(\text{rad/s}), \quad \omega_2 = \frac{1}{T_2} = \frac{1}{0.01} = 100(\text{rad/s})$$

$G(\mathrm{j}\omega)$ 的伯德图如图 6-17 所示。从伯德图中可以看出，在 $L(\omega)>0\mathrm{dB}$ 的范围内，$\varphi(\omega)$ 曲线没有穿过 $-180°$ 线，即正、负穿越次数为 0；又由于 $p=0$，所以闭环系统稳定。

② 求相角裕度 γ 和幅值裕度 K_g。

当 $\omega=\omega_\mathrm{c}$ 时，有 $L(\omega_\mathrm{c})=0\mathrm{dB}$，即 $|G(\mathrm{j}\omega_\mathrm{c})|=1$。另外，从图 6-17 中可以看出，$\omega_\mathrm{c}>\omega_1$ 且 $\omega_\mathrm{c}<\omega_2$。根据伯德图的近似画法（渐近线），取渐近模值方程为

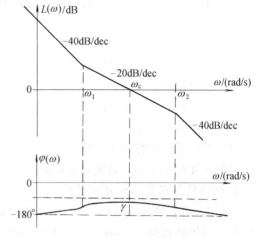

图 6-17　开环系统的伯德图

$$|G(\mathrm{j}\omega_\mathrm{c})|=\frac{10\sqrt{\omega_\mathrm{c}^2+1}}{\omega_\mathrm{c}^2\sqrt{(0.01\omega_\mathrm{c})^2+1}}$$

$$\approx\frac{10(\omega_\mathrm{c}+0)}{\omega_\mathrm{c}^2(0+1)}=1$$

得
$$\omega_\mathrm{c}=10(\mathrm{rad/s})$$

$$\varphi(\omega_\mathrm{c})=-2\times90°+\tan^{-1}\omega_\mathrm{c}-\tan^{-1}0.01\omega_\mathrm{c}$$

$$\gamma=180°+\varphi(\omega_\mathrm{c})=\tan^{-1}10-\tan^{-1}(0.01\times10)=78.6°$$

又因为 $\varphi(\omega)$ 曲线位于 $-180°$ 线上方，与 $-180°$ 线无交点。可理解为当 $\omega\rightarrow\infty$ 时，$\varphi(\omega)$ 与 $-180°$ 线相交，所以 $K_\mathrm{g}=\infty$。此系统不但稳定，而且稳定裕量足够大。

第四节　MATLAB 在系统稳定性分析中的应用

从上面的分析可以看出，控制系统稳定的本质，是看闭环系统根的实部是大于零、小于零还是等于零。用纸和笔人工求解高阶系统的根是很困难的，而利用 MATLAB 却很容易求解。同时，由于利用 MATLAB 来绘制频率特性和系统根轨迹变得简单，因此利用 MATLAB 进行系统的频域和根轨迹稳定性分析将更为方便。

一、根据闭环极点（特征根）判定系统的稳定性

在 MATLAB 中，有几种求解特征根的方法，下面分别加以介绍。

1. 利用 roots 函数求解

roots（）函数的作用是求多项式的根，其调用格式是

$$\mathrm{roots}（c）$$

roots(c)表示计算一个多项式的根，此多项式系数是向量 c 的元素。如果 c 有 $n+1$ 个元素，那么多项式为：$c(1)*X^n+\cdots+c(n)*X+c(n+1)$。

【例 6-10】 考虑闭环传递函数如下的系统

$$\Phi(s)=\frac{s+5}{s^5+14s^4+47s^3+76s^2+62s+20}$$

试计算该系统的特征根。

解　在 MATLAB 的命令窗口输入

≫roots([1 14 47 76 62 20]); %求解闭环传递函数分母多项式的根

ans =

　　 -10.0000

　　 $-1.0000 + 1.0000i$

　　 $-1.0000 - 1.0000i$

　　 $-1.0000 + 0.0000i$

　　 $-1.0000 - 0.0000i$

可以看出系统的特征根是单根-10，二重根-1，以及共轭复根$-1\pm1i$。这一系统所有特征根的实部都小于零，系统是稳定的。

2. 闭环传递函数部分分式展开

利用 MATLAB 的 residue () 函数可以把闭环传递函数展开成部分分式的形式，从而得到系统的闭环极点。residue () 函数的调用格式是：

$$[R，P，K]=\text{residue}（B，A）$$

$[R,P,K]=\text{residue}(B,A)$是寻找多项式$B(s)$和$A(s)$比的部分分式展开式的留数、极点和直接项。如果没有多重根，那么

$$\frac{B(s)}{A(s)}=\frac{R(1)}{s-P(1)}+\frac{R(2)}{s-P(2)}+\cdots+\frac{R(n)}{s-P(n)}+K(s)$$

向量B和A按降幂确定多项式的系数，留数在列向量R中，极点在列向量P中，直接项在行向量K中。

【例 6-11】 仍然考虑【例 6-10】的系统，试用部分分式展开式方法计算该系统的特征根。

解 在 MATLAB 的命令窗口输入

≫num=[1 1]; den=[1 14 47 76 62 20]; %输入分子、分母多项式的系数

≫[r,p,k]=residue(num,den); %部分分式展开

　　 r=

-0.0014

$-0.0549 + 0.0061i$

$-0.0549 - 0.0061i$

0.1111

0.0000

　　 p =

-10.0000

$-1.0000 + 1.0000i$

$-1.0000 - 1.0000i$

-1.0000

-1.0000

　　 k =

　　 []

可以看出极点列向量p中的极点和用 roots () 函数求出的特征根相同。因此仍然可以

判断闭环系统是稳定的。

3. 将系统化为零极点模型

由于从系统的零极点模型的分母可以直观地看出系统的极点，因而由零极点模型可以直接分析系统的稳定性。由于将系统化为零极点模型的函数 zkp（）在前面已经介绍过，在此直接引用。

【例 6-12】　对于例 6-10 的系统，用零极点模型方法来直接分析该系统的稳定性。

解　在 MATLAB 的命令窗口输入

≫num＝[1 5]；den＝[1 14 47 76 62 20]；g＝tf(num,den)；％输入系统模型
≫g1＝zkp(g)；％将系统模型化为零极点形式
Zero/pole/gain：

$$\frac{(s+5)}{(s+10)(s+1)\hat{}2(s\hat{}2+2s+2)}$$

系统零极点模型中的复数极点需要经过简单的计算求出，其实质就是求解一个二阶代数方程。当复数极点求出后，闭环系统的所有极点就为已知数。根据系统的全部极点可以判断系统的稳定性。

二、利用根轨迹判定系统的稳定性

由于在 MATLAB 中绘制根轨迹十分方便，因此利用根轨迹判定系统稳定性也很简单，而且可以得到根轨迹增益的稳定范围。

【例 6-13】　考虑具有下列开环传递函数的系统

$$G(s) = \frac{K}{s(s+0.5)(s^2+0.6s+10)}$$

试用根轨迹方法判定该系统的稳定性。

解　在 MATLAB 的命令窗口输入

≫num＝[1]；den＝conv([1 0.5 0]，[1 0.6 10])；g＝tf(num,den)；％输入系统模型
≫rlocus(num,den)；％绘制系统根轨迹

得到的系统根轨迹图形如图 6-18 所示。

从系统的根轨迹图形可以看出，当 K 较大时系统将不稳定。利用前面介绍的rlocfind（）函数可以得到 K 的稳定范围。

三、利用频率特性判定系统的稳定性

利用 MATLAB 绘制出系统的 Nyquist 图或 Bode 图，然后根据相应的稳定判据可以判断系统的稳定性。下面举例说明其应用。

【例 6-14】　考虑具有下列开环传递函数的系统

$$G(s) = \frac{5s^2 + 0.96s + 9.6}{s(s+1)^2(s^2+0.384s+2.56)}$$

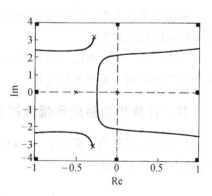

图 6-18　系统根轨迹

试分别用 Nyquist 图方法和 Bode 图方法判定该系统的稳定性。

解 ① 在 MATLAB 的命令窗口输入

≫num=[5 0.96 9.6]；den=[conv([1 2 1],[1 0.384 2.56]),0]；g=tf(num,den)；%输入系统模型

≫[re,im,w]=nyquist(g)；plot(re,im)；%绘制系统的 Nyquist 图

≫axis([-3,0,-1.5,1.5])；%重新定义 Nyquist 图的坐标范围

由上述命令就可以得到系统的 Nyquist 图如图 6-19 所示。

从图中可以看出，系统 Nyquist 图与负实轴共有三个交点，它绕（-1，j0）这一点顺时针转动的圈数为 1，从系统开环传递函数 $G(s)$ 可以看出，系统没有不稳定的开环极点，故闭环系统有两个不稳定极点。

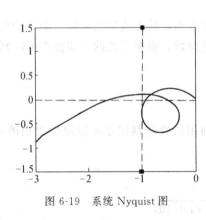

图 6-19　系统 Nyquist 图

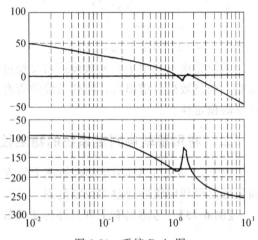

图 6-20　系统 Bode 图

② 若在 MATLAB 的命令窗口输入

≫num=[5 0.96 9.6]；den=[conv([1 2 1],[1 0.384 2.56]),0]；g=tf(num,den)；%输入系统模型

≫bode(g)；%绘制系统的 Bode 图

由上述命令绘制的系统 Bode 图如图 6-20 所示。

从图中可以看出，在 $L(\omega)>0$ 的频段内，相频特性负穿越的次数为 1，从而可以判定系统不稳定的极点数为 2。

此外，由于计算机的优点是其强大的计算功能，因此通过直接求解系统的输出或通过系统的仿真也可确定系统的稳定性。

四、计算相角裕度和幅值裕度

控制系统工具箱中提供了 margin（）函数来求取给定线性系统的相角裕度和幅值裕度，该函数的调用格式是

> [Gm，Pm，Wcg，Wcp] =margin（sys）
>
> [Gm，Pm，Wcg，Wcp] =margin（mag，pha，w）

输出变量中，（Gm，Wcg）为幅值裕度与相应的频率，（Pm，Wcp）为相角裕度与相应

的频率（剪切频率）。若得出的裕度为无穷大，则给出的值为 Inf，这时相应的频率值为 NaN（表示非数值）。

输入变量中，mag、pha 和 w 分别为由 bode（）得到的频域响应的幅值、相位与频率向量。下面举例说明其应用。

【例 6-15】 考虑以下系统

$$G(s) = \frac{2}{s(s+1)(s+2)}$$

试计算该系统的相角裕度和幅值裕度。

解 在 MATLAB 的命令窗口输入以下命令

≫z＝[]；p＝[0 −1 −2]；k＝2；g＝zpk(z,p,k)；%输入系统的零极点模型
≫[Gm,Pm,wc,wg]＝margin(g1)；%求解相角裕度和幅值裕度及响应频率
≫[Gm,Pm,wc,wg]；%将求解结果显示出来

可以得到

ans ＝

　　3.0000　　32.6131　　1.4142　　0.7494

因此，该系统的相角裕度为 32.6°，幅值裕度为 3。

本 章 小 结

稳定性是系统正常工作的首要条件。稳定表明了系统自身的恢复能力，仅与自身的结构与参数有关而与外输入和初始条件无关。

一个系统稳定的充分必要条件是，系统的闭环极点（特征根）均位于 s 的左半平面。劳斯判据是一种代数稳定判据，应用劳斯判据的依据是系统的闭环特征方程的系数；乃氏判据和对数稳定判据是基于系统频率特性的稳定判据，它是通过绘制系统的开环 Nyquist 图或 Bode 图来判定闭环系统稳定性的方法。

相对稳定性表明系统的稳定程度，相对稳定性用相角裕度 γ 和幅值裕度 K_g 来衡量。具有一定的稳定裕度，可使系统的响应在稳定性、稳态性能和动态性能方面获得较好的结果。

利用 MATLAB 可以求解高阶系统的闭环特征根，因此可以直接利用闭环特征根判定系统的稳定性，这是判定系统稳定性的最直接和有效的方法。MATLAB 提供了绘制系统 Nyquist 图、Bode 图以及系统根轨迹的函数，根据 MATLAB 绘制的系统特性曲线，然后根据相应的稳定判据，可以判定系统的稳定性。根据绘制的系统根轨迹，可以判断系统是否稳定及稳定的系统参数范围。

习　　题

6-1 闭环系统的特征方程如下，试用劳斯判据判定系统的稳定性。

① $s^3 + 20s^2 + 9s + 100 = 0$

② $s^3 + 20s^2 + 9s + 200 = 0$

③ $s^4 + 2s^3 + 8s^2 + 6s + 10 = 0$

④ $s^5 + s^4 + 3s^3 + 9s^2 + 6s + 10 = 0$

⑤ $s^5 + 12s^4 + 44s^3 + 48s^2 + 5s + 1 = 0$

6-2 设某控制系统的动态结构图如图 6-21 所示，试判断闭环系统的稳定性。

6-3 已知单位反馈系统的开环传递函数

$$G(s) = \frac{K(0.5s + 1)}{s(s+1)(0.5s^2 + s + 1)}$$

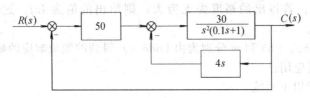

图 6-21　题 6-2 图

试确定使系统稳定的 K 值范围。

6-4　设系统开环幅相频率特性如图 6-22 所示，试判断闭环系统的稳定性。其中，p 为开环系统的不稳定根的个数，ν 为开环系统的积分环节的个数。

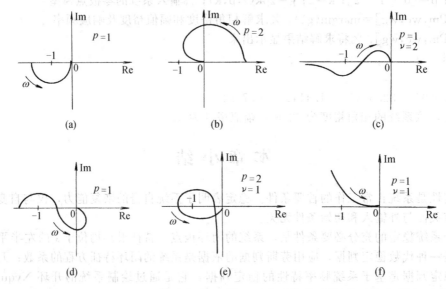

图 6-22　题 6-4 图

6-5　图 6-23 表示某负反馈系统开环传递函数的幅相频率特性曲线，设开环增益 $K=500$，开环系统不稳定根的个数 $p=0$，积分环节个数 $\nu=2$ 试确定使闭环系统稳定的 K 值范围。

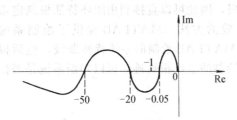

图 6-23　题 6-5 图

6-6　设单位负反馈系统的开环传递函数 $G(s)=\dfrac{8}{s(0.01s+1)(0.5s+1)}$，试绘制系统的开环对数频率特性曲线，并求相角裕度 γ 和幅值裕度 K_g。

6-7　已知系统的开环传递函数 $G(s)=\dfrac{K}{s(s+1)(2s+1)}$，试用频域方法确定使闭环系统稳定的 K 值范围。

6-8　设单位反馈系统的开环传递函数 $G(s)=\dfrac{K}{(0.01s+1)^3}$，试确定当相角裕度为 45°时的 K 值。

6-9　已知系统动态结构图如图 6-24 所示。试计算其相角裕度和幅值裕度。

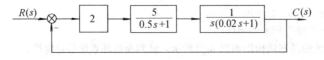

图 6-24　题 6-9 图

6-10　已知系统的动态结构图如图 6-25 所示。试用乃奎斯特稳定判据判断其稳定性，并求出其相角

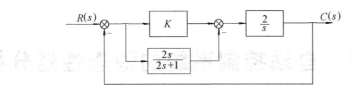

图 6-25 题 6-10 图

裕度。

① $K=0.5$

② $K=100$

6-11 利用 MATLAB，采用直接求闭环系统特征根的方法重做题 6-1。

6-12 利用 MATLAB 绘制题 6-2 中系统的伯德图，并判定系统的稳定性。

6-13 利用 MATLAB 重做题 6-10，求出系统的相角裕度和幅值裕度。

第七章　自动控制系统的稳态性能分析

引言　在控制系统稳定的前提下，对控制系统的分析，主要是响应性能分析，包括动态性能分析和稳态性能分析。本章将重点讨论控制系统的稳态性能。稳态性能的好坏通常用稳态误差 e_{ss} 表示，它反映了系统的控制精度。本章的内容主要包括：误差的定义；稳态误差的计算；系统类型和稳态误差的关系；根据开环系统的频率特性分析系统的稳态误差；MATLAB 在系统稳态分析中的应用等。

自动控制系统的输出量一般都包含两个分量：一个是稳态分量；另一个是暂态分量。暂态分量反映了控制系统的动态性能。对于稳定的系统，暂态分量随着时间的推移，将逐渐减小并最终趋于零。稳态分量反映系统的稳态性能，它反映控制系统跟随给定量和抑制扰动的能力。稳态性能的好坏，一般以稳态误差的大小来衡量。

对于一个实际的控制系统，由于系统结构、输入作用的类型（控制量或扰动量）、输入函数的形式（阶跃、速度或加速度）不同，控制系统的稳态输出不可能在任何情况下都与输入量一致，也不可能在任何形式的扰动作用下都能准确地恢复到原平衡状态。同时，由于系统中不可避免地会有非线性因素的影响，会造成附加的稳态误差。因此，控制系统的稳态误差是不可避免的。控制系统设计的任务之一，是尽量减小系统的稳态误差，或者使稳态误差小于某一允许值。

第一节　系统稳态性能分析概述

一、系统误差

现以图 7-1 所示典型结构的控制系统为例，说明系统误差的概念。

在上述系统中，系统误差是由两部分构成的，一部分是由输入信号 $R(s)$ 引起的误差，还有一部分是扰动输入 $D(s)$ 引起的误差。

系统误差也有两种不同的定义方法：一种是从系统输出端定义系统误差的方法；另一种是从系统输入端定义系统误差的方法。

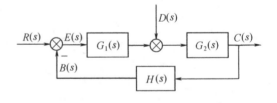

图 7-1　控制系统的典型结构

1. 从输出端定义系统误差

此时系统误差定义为系统输出的期望值 $C'(s)$ 与实际值 $C(s)$ 之差，即

$$E'(s) = C'(s) - C(s)$$

对于输入信号 $R(s)$，系统输出的期望值可由下式确定

$$R(s) - H(s)C'(s) = 0$$

$$C'(s) = \frac{R(s)}{H(s)}$$

因此，由输入信号引起的系统误差，又称为跟随误差（Following Error），其计算式为

$$E'_r(s) = \frac{R(s)}{H(s)} - C(s) = \frac{R(s)}{H(s)} - \frac{G_1(s)G_2(s)R(s)}{1 + G_1(s)G_2(s)H(s)}$$

$$= \frac{R(s)}{H(s)[1 + G_1(s)G_2(s)H(s)]}$$

对于扰动信号 $D(s)$，系统输出的期望值为零，因此，由扰动信号引起的系统误差，又称为扰动误差（Disturbing Error），其计算式为

$$E'_d(s) = 0 - \frac{G_2(s)D(s)}{1 + G_1(s)G_2(s)H(s)} = \frac{-G_2(s)D(s)}{1 + G_1(s)G_2(s)H(s)}$$

因此由输出端定义的系统误差为

$$E'(s) = E_r(s) + E_d(s)$$

$$= \frac{R(s)}{H(s)[1 + G_1(s)G_2(s)H(s)]} - \frac{G_2(s)D(s)}{1 + G_1(s)G_2(s)H(s)} \tag{7-1}$$

由此可见，系统的误差由两部分构成，它是跟随误差和扰动误差的代数和。若对 $E_r(s)$ 和 $E_d(s)$ 进行拉氏反变换，得

$$e'(t) = e'_r(t) + e'_d(t)$$

值得注意的是，这种从输出端定义的误差在性能指标提法中经常用到，但这种误差在实际系统中无法测量，因而通常只有数学意义。

2. 从输入端定义系统误差

此时误差定义为输入信号 $R(s)$ 和主反馈信号 $B(s)$ 之差，即

$$E(s) = R(s) - B(s) = R(s) - H(s)C(s) \tag{7-2}$$

对于图 7-1 所示的典型系统，由输入信号 $R(s)$ 和干扰信号 $D(s)$ 共同产生的输出信号 $C(s)$ 为

$$C(s) = \frac{G_1(s)G_2(s)R(s)}{1 + G_1(s)G_2(s)H(s)} + \frac{G_2(s)D(s)}{1 + G_1(s)G_2(s)H(s)} \tag{7-3}$$

将式(7-3) 代入式(7-2) 得

$$E(s) = R(s) - \frac{H(s)G_1(s)G_2(s)R(s)}{1 + G_1(s)G_2(s)H(s)} - \frac{H(s)G_2(s)D(s)}{1 + G_1(s)G_2(s)H(s)}$$

$$= \frac{R(s)}{1 + G_1(s)G_2(s)H(s)} - \frac{H(s)G_2(s)D(s)}{1 + G_1(s)G_2(s)H(s)} \tag{7-4}$$

式(7-4) 也可表示为

$$E(s) = E_r(s) + E_d(s) = \Phi_e(s)R(s) + \Phi_{ed}(s)D(s) \tag{7-5}$$

其中

$$\Phi_e(s) = \frac{E_r(s)}{R(s)} = \frac{1}{1 + G_1(s)G_2(s)H(s)}$$

$$\Phi_{ed}(s) = \frac{E_d(s)}{D(s)} = \frac{-G_2(s)H(s)}{1 + G_1(s)G_2(s)H(s)}$$

分别是误差信号对输入信号和扰动信号的闭环传递函数。

这个误差并不一定是系统输出量的期望值与实际值的偏差，但它可以测量，便于用框图进行计算，故工程上应用较多。在以后的误差分析和计算中，如未加特殊说明，均表示采用此定义。

从式(7-1) 和式(7-4) 可以看出，$E'(s)$ 和 $E(s)$ 之间存在如下简单关系

$$E'(s) = E(s)/H(s)$$

对于单位反馈系统，$H(s)=1$，两种误差定义的方法是一致的。

对式(7-4) 或式(7-5) 进行拉氏反变换，可得从输入端定义的系统时域误差

$$e(t) = L^{-1}[E(s)] = e_r(t) + e_d(t)$$

二、系统稳态误差

稳定系统误差的终值称为稳态误差，用 e_{ss} 表示。根据系统稳态误差的定义，稳态误差可表示为

$$e_{ss} = \lim_{t \to \infty} e(t)$$

如果函数 $sE(s)$ 的极点均位于 s 左半平面（包括坐标原点），则可根据拉氏变换的终值定理，求出系统的稳态误差为

$$e_{ss} = \lim_{s \to 0} sE(s)$$

控制系统的稳态误差，取决于系统的结构参数和外加信号形式，下面讨论系统稳态误差和它们之间的关系。

第二节   给定输入信号作用下的稳态误差

求给定输入信号 $R(s)$ 作用下的稳态误差，此时不计扰动作用，即令 $D(s)=0$，这样对于图 7-1 所示的典型结构的系统，可得

$$E(s) = \frac{1}{1 + G_1(s)G_2(s)H(s)}R(s) = \frac{1}{1 + G(s)}R(s)$$

式中，$G(s)$ 为控制系统开环传递函数，$G(s)=G_1(s)G_2(s)H(s)$。可见系统稳态误差与系统的开环传递函数 $G(s)$ 及输入信号 $R(s)$ 有关。

系统开环传递函数 $G(s)$ 通常可以表示为如下的一般形式

$$G(s) = \frac{K(\tau_1 s + 1)\cdots(\tau_m s + 1)}{s^\nu(T_1 s + 1)\cdots(T_n s + 1)}$$

由第三章的介绍可知，根据系统开环传递函数 $G(s)$ 中积分环节的个数 ν，可以将系统分为 0 型、Ⅰ型和Ⅱ型等不同的类型。下面介绍在不同输入信号作用下，不同类型系统稳态误差的计算。

1. 输入为阶跃信号

$$r(t) = A \times 1(t), R(s) = \frac{A}{s}$$

$$e_{ss} = \lim_{s \to 0} sE(s) = \lim_{s \to 0} s\frac{1}{1 + G(s)} \times \frac{A}{s} = \frac{A}{1 + K_p}$$

其中 $$K_p = \lim_{s \to 0} G(s) = \lim_{s \to 0} \frac{K(\tau_1 s + 1)\cdots(\tau_m s + 1)}{s^\nu(T_1 s + 1)\cdots(T_n s + 1)} = \lim_{s \to 0} \frac{K}{s^\nu}$$

K_p 称为静态位置误差系数。

对 0 型系统，$K_p=K$，$e_{ss}=\dfrac{A}{1+K}$。

对Ⅰ型及Ⅰ型以上系统，$K_p=\infty$，$e_{ss}=0$。

以上表明，0 型系统对阶跃输入信号的响应有误差，增大开环放大倍数 K，可以减小稳

态误差。如果要使系统对阶跃响应无误差，则系统至少要有一个积分环节。

2. 输入为斜坡信号

$$r(t) = At \times 1(t), \quad R(s) = \frac{A}{s^2}$$

$$e_{ss} = \lim_{s \to 0} sE(s) = \lim_{s \to 0} s \frac{1}{1+G(s)} \times \frac{A}{s^2} = \lim_{s \to 0} \frac{A}{sG(s)} = \frac{A}{K_\nu}$$

其中 $\quad K_\nu = \lim_{s \to 0} sG(s) = \lim_{s \to 0} \frac{K(\tau_1 s + 1) \cdots (\tau_m s + 1)}{s^{\nu-1}(T_1 s + 1) \cdots (T_n s + 1)} = \lim_{s \to 0} \frac{K}{s^{\nu-1}}$

K_ν 称为静态速度误差系数。

对 0 型系统，$K_\nu = 0$，$e_{ss} = \infty$。

对 Ⅰ 型系统，$K_\nu = K$，$e_{ss} = \dfrac{A}{K}$。

对 Ⅱ 型及 Ⅱ 型以上系统，$K_\nu = \infty$，$e_{ss} = 0$。

以上表明，0 型系统不能跟随斜坡输入信号；Ⅰ 型系统可以跟随，但是存在稳态误差，增大开环放大倍数 K，可以减小稳态误差；如果要使系统对斜坡响应无误差，则系统至少要有两个积分环节，即 $\nu \geqslant 2$。

3. 输入为加速度信号

$$r(t) = \frac{1}{2}At^2 \times 1(t), \quad R(s) = \frac{A}{s^3}$$

$$e_{ss} = \lim_{s \to 0} sE(s) = \lim_{s \to 0} s \frac{1}{1+G(s)} \times \frac{A}{s^3} = \lim_{s \to 0} \frac{A}{s^2 G(s)} = \frac{A}{K_a}$$

其中 $\quad K_a = \lim_{s \to 0} s^2 G(s) = \lim_{s \to 0} \frac{K(\tau_1 s + 1) \cdots (\tau_m s + 1)}{s^{\nu-2}(T_1 s + 1) \cdots (T_n s + 1)} = \lim_{s \to 0} \frac{K}{s^{\nu-2}}$

K_a 称为静态加速度误差系数。

对 0 型、Ⅰ 型系统，$K_a = 0$，$e_{ss} = \infty$。

对 Ⅱ 型系统，$K_a = K$，$e_{ss} = \dfrac{A}{K}$。

对 Ⅱ 型以上系统，$K_a = \infty$，$e_{ss} = 0$。

以上表明，0 型、Ⅰ 型系统不能跟随加速度输入信号；Ⅱ 型系统可以跟随，但是存在稳态误差，增大开环放大倍数 K，可以减小稳态误差；如果要使系统对加速度响应无误差，则系统至少要有三个积分环节，即 $\nu \geqslant 3$。

从上述分析可知，误差系数 K_p、K_ν、K_a 表示的是系统在位置、速度、加速度信号作用下的系统稳态误差系数。误差系数与系统型别一样，从系统本身的结构特性上体现了系统消除稳态误差的能力，反映了系统跟随典型输入信号的精度。误差系数越大，稳态误差越小，控制精度越高。表 7-1 列出了不同典型输入信号作用时各类系统的稳态误差和误差系数。

表 7-1 给定信号作用下的稳态误差和误差系数

系 统 类 型	误 差 系 数			典型输入信号作用下的稳态误差		
	K_p	K_ν	K_a	阶跃输入	斜坡输入	抛物线输入
0 型系统	K	0	0	$A/(1+K)$	∞	∞
Ⅰ 型系统	∞	K	0	0	A/K	∞
Ⅱ 型系统	∞	∞	K	0	0	A/K

【例 7-1】 求图 7-2 所示二阶负反馈系统在单位阶跃输入信号作用下的稳态误差。

解 容易知道，这个系统是个稳定系统。

$$G(s) = \frac{50}{s(s+10)}, R(s) = \frac{1}{s}$$

$$E(s) = \frac{1}{1+G(s)}R(s) = \frac{s(s+10)}{s(s+10)+50} \times \frac{1}{s}$$

$$e_{ss} = \lim_{s \to 0} sE(s) = 0$$

【例 7-2】 已知单位反馈系统的开环传递函数为

$$G(s) = \frac{10(s+1)}{s(s+4)}$$

试求输入信号 $r(t) = 2 + 2t + t^2$ 时，系统的稳态误差。

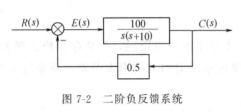

图 7-2 二阶负反馈系统

解 首先判断系统的稳定性

$$A(s) = s^2 + 14s + 10 = 0$$

二阶系统特征方程各系数为正，系统稳定。

因为 $G(s) = \dfrac{10(s+1)}{s(s+4)} = \dfrac{2.5(s+1)}{s(0.25s+1)}$

因此原系统为 Ⅰ 型系统，$K_p = \infty$、$K_v = K = 2.5$、$K_a = 0$。由输入信号的表达式得知，输入信号是由阶跃、速度和加速度信号组成的，系统误差是由各输入信号单独作用下的误差之和。从而

$$e_{ss} = \frac{2}{1+\infty} + \frac{2}{2.5} + \frac{2}{0} = 0 + 0.8 + \infty = \infty$$

应当指出，**【例 7-2】**中稳态误差的计算方法，只适用于从输入端定义误差的单位反馈系统，且系统的输入信号只能是阶跃信号、速度信号和加速度信号，或这三种信号的线性组合。对于从输出端定义误差的非单位反馈系统，可以先求出 $E(s)$，通过 $E'(s) = E(s)/H(s)$ 求出 $E'(s)$，然后通过终值定理或拉氏反变换的方法求出时域稳态误差。

第三节　扰动信号作用下的稳态误差

一个实际系统，往往处于各种扰动信号作用之下，如负载的改变、供电电源的波动等，都可能影响系统的输出，使系统出现误差。扰动作用下误差的大小，反映了系统抗干扰的能力。

下面仍以输入端定义的误差来分析扰动信号作用下的稳态误差。此时不考虑输入信号作用，即令 $R(s) = 0$。对于图 7-1 所示的典型结构系统，由式(7-5) 得

$$E_d(s) = \Phi_{ed}(s)D(s) = -\frac{H(s)G_2(s)D(s)}{1+G_1(s)G_2(s)H(s)} = -\frac{H(s)G_2(s)D(s)}{1+G(s)} \tag{7-6}$$

当开环传递函数 $G(s) = G_1(s)G_2(s)H(s) \gg 1$ 时，式(7-6) 可近似为

$$E_d(s) = -\frac{D(s)}{G_1(s)} \tag{7-7}$$

设

$$G_1(s) = \frac{K_1(\tau_1 s + 1) \cdots}{s^N(Ts+1) \cdots}$$

则在扰动作用下的稳态误差为

$$e_{sd} = \lim_{s \to 0} s E_d(s) = -\lim_{s \to 0} s \frac{D(s)}{G_1(s)} = -\lim_{s \to 0} \frac{s^{N+1}}{K_1} D(s) \qquad (7\text{-}8)$$

可见，扰动作用下稳态误差的大小，除了与扰动信号 $D(s)$ 的形式有关外，当 $G(s) \gg 1$ 时，主要取决于扰动作用点到 $E(s)$ 间传递函数 $G_1(s)$ 中积分环节个数 N 和放大系数 K_1，即取决于扰动作用点的位置。

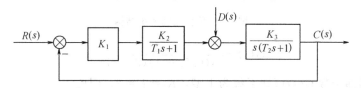

图 7-3　扰动作用下的控制系统

对于如图 7-3 所示的系统，阶跃扰动作用下的稳态误差为

$$e_{sd} = \lim_{s \to 0} s \frac{-\dfrac{K_3}{s(T_2 s + 1)}}{1 + \dfrac{K_1 K_2 K_3}{s(T_1 s + 1)(T_2 s + 1)}} \times \frac{1}{s} = -\frac{1}{K_1 K_2}$$

结果表明，$G_1(s)$ 的积分环节个数为零时，系统在阶跃扰动作用下有定值稳态误差，在系统稳定的条件下，$G_1(s)$ 的放大系数越大，e_{sd} 越小。

假如在 $G_1(s)$ 中增加一个积分环节，即用比例积分环节 $K_1(1 + 1/\tau s)$ 代替比例环节 K_1，如图 7-4 所示。此时阶跃扰动信号作用下的稳态误差为

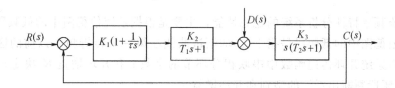

图 7-4　比例积分控制系统

$$e_{sd} = \lim_{s \to 0} s \frac{-\dfrac{K_3}{s(T_2 s + 1)}}{1 + \dfrac{K_1(\tau s + 1) K_2 K_3}{\tau s^2 (T_1 s + 1)(T_2 s + 1)}} \times \frac{1}{s} = 0$$

可见，$G_1(s)$ 中增加一个积分环节，可使阶跃扰动信号作用下的扰动稳态误差为零。同理，可分析出系统在其他扰动信号作用时，扰动的稳态误差与 $G_1(s)$ 的关系。不难得出同样的结论：增大 $G_1(s)$ 的放大系数可减小系统的扰动稳态误差；增加 $G_1(s)$ 中积分环节的个数可消除扰动作用下系统的稳态误差。

当系统在给定信号和扰动信号同时作用时，可用叠加原理计算系统总的稳态误差。

【**例 7-3**】　某单位反馈系统结构如图 7-5 所示，已知 $r(t) = t, d(t) = -0.5$，试计算该系统的稳态误差。

　解　① 判断系统的稳定性

$$A(s) = 0.6 s^3 + 3.2 s^2 + s + 2 = 0$$

三阶系统各系数为正，且 $3.2 \times 1 > 0.6 \times 2$，系统稳定。

　② 计算在输入信号作用下的稳态误差

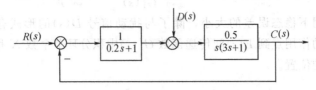

图 7-5 单位反馈系统结构

$$G(s) = \frac{2}{s(0.2s+1)(3s+1)}$$

根据系统开环传递函数 $G(s)$ 可知系统为 I 型，$K_v = K = 2$，因此

$$e_{sr} = 1/K_v = 1/2 = 0.5$$

③ 计算在扰动作用下的稳态误差

$$e_{sd} = -\lim_{s \to 0} s \frac{\dfrac{0.5}{s(3s+1)}}{1 + \dfrac{2}{s(0.2s+1)(3s+1)}} \times \frac{-0.5}{s} = 0.125$$

④ 系统在输入信号和扰动信号共同作用下的总误差为

$$e_{ss} = e_{sr} + e_{sd} = 0.5 + 0.125 = 0.625$$

第四节 根据频率特性分析系统的稳态性能

根据系统频率特性分析系统的稳态性能，主要是根据系统伯德图中的低频段分析系统的稳态误差。伯德图中的低频段是指 $L(\omega)$ 的渐进曲线在第一个转折频率以前的区段。这一频段特性完全由系统开环传递函数中串联积分环节的个数 ν 和开环增益 K 决定。因此，可以由 $L(\omega)$ 的低频段判断出系统的型别和开环增益。

1. 由 $L(\omega)$ 低频段的斜率判断系统型别

① $L(\omega)$ 低频段的斜率为 0dB/dec（水平直线），则 $\nu = 0$，为 0 型系统，如图 7-6（a）所示。

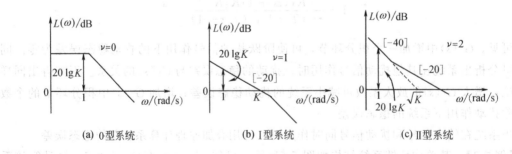

(a) 0型系统   (b) I型系统   (c) II型系统

图 7-6 $L(\omega)$ 的低频段特性

② $L(\omega)$ 低频段的斜率为 -20dB/dec，则 $\nu = 1$，为 I 型系统，如图 7-6(b) 所示。

③ $L(\omega)$ 低频段的斜率为 -40dB/dec，则 $\nu = 2$，为 II 型系统，如图 7-6(c) 所示。

2. 由 $L(\omega)$ 低频段判断系统开环增益

① $L(\omega)$ 在 $\omega = 1$ 的高度为 20lg$K$，由此确定 K，如图 7-6 所示。

② 对于 I 型或 I 型以上系统，低频段 $L(\omega)$ 或其延长线和 0dB 线的交点频率 $\omega = \sqrt[\nu]{K}$，由此确定 K，如图 7-6(b)、(c)所示。

根据系统的型别和开环增益，可以求出系统在给定输入信号作用下的稳态误差。

【例 7-4】 已知系统开环对数幅频特性如图 7-7 所示，求系统在输入信号 $r(t) = t^2$ 作用下的稳态误差。

解 因为系统 $L(\omega)$ 低频段的斜率为 -40dB/dec，则 $\nu = 2$，系统为 II 型系统。

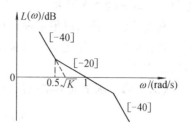

图 7-7 　【例 7-4】图

开环增益 K 满足如下方程

$$40 \times (\lg \sqrt{K} - \lg 0.5) = 20 \times (\lg 1 - \lg 0.5)$$

求得

$$K = 0.5$$

输入信号为加速度信号，幅值 $A = 2$，因此稳态误差为

$$e_{ss} = 2/0.5 = 4$$

第五节　MATLAB 在系统稳态性能分析中的应用

控制系统稳态性能分析的一个重要方面是求出系统的稳态误差。利用 MATLAB 的数值计算功能，通过计算得到系统的稳态输出，然后根据稳态误差的定义可以求得系统的稳态误差；或由误差对输入信号的闭环传递函数，直接求得误差输出，从而得到稳态误差的数值。

从前面的分析可以看出，不同类型的系统，当输入信号不同时，其误差是不同的，下面通过一个 I 型系统的例子来说明。

【例 7-5】 某单位反馈系统开环传递函数为

$$G(s) = \frac{16}{s(s + 6)}$$

试计算该系统分别在单位阶跃、单位速度和单位加速度输入信号作用下的误差。

解 通过下面的 MATLAB 命令可以得到系统在给定输入信号作用下的误差输出，如图 7-8 所示。

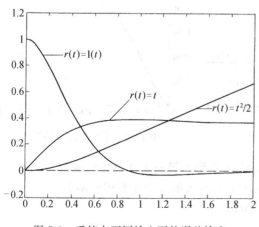

图 7-8 　系统在不同输入下的误差输出

```
>>num=16;den=[1 6 0];g01=tf(num,
den);g1=feedback(g01,1);  %输入闭环
系统模型
>>g02=tf(1,[1 0]);g2=g1*g02;g03=tf
(1,[1 0 0]);g3=g1*g03;  %原系统模型
串联一个和两个积分环节后的新系统模型
>>[y1 t]=step(g1);y2=step(g2,t);y3=
step(g3,t);  %三种信号作用下的系统响应
>>ess1=1-y1;ess2=t-y2;ess3=.5*t.^2-
y3;  %三种信号作用下的系统误差
>>plot(t,ess1,t,ess2,t,ess3);  %绘制误差
曲线
```

从图 7-8 可以看出：在阶跃输入时，开始误差较大，最后趋于零，即系统的稳态误差为零；在速度信号输入时，开始误差为零，其后趋于一稳态值；在加速度信号输入时，开始误差也为零，最后趋于无穷大。

利用拉氏变换的终值定理，可以知道系统在某些信号作用下的稳态误差，而对于某些信号（如正弦信号）作用下的系统误差，不能利用终值定理求解，此时可以利用 MATLAB 进行数值求解。

【例 7-6】 求下面的单位反馈闭环系统在输入信号 $r(t) = \sin(2t)$ 作用下的误差输出。

$$\Phi(s) = \frac{5s + 100}{s^4 + 8s^3 + 32s^2 + 80s + 100}$$

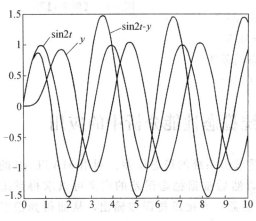

图 7-9 输入为 sin（2t）时的输出及误差

解 在 MATLAB 的命令窗口输入如下命令，可以得到系统在给定输入信号作用下的误差输出，如图 7-9 所示。

≫num＝[5 100]；den＝[1 8 32 80 100]；
g＝tf(num,den)；%输入系统模型
≫t＝0:0.05:20；y＝lsim(g,sin(2＊t),t)；
%求解系统响应
≫plot(t,sin(2＊t),t,y',t,sin(2＊t)-y')；%绘制输入和误差曲线

从图 7-9 可以看出，系统输出 y 和误差 sin2t-y 的稳态值为同频率的正弦信号。误差信号的幅值大于输入信号的幅值。

对于扰动信号引起的系统误差，其实就是求系统在扰动作用下的系统输出。下面举例说明系统在扰动作用下误差的求解。

【例 7-7】 系统结构如图 7-10 所示，试求该系统在干扰 $d(t) = 1(t)$ 作用下的误差。

解 在 MATLAB 的命令窗口输入下列命令，可以得到该系统在单位阶跃扰动信号作用下的误差输出如图 7-11 所示。

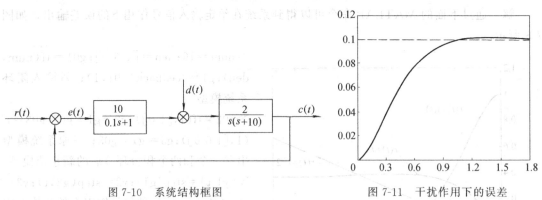

图 7-10 系统结构框图 　　　　　图 7-11 干扰作用下的误差

≫num1＝2；den1＝[1 10 0]；g1＝tf(num1,den1)；%输入第一个环节传递函数
≫num2＝10；den2＝[.1 1]；g2＝tf(num2,den2)；%输入第二个环节传递函数
≫g＝feedback(g1,g2)；%等效变换得到 $C(s)/D(s)$
≫step(g)；%求扰动信号作用下的系统输出

由图 7-11 可以看出，该系统误差最终将趋于常值 0.1。

本 章 小 结

自动控制系统的稳态性能反映了系统的控制精度，通常用稳态误差 e_{ss} 表示。系统误差有两种定义方法：一种是从输出端定义的方法，是系统输出希望值和实际值之差；另一种是从输入端定义的方法，是输入信号和反馈信号之差。由于后一种误差可以测量，因此使用更普遍。

系统误差是由两部分构成的：一部分是由输入信号引起的；另一部分是由扰动信号引起的，对于线性系统，这两部分误差的代数和就是系统总的误差。

系统稳态误差的大小与输入信号和扰动信号的形式及系统的结构有关。在满足一定条件的情况下，可以利用拉氏变换的终值定理求稳态误差。当输入信号是阶跃、速度和加速度信号时，还可以利用稳态误差系数的方法求稳态误差。

增大系统的开环增益，或增加积分环节的个数可以减小由输入信号产生的误差。增大扰动作用点和误差信号之间传递函数的放大系数或增加积分环节个数，可以减小扰动信号产生的误差。

对于同一个控制系统，稳态性能对系统的要求往往和稳定性是相矛盾的，因此在选择参数时应兼顾稳态性能和稳定性两方面的要求。

利用 MATLAB 的数值计算功能，可以求出系统误差的数值解。

习　题

7-1 已知单位反馈系统的开环传递函数

① $G(s) = \dfrac{50}{(0.1s+1)(2s+1)}$

② $G(s) = \dfrac{K}{s(s^2+4s+200)}$

③ $G(s) = \dfrac{10(2s+1)(4s+1)}{s^2(s^2+4s+10)}$

试求系统的位置误差系数 K_p，速度误差系数 K_v，加速度误差系数 K_a。

7-2 已知某单位反馈控制系统的开环传递函数

$$G(s) = \frac{10}{s(1+T_1 s)(1+T_2 s)}$$

试求：① 位置误差系数 K_p，速度误差系数 K_v 和加速度误差系数 K_a。

② 当输入信号为 $r(t) = A + Bt$ 时，系统的稳态误差。

7-3 已知单位负反馈系统的开环传递函数

$$G(s) = \frac{5(s+1)}{s^2(0.1s+1)}$$

试求系统在输入信号 $r(t) = 1 + t + t^2$ 作用下的稳态误差。

7-4 某单位反馈系统的开环传递函数

$$G(s) = \frac{K}{s(0.01s+1)(s+1)}$$

当 $r(t) = 1 + t$ 时，要求系统的稳态误差 $e_{ss} < 0.05$，试确定 K 值条件。

7-5 设控制系统如图7-12所示。其中 $G(s) = K_p + \dfrac{K}{s}$，$F(s) = \dfrac{1}{Js}$，输入 $r(t) = t^2$，扰动 $d_1(t)$ 和 $d_2(t)$

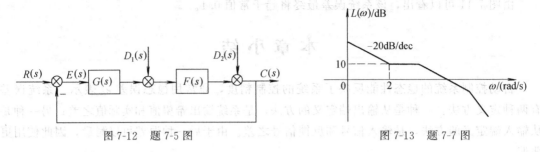

图 7-12 题 7-5 图   图 7-13 题 7-7 图

均为单位速度信号，试求：

① 在 $r(t)$ 作用下系统的稳态误差；

② 在 $d_1(t)$ 作用下系统的稳态误差；

③ 在 $d_1(t)$ 和 $d_2(t)$ 同时作用下系统的稳态误差。

7-6 若温度计的特性用传递函数 $G(s)=1/(Ts+1)$ 描述，当用温度计测量容器中的水温，发现 1min 才能指示实际温度的 98% 的数值。现给容器加热，使水温按 10℃/min 的速度上升。温度计的稳态指示误差有多大？

7-7 单位反馈系统的开环对数幅频特性如图7-13所示，试求系统在单位速度信号作用下的稳态误差。

7-8 利用 MATLAB，求开环传递函数 $G(s)=\dfrac{7(s+1)}{s(s+4)(s^2+2s+2)}$ 的单位反馈系统，在单位速度信号作用下，误差输出的数值解。

习 题

第八章　自动控制系统的动态性能分析

引言　对于一个稳定的系统，其性能包括稳态性能和动态性能两个方面。第七章讨论了系统的稳态性能，本章开始讨论系统的动态性能。

在系统稳、快、准的性能要求中，动态性能主要反映系统响应的快速性。评价系统动态性能好坏的性能指标主要为调节时间 t_s 和超调量 σ。本章将从频域及系统根轨迹两个方面对系统的动态性能进行分析，掌握分析系统动态性能的方法，了解影响系统动态性能的因素，为控制系统的设计打下基础。

对于一个已满足稳态性能要求的稳定系统，通常对其动态性能也会提出相应的要求。例如当系统的输入信号发生变化，或系统中出现了扰动信号，此时系统的输出信号也将有所变化，然后经过系统自身的调节，达到一种新的平衡状态。通常感兴趣的是在这个过程中系统恢复平衡状态的能力，像动态偏差量大小及调整的快速性等问题。

在第三章自动控制系统的时域分析法中，确定了评价系统性能好坏的性能指标。对应于系统的动态性能，相应的性能指标是系统在阶跃信号作用下的调节时间 t_s、峰值时间 t_p、上升时间 t_r 和超调量 σ，其中使用最多的是调节时间 t_s 和超调量 σ。

对于典型的一阶和二阶系统，从第三章的系统时域分析可以看出，其动态性能和结构参数之间具有确定的函数关系；对于高阶系统，在系统时域分析中则需要通过数值解或近似求解的方法分析其动态性能。借助系统的频率特性和系统根轨迹也能对系统动态性能进行分析。本章主要从频域和根轨迹两个方面去分析系统的动态性能，研究改善系统动态性能的途径。

第一节　系统动态性能的频域分析

在前面讨论了系统的开环频率特性，以及系统的开环频域指标，如剪切频率 ω_c、相角裕度 γ 和幅值裕度 K_g；闭环频率特性及闭环频域指标，如零频幅值 M_0、谐振峰值 M_r、谐振频率 ω_r 和频宽 ω_b。下面首先讨论典型二阶系统频域指标和系统动态性能的关系，然后讨论系统的开环频率特性对系统动态性能的影响。

一、典型二阶系统频域指标和动态性能的关系

1. 典型二阶系统的开环频率特性与动态性能的关系

典型二阶系统的开环传递函数为

$$G(s) = \frac{\omega_n^2}{s(s + 2\xi\omega_n)}$$

其开环频率特性为

$$G(j\omega) = \frac{\omega_n^2}{j\omega(j\omega + 2\xi\omega_n)}$$

因此

$$A(\omega) = \frac{\omega_n^2}{\omega\sqrt{\omega^2 + (2\xi\omega_n)^2}}$$

$$\varphi(\omega) = -90° - \arctan\frac{\omega}{2\xi\omega_n}$$

在 $\omega = \omega_c$ 处，$A(\omega_c) = 1$，即

$$A(\omega_c) = \frac{\omega_n^2}{\omega_c\sqrt{\omega_c^2 + (2\xi\omega_n)^2}} = 1$$

$$\omega_c = \omega_n\sqrt{\sqrt{4\xi^4 + 1} - 2\xi^2} \qquad (8\text{-}1)$$

当 $\omega = \omega_c$ 时

$$\varphi(\omega_c) = -90° - \arctan\frac{\omega_c}{2\xi\omega_n}$$

$$\gamma = 180° + \varphi(\omega_c) = 90° - \arctan\frac{\omega_c}{2\xi\omega_n} = \arctan\frac{2\xi\omega_n}{\omega_c} \qquad (8\text{-}2)$$

将式（8-1）代入式（8-2）得

$$\gamma = \arctan\frac{2\xi}{\sqrt{\sqrt{4\xi^4 + 1} - 2\xi^2}} \qquad (8\text{-}3)$$

（1）γ 与 σ 之间的关系　在系统时域分析中知道

$$\sigma = e^{-\xi\pi/\sqrt{1-\xi^2}} \times 100\% \qquad (8\text{-}4)$$

从式(8-3) 和式(8-4) 可知，典型二阶系统的相角裕度 γ 和超调量 σ 具有确定的函数关系，为便于分析，以 $\xi(0 \leqslant \xi \leqslant 1)$ 为参变量，利用 MATLAB 将这种关系绘于图 8-1 中。

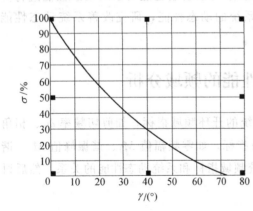

图 8-1　二阶系统 γ 与 σ 关系曲线

从图 8-1 可以看出，在 $0 \leqslant \xi \leqslant 1$ 的范围内，随着 γ 的增大，σ 逐渐减小，当 $\gamma = 76.3°$ 时，$\sigma = 0$，此时为 $\xi = 1$ 的情况。为使二阶系统具有较满意的动态性能，一般希望 $30° \leqslant \gamma \leqslant 70°$。

（2）γ、ω_c 与 t_s 之间的关系　在时域分析中，知

$$t_s = \frac{3}{\xi\omega_n} \qquad (8\text{-}5)$$

将式(8-1) 代入式(8-5) 得

$$t_s\omega_c = \frac{3}{\xi}\sqrt{\sqrt{4\xi^4 + 1} - 2\xi^2} \qquad (8\text{-}6)$$

由式(8-3) 和式(8-6) 得

$$t_s\omega_c = \frac{6}{\tan\gamma} \qquad (8\text{-}7)$$

从式(8-7) 可以看出，t_s 和 γ、ω_c 有关。当 γ 一定时，t_s 和 ω_c 成反比，即 ω_c 较大的系统，响应速度较快。

2. 典型二阶系统的闭环频率特性与动态性能的关系

对于典型二阶系统，其闭环传递函数为

$$\Phi(s) = \frac{\omega_n^2}{s^2 + 2\xi\omega_n s + \omega_n^2} \qquad (0 < \xi < 1)$$

闭环频率特性为

$$\Phi(j\omega) = \frac{1}{\left(1 - \frac{\omega^2}{\omega_n^2}\right) + j2\xi\frac{\omega}{\omega_n}}$$

其闭环幅频特性为

$$M(\omega) = \frac{1}{\sqrt{\left(1 - \frac{\omega^2}{\omega_n^2}\right)^2 + \left(2\xi\frac{\omega}{\omega_n}\right)^2}}$$

（1）M_r 与 σ 的关系　当 ω 等于谐振频率 ω_r 时，$M(\omega)$ 出现谐振峰值 M_r，此时

$$\frac{dM(\omega)}{d\omega}\bigg|_{\omega=\omega_r} = 0$$

分别求得闭环幅频峰值 M_m 和谐振频率 ω_r 为

$$\omega_r = \omega_n\sqrt{1 - 2\xi^2} \tag{8-8}$$

$$M_m = \frac{1}{2\xi\sqrt{1-\xi^2}} \qquad (0 \leqslant \xi \leqslant 0.707) \tag{8-9}$$

对于典型二阶系统 $M_0 = 1$，由 $M_r = M_m/M_0$ 得

$$M_r = M_m = \frac{1}{2\xi\sqrt{1-\xi^2}} \qquad (0 \leqslant \xi \leqslant 0.707) \tag{8-10}$$

则二阶系统阻尼比 ξ 与谐振峰值 M_r 关系为

$$\xi = \sqrt{\frac{1 - \sqrt{1 - \frac{1}{M_r^2}}}{2}} \qquad (M_r \geqslant 1) \tag{8-11}$$

根据二阶系统超调量 σ 与 ξ 的关系式(8-4)，并将式(8-11)代入得 M_r 与 σ 的关系为

$$\sigma = e^{-\pi\sqrt{\frac{M_r - \sqrt{M_r^2-1}}{M_r + \sqrt{M_r^2-1}}}} \times 100\% \qquad (M_r \geqslant 1) \tag{8-12}$$

由以上分析可知，对于二阶系统，在 $0 \leqslant \xi \leqslant 0.707$ 时，频率特性出现谐振峰值 M_r。M_r 可表征阻尼系数 ξ，反映系统的稳定性；谐振频率可以反映给定阻尼比 ξ 之下无阻尼振荡频率 ω_n，因此 M_r 和 ω_r 共同反映了系统的快速性。当 ω_r 一定时，二阶系统闭环频率指标 M_r 对其时域指标 σ 和 t_s 的影响为：谐振峰值 M_r 上升，阻尼比 ξ 减小，超调量 σ 增加，系统稳定性降低。

（2）ω_b、M_r 与 t_s 的关系　在带宽频率 ω_b 处，典型二阶系统闭环频率特性的幅频特性为

$$M(\omega_b) = \frac{\omega_n^2}{\sqrt{(\omega_n^2 - \omega_b^2)^2 + (2\xi\omega_n\omega_b)^2}} = \frac{\sqrt{2}}{2}$$

解出 ω_b 的关系式为

$$\omega_b = \omega_n\sqrt{1 - 2\xi^2 + \sqrt{2 - 4\xi^2 + 4\xi^4}} \tag{8-13}$$

将式(8-13)代入式(8-5)得

$$\omega_b t_s = \frac{3}{\xi} \times \sqrt{1 - 2\xi^2 + \sqrt{2 - 4\xi^2 + 4\xi^4}} \qquad (8-14)$$

将式(8-11)代入式(8-14)得

$$\omega_b t_s = 3 \times \sqrt{2 \frac{\sqrt{M_r^2 - 1} + \sqrt{2M_r^2 - 1}}{M_r - \sqrt{M_r - 1}}} \qquad (8-15)$$

从式(8-14)和式(8-15)可以看出，当 ξ 或 M_r 一定时，t_s 与 ω_b 成反比关系。系统频带越宽（ω_b 增大），能通过的高频信号越多，则系统的动态响应越快（t_s 减小），系统的快速性越好。

3. 闭环频域指标与开环频域指标的关系

（1）M_r 与 γ 的关系　由上面分析已知，谐振峰值 M_r 和相角裕度 γ 都反映了系统的超调量大小，表征系统过渡过程的平稳性。典型二阶系统 M_r 与 γ 之间的关系可通过式(8-3)和式(8-10)求出。对于高阶系统则常采用经验公式 $M_r \approx 1/\sin\gamma$。

（2）ω_b 与 ω_c 的关系　频带宽度 ω_b 和剪切频率 ω_c 都反映了系统的快速性能。对于典型二阶系统，ω_b 与 ω_c 之间的关系可通过式(8-1)和式(8-13)求出，即

$$\frac{\omega_b}{\omega_c} = \sqrt{\frac{1 - 2\xi^2 + \sqrt{2 - 4\xi^2 + 4\xi^4}}{\sqrt{1 + 4\xi^4} - 2\xi^2}}$$

二、开环频率特性对系统动态性能的影响

从上面二阶系统的频域分析可以看出，典型二阶系统的开环频率特性决定了二阶系统的闭环频率特性及其动态性能。而对任一单位负反馈控制系统，其闭环传递函数为

$$\Phi(s) = \frac{G(s)}{1 + G(s)}$$

可以看出，开环传递函数的结构和参数，决定了闭环系统传递函数。开环系统的频率特性和闭环系统的动态性能有着内在的联系，其中对闭环系统的动态性能起决定性影响的是开环频率特性的中频段。

1. 中频段特性曲线

中频段是指伯德图中 $L(\omega)$ 在剪切频率 ω_c 附近的区域。对于最小相位系统，若开环对数幅频特性的斜率为 $-20\nu\,\mathrm{dB/dec}$，则对应的相角为 $-90° \times \nu$。中频段幅频特性在 ω_c 处的斜率，对系统的相角裕度 γ 有很大的影响，而远离 ω_c 处的特性曲线斜率影响较小。因此，为保证相角裕度 $\gamma > 0$，中频段斜率应取 $-20\,\mathrm{dB/dec}$，而且应有一定的频宽。

2. 中频段特性与系统的动态性能

（1）中频段斜率为 $-20\,\mathrm{dB/dec}$　设 $L(\omega)$ 线中频段斜率为 $-20\,\mathrm{dB/dec}$，且有较宽频率区域，如图 8-2(a)所示。

此时可近似认为整个系统的开环幅频特性为 $-20\,\mathrm{dB/dec}$，其对应的开环传递函数为

$$G(s) \approx \frac{K}{s} = \frac{\omega_c}{s}$$

对单位负反馈系统，其闭环传递函数为

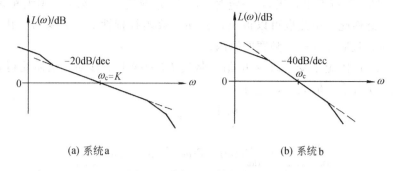

(a) 系统a   (b) 系统b

图 8-2 中频段对数幅频特性

$$\Phi(s) = \frac{G(s)}{1+G(s)} = \frac{\omega_c/s}{1+\omega_c/s} = \frac{1}{\frac{1}{\omega_c}s+1} = \frac{1}{Ts+1}$$

式中，$T = \frac{1}{\omega_c}$ 为时间常数。

可见，这相当于一阶系统。其阶跃响应为指数规律，超调量 $\sigma=0$，系统稳定性好；调节时间 $t_s \approx 3T = \frac{3}{\omega_c}$。可以得出结论，$\omega_c$ 越高，t_s 越小，快速性越好。

（2）中频段斜率为 -40dB/dec 若 $L(\omega)$ 中频段斜率为 -40dB/dec，见图 8-2(b)。对应的开环传递函数为

$$G(s) \approx \frac{K}{s^2} = \frac{\omega_c{}^2}{s^2}$$

其闭环传递函数为

$$\Phi(s) = \frac{G(s)}{1+G(s)} \approx \frac{(\omega_c/s)^2}{1+(\omega_c/s)^2} = \frac{\omega_c{}^2}{s^2+\omega_c{}^2}$$

上式相当于二阶系统 $\xi=0$ 时的情况，其阶跃响应为等幅振荡过程，$t_s \to \infty$。该系统的相角裕度 $\gamma = 180° + \varphi(\omega_c) = 180° + (-90° \times 2) = 0$，系统处于临界稳定状态。

上述分析可知，中频段斜率为 -40dB/dec 或小于 -40dB/dec 时，闭环系统难以稳定。因此，通常中频段斜率取 -20dB/dec，以期得到满意的平稳性。同时通过提高 ω_c 来保证系统的快速性。

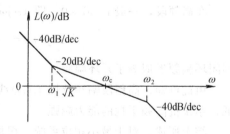

图 8-3 系统开环对数幅频特性曲线

【**例 8-1**】 设某 Ⅱ 型系统的开环传递函数为

$$G(s) = \frac{K(T_1 s+1)}{s^2(T_2 s+1)}, \quad T_1 > T_2$$

试分析系统开环频率特性和闭环系统动态性能的关系。

解 为获得较大的稳定裕度，设 $L(\omega)$ 线穿过 0dB 线时的斜率应为 -20dB/dec。画出该系统的对数幅频特性曲线如图 8-3 所示。其中 $\omega_1=1/T_1$，$\omega_2=1/T_2$。

由相角裕度定义，可求得

$$\gamma = 180° + \varphi(\omega_c) = \tan^{-1}T_1\omega_c - \tan^{-1}T_2\omega_c = \tan^{-1}\frac{\omega_c}{\omega_1} - \tan^{-1}\frac{\omega_c}{\omega_2} \quad (8\text{-}16)$$

① 从式(8-16)可以看出，当 ω_c 一定时，减小 ω_1 或增大 ω_2 都可以增大相角裕度 γ，从而改善系统的动态性能。由此也可以得出，开环对数幅频特性 $L(\omega)$ 穿过 0dB 线时的斜率应为 -20dB/dec，且应保持一定频宽的原因。

② 如果 ω_1、ω_2 固定不变，改变 K 值，将使 $L(\omega)$ 线上下移动，从而使得 ω_c 改变，当 ω_c 为某一值时，γ 有最大值 $\gamma_{\max}$，此时

$$\left.\frac{\mathrm{d}\gamma}{\mathrm{d}\omega}\right|_{\omega=\omega_c} = 0$$

即

$$\left.\frac{\mathrm{d}\gamma}{\mathrm{d}\omega}\right|_{\omega=\omega_c} = \left.\frac{\mathrm{d}}{\mathrm{d}\omega}(\tan^{-1}T_1\omega - \tan^{-1}T_2\omega)\right|_{\omega=\omega_c}$$

$$= \frac{(T_1-T_2)(1-T_1T_2\omega_c^2)}{[1+(T_1\omega_c)^2]\times[1+(T_1\omega_c)^2]} = 0$$

解得

$$\omega_c = \sqrt{\frac{1}{T_1 T_2}} = \sqrt{\omega_1 \omega_2} \tag{8-17}$$

最大相角裕度 $\gamma_{\max}$ 为

$$\gamma_{\max} = \tan^{-1}\sqrt{\frac{\omega_2}{\omega_1}} - \tan^{-1}\sqrt{\frac{\omega_1}{\omega_2}}$$

因为

$$\lg\omega_2 - \lg\omega_c = \lg\omega_c - \lg\omega_1 = \frac{1}{2}(\lg\omega_2 - \lg\omega_1)$$

所以当 ω_1、ω_2 固定不变，选择适当的 K 值，使 ω_c 位于 ω_1 和 ω_2 的几何中心，可以获得最大的相角裕度 $\gamma_{\max}$。

工程中称 $\omega_c = \sqrt{\omega_1 \omega_2}$ 时的系统为"对称最佳"或"三阶最佳"。

3. 高频段特性与系统动态性能

高频段是指伯德图中 $L(\omega)$ 曲线在中频段以后（通常 $\omega > 10\omega_c$）的区域。高频段特性是由系统中小时间常数的环节决定的，所以对系统的动态影响较小。

在高频段，一般 $L(\omega) \ll 0$，即 $|G(j\omega)| \ll 1$ 有

$$|\Phi(j\omega)| = \frac{|G(j\omega)|}{|1+G(j\omega)|} \approx |G(j\omega)|$$

即闭环幅频近似等于开环幅频。

由此可知，高频段幅频特性 $L(\omega)$ 线的高度反映了系统抗高频干扰的能力。$L(\omega)$ 线越低，系统抗高频干扰的能力越强。

综上所述，对于最小相位系统，根据系统动态性能和抗高频干扰的要求，开环系统的对数幅频特性曲线应满足以下几点。

① 中频段以 -20dB/dec 斜率穿越 0dB 线，且有一定中频宽度，此时系统的平稳性好。

② 要提高系统的快速性，应增加剪切频率 ω_c。

③ 高频段的斜率要陡，其分贝数要小，以提高系统抗高频干扰的能力。

第二节　系统动态性能的根轨迹分析

在绘制了控制系统的根轨迹后，根据一定的条件，利用根轨迹幅值条件，不难确定相应的闭环极点，如果闭环零点也已知，就能求出系统的响应，从而实现对系统的性能分析。系

统的开环零、极点的变化，会对系统轨迹产生很大的影响。因此，有目的地改变开环零、极点在 s 平面上的分布，可使系统的动态性能满足一定的要求。

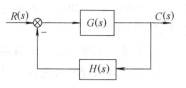

图 8-4　控制系统的动态结构图

一、用闭环零、极点表示系统的阶跃响应

设控制系统如图 8-4 所示。n 阶系统的闭环传递函数 $\Phi(s)$ 可表示为

$$\Phi(s) = \frac{C(s)}{R(s)} = \frac{G(s)}{1+G(s)H(s)}$$

$$= \frac{b_m s^m + b_{m-1} s^{m-1} + \cdots + b_1 s + b_0}{a_n s^n + a_{n-1} s^{n-1} + \cdots + a_1 s + a_0}$$

$$= \frac{K \prod_{j=1}^{m} (s - z_j)}{\prod_{i=1}^{n} (s - s_i)}$$

式中，z_j 为闭环系统的零点；s_i 为闭环系统的极点。

令输入信号为单位阶跃函数，$r(t) = 1(t)$，$R(s) = \dfrac{1}{s}$，可得到系统响应的拉氏变换式为

$$C(s) = \Phi(s) R(s) = \frac{K \prod_{j=1}^{m} (s - z_j)}{\prod_{i=1}^{n} (s - s_i)} \times \frac{1}{s}$$

为简单起见，设 $\Phi(s)$ 中无重极点，则上式可分解为部分分式，即

$$C(s) = \frac{A_0}{s} + \frac{A_1}{s - s_1} + \cdots + \frac{A_n}{s - s_n} = \frac{A_0}{s} + \sum_{k=1}^{n} \frac{A_k}{s - s_k} \tag{8-18}$$

其中

$$A_0 = \left. \frac{K \prod_{j=1}^{m} (s - z_j)}{s \prod_{i=1}^{n} (s - s_i)} \times s \right|_{s=0} = \frac{K \prod_{j=1}^{m} (-z_j)}{\prod_{i=1}^{n} (-s_i)} = \Phi(0)$$

$$A_k = \left. \frac{K \prod_{j=1}^{m} (s - z_j)}{s \prod_{\substack{i=1 \\ i \neq k}}^{n} (s - s_i)} \right|_{s=s_k} = \frac{K \prod_{j=1}^{m} (s_k - z_j)}{s_k \prod_{\substack{i=1 \\ i \neq k}}^{n} (s_k - s_i)}$$

对式(8-18)进行拉氏反变换，得到系统的单位阶跃响应为

$$c(t) = A_0 + \sum_{k=1}^{n} A_k e^{s_k t} \qquad (t \geqslant 0) \tag{8-19}$$

从式(8-18)、式(8-19)中可以看出，系统响应与系统的闭环零、极点有关。

二、闭环零、极点对系统动态性能的影响

控制系统的响应 $c(t)$ 由闭环极点 s_k（或 s_i）、系数 A_k 决定，而系数 A_k 由系统的闭环零

点 z_j、闭环极点 s_k 决定。欲满足控制系统动态性能方面的要求，系统闭环零、极点应遵循以下分布原则。

① 为保证系统稳定，所有的闭环极点 s_k 必须在 s 平面的左半部，即 $R_e[s_k]<0$。

② 为提高系统的快速性，某一极点对应的分量 $e^{s_k t}$ 要衰减快，$|s_k|$ 要大，即该闭环极点要远离虚轴。

③ 若系统的某一闭环极点与一个闭环零点靠得很近，且与其他极点及虚轴相距较远，则称该零、极点为偶极子。偶极子的极点对应的响应分量 $A_k e^{s_k t}$ 很小，以至于在 $c(t)$ 中可忽略不计。工程中，对那些在响应中对系统性能影响不利的极点，有意识地在其附近安排一个零点，使其影响抵消，从而改善系统的性能。

④ 在复平面上，系统中离虚轴最近的极点，且在其附近又无零点，该极点对系统性能影响最大，称为主导极点。系统的响应主要由主导极点来决定。一般认为，跟虚轴的距离与其他极点与虚轴的距离小于 $1/5$，且其附近又无零点，可将该极点作为主导极点。

因此，为了保证控制系统具有良好的动态性能，必须使系统的闭环极点落在复平面的特定区域上，即系统根轨迹必须在特定区域内，例如落在图 8-5 所示的区域内。

在图 8-5 中，σ 越大，系统瞬态响应的衰减越快，即系统的响应速度越快；和负实轴的夹角 $\arccos\xi$ 越小，阻尼比 ξ 越大，系统响应的超调越小。下面通过系统的根轨迹，来分析系统的动态性能。

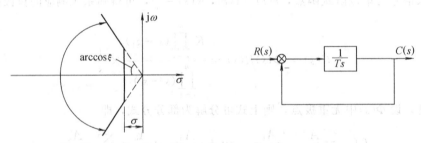

图 8-5　系统根轨迹应位于的区域　　　　图 8-6　【例 8-2】图

【例 8-2】　某一阶系统，如图 8-6 所示。试分析参数 T 对系统动态性能的影响。

解　根据系统开环传递函数 $G(s)=\dfrac{1/T}{s}$，绘制闭环系统根轨迹如图 8-7 所示。

从图 8-7 可以看出，系统的闭环极点为负实极点，系统阶跃响应无超调，T 的变化不影响系统的稳定性。随着 T 的减小（$1/T$ 增大），闭环极点远离虚轴，系统响应变慢，调节时间增大。

【例 8-3】　有二阶系统如图 8-8 所示，其中 $a>0$。试从闭环极点在 s 平面的位置，分析对系统动态性能的影响。

解　根据系统开环传递函数 $G(s)=\dfrac{K}{s(s+a)}$，绘制闭环系统根轨迹如图 8-9 所示。

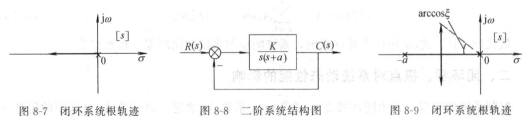

图 8-7　闭环系统根轨迹　　　　图 8-8　二阶系统结构图　　　　图 8-9　闭环系统根轨迹

系统的闭环特征方程为

$$s^2 + as + K = 0$$

① 当 $K < a^2/4$ 时，闭环极点为两个负实极点，即系统根轨迹在实轴上，此时系统无超调。随着 K 从零逐渐增大，原来 $s=0$ 的极点（对系统响应起主导作用）逐渐远离虚轴，系统响应加快，调节时间减小。

② 当 $K > a^2/4$ 时，闭环极点为两个共轭复数极点，即系统根轨迹是平行于虚轴的两条射线。随着 K 逐渐增大，系统阻尼比 ξ 减小，超调量增大。同时由于系统根轨迹平行于虚轴，闭环极点的实部不变，即系统瞬态响应的衰减速度不变。系统响应的调节时间将增加。

③ 当 $K = a^2/4$ 时，闭环极点为两个相等的实极点，即系统根轨迹在实轴上的分离点。此时系统阻尼比 $\xi = 1$，系统响应无超调。

三、利用根轨迹方法来改善系统的动态性能

系统的根轨迹由系统开环零、极点在 s 平面上的位置而决定，因此在 s 平面上的适当位置，增加开环零点或开环极点，可使原系统的根轨迹发生变化，从而使系统的动态性能得到改善。

1. 附加开环极点

在如图 8-10(a) 所示的根轨迹中，开环传递函数为

$$G(s) = \frac{K}{s(s+2)}$$

当附加一个开环极点 $p_3 = -3$，则原系统的开环传递函数为

$$G(s) = \frac{K}{s(s+2)(s+3)}$$

其系统的根轨迹如图 8-10(b) 所示。

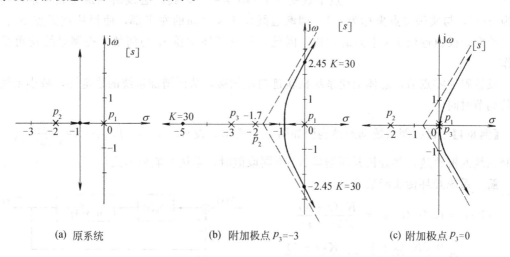

(a) 原系统　　　　　(b) 附加极点 $P_3 = -3$　　　　　(c) 附加极点 $P_3 = 0$

图 8-10　附加开环极点对系统根轨迹的影响

从图 8-10(a)、(b) 可以看出，原系统中在 K 从 $0 \rightarrow \infty$ 时，闭环极点均在 s 平面之左，系统稳定；增加一个极点（$p_3 = -3$）后，原系统的根轨迹向右偏移，当 K 增加到一定值后，根轨迹穿过虚轴到 s 平面的右半边，使系统变得不稳定。

若在原系统中，附加一个 $p_3 = 0$ 的极点，则开环传递函数变为

$$G(s) = \frac{K}{s^2(s+2)}$$

此时系统的根轨迹变成如图 8-10(c)所示。使系统变成不稳定系统。

综上所述，在系统中附加开环极点，将使系统的根轨迹向右移动，并且当增加的极点越靠近坐标原点时，根轨迹的右移越明显。此时系统的动态性能往往变坏，系统的稳定性降低。为克服增加开环极点对系统的影响，在增加开环极点的同时，可增加相应的开环零点。

2. 附加开环零点

设原系统的传递函数

$$G(s) = \frac{K}{s^2(s+2)}$$

其根轨迹如图 8-10(c) 所示，此时系统是不稳定的。若在原系统中增设一个附加零点，即增加比例微分控制器，其传递函数为

$$G_c(s) = \tau s + 1$$

则原系统传递函数变成

$$G_c(s)G(s) = \frac{K(\tau s + 1)}{s^2(s+2)}$$

设 $\tau = 1$，该系统的开环零、极点为

$$p_1 = p_2 = 0,\ p_3 = -2,\ z_1 = -\frac{1}{\tau} = -1$$

根据其零、极点分布，绘出该系统的根轨迹如图 8-11 所示。与图 8-10(c) 所示的根轨迹相比，原来有两条根轨迹完全位于 s 平面之右，系统不稳定。附加零点后，使开环零点个数变成 1（即 $m=1$），其渐近线由三条变成两条，其夹角为 $\pm 90°$，与实轴交点坐标为 -1，即渐近线位于 s 平面的左半部，使得从重极点 p_1、p_2 发出的两条根轨迹处于 s 平面的左边。因此，不论开环增益 K 为何值，控制系统均可稳定工作。

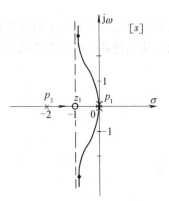

图 8-11　增加零点后的根轨迹

设置附加零点后，总体上使系统根轨迹向左偏移，从而增加系统的稳定性，减小系统响应的调节时间。

【例 8-4】　设控制系统动态结构图如图 8-12所示，设 $G_c(s) = s+1$，$G_0(s) = \dfrac{K_0}{s(2s+1)}$，试绘制系统的根轨迹，并分析开环增益 K_0 不同取值时，系统的响应形式。

解　系统开环传递函数为

$$G(s) = G_c(s)G_0(s) = \frac{K_0(s+1)}{s(2s+1)}$$

$$= \frac{0.5K_0(s+1)}{s(s+0.5)} = \frac{K(s+1)}{s(s+0.5)}$$

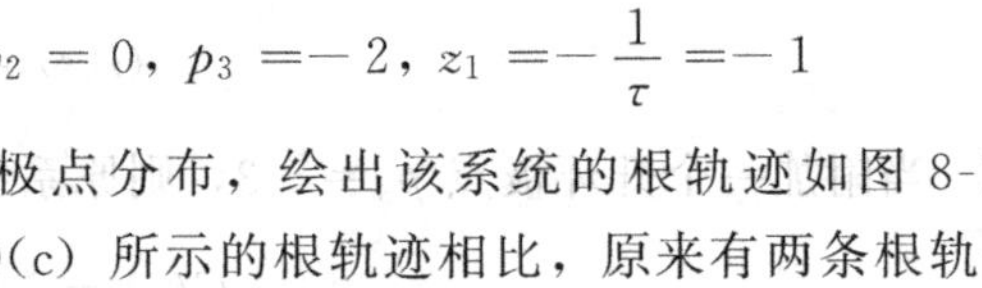

图 8-12　【例 8-4】控制系统结构图

式中，$K = 0.5K_0$ 为开环系统零、极点形式传递函数的根轨迹增益。

由开环传递函数可知，$p_1 = 0$，$p_2 = -0.5$，$z_1 = -1$，并将零、极点表示在 s 平面上，如图 8-13 所示。

根轨迹与实轴的交点（分离点）d 可由下式计算

$$\sum_{i=1}^{n} \frac{1}{d-p_i} - \sum_{j=1}^{m} \frac{1}{d-z_j} = 0$$

即

$$\frac{1}{d+0} + \frac{1}{d+0.5} - \frac{1}{d+1} = 0$$

解之得　　$d_1 = -0.29, d_2 = -1.71$

根据实轴上根轨迹规则，该系统有一个分离点 d_1，一个会合点 d_2。

又根据模值方程

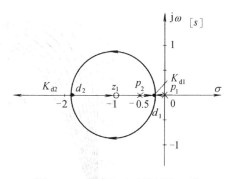

图 8-13　【例 8-4】系统根轨迹图

$$K = \frac{\displaystyle\prod_{i=1}^{n} |s-p_i|}{\displaystyle\prod_{j=1}^{m} |s-z_j|}$$

可求出分离点 d_1 处的开环增益

$$K_{d1} = \frac{0.3 \times (0.5-0.3)}{(1-0.3)} = 0.09$$

同理可得会合点 d_2 处的开环增益

$$K_{d2} = \frac{1.7 \times (1.7-0.5)}{(1.7-1)} = 2.91$$

即系统开环增益　$K_{01} = 0.18$，$K_{02} = 5.83$

由以上计算，可知：

① 当 $0 < K_0 < 0.18$ 及 $K_0 > 5.83$ 时，系统阶跃响应为单调上升过程（过阻尼情况）；

② 当 $K_0 = 0.18$ 或 $K_0 = 5.83$ 时，系统为临界阻尼情况；

③ 当 $0.18 < K_0 < 5.83$ 时，系统阶跃响应呈衰减振荡过程（欠阻尼情况）。

第三节　MATLAB 在系统动态性能分析中的应用

一、二阶系统响应速度和结构参数的关系分析

一阶系统的闭环传递函数为 $\Phi(s) = \dfrac{K}{Ts+1}$，对系统单位阶跃响应产生影响的是参数 K 和 T。首先假设 $K=1$，观察 T 的变化对系统响应的影响。编写如下的 m 文件，可以得到 T 从 1、2 直到 10 的单位阶跃响应曲线，如图 8-14 所示。

```
for T=1：10
g=tf(1,[T 1]);
step(g)
hold on
end
```

从图 8-14 可以看出，随着 T 的增大，系统的响应速度变慢。

现在假设 $T=1$ 不变，K 从 1 变化到 10，编写如下的 m 文件，可以得到系统的单位阶

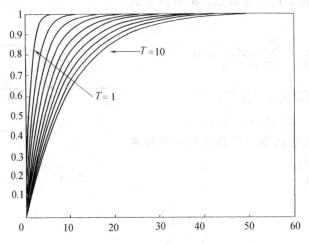

图 8-14 *T* 变化时的单位阶跃响应曲线

跃响应曲线，如图 8-15 所示。

```
for K＝1∶10
g＝tf(K,[1 1]);
step(g)
hold on
end
```

从图 8-15 可以看出，*K* 的变化影响系统输出的幅值，不影响系统响应速度的快慢。
典型二阶系统的闭环传递函数为

$$\Phi(s) = \frac{\omega_n^2}{s^2 + 2\xi\omega_n s + \omega_n^2}$$

从以前的分析知道，阻尼比 ξ 主要对系统的超调产生影响，设 $\xi = 0.707$，观察自然角频率 ω_n 的变化对系统响应的影响。编写如下的 m 文件，可以得到 ω_n 从 1、2 直到 5 的单位阶跃响应曲线，如图 8-16 所示。

```
for w＝1∶5
g＝tf(w^2,[1 2*0.707*w w^2]);
```

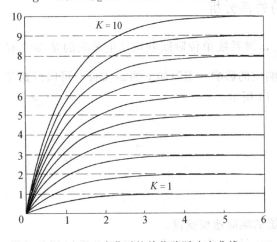

图 8-15 *K* 变化时的单位阶跃响应曲线

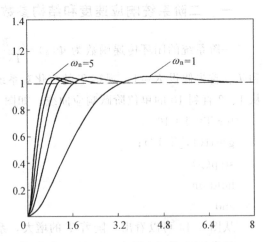

图 8-16 ω_n 变化时的单位阶跃响应曲线

step(g)

hold on

end

从图 8-16 可以看出，对于典型二阶系统，当阻尼比 ξ 一定时，随着 ω_n 的增大，系统的响应速度加快。

二、高阶系统响应速度分析

对于高阶系统，常通过分析闭环主导极点的方法分析系统。闭环极点的相对主导作用取决于闭环极点实部的比值，同时也取决于在闭环极点上求得的留数的相对大小。留数的大小既取决于闭环极点，又取决于闭环零点。

【例 8-5】 考虑下面的两个系统

$$\Phi_1(s) = \frac{4s^4 + 190s^3 + 2024s^2 + 4280s + 6400}{s^5 + 30s^4 + 418s^3 + 2376s^2 + 3920s + 3200}$$

$$\Phi_2(s) = \frac{4s^4 + 183.4s^3 + 1750s^2 + 1388s + 640}{s^5 + 28.8s^4 + 382.6s^3 + 1894s^2 + 1352s + 320}$$

解　① 通过下面的 MATLAB 命令把它进行部分分式展开。

≫a1=[4 190 2024 4280 6400];b1=[1 30 418 2376 3920 3200];[r1,p1 k1]=residue(a1,b1)

r1 =

　　0.0000 − 5.0000i

　　0.0000 + 5.0000i

　　4.0000

　　−0.0000 − 1.0000i

　　−0.0000 + 1.0000i

p1 =

−10.0000 ＋10.0000i

−10.0000 −10.0000i

−8.0000

−1.0000 ＋ 1.0000i

−1.0000 − 1.0000i

k1＝

　　　[]

≫a2=[4 183.4 1750 1388 640];b2=[1 28.8 382.6 1894 1352 320];[r2,p2,k2]=residue(a2,b2)

r2 =

　　0.0037 − 5.0016i

　　0.0037 + 5.0016i

　　3.9921

　　0.0002 − 0.4995i

```
        0.0002 + 0.4995i
  p2 =
  −9.9980 + 9.9997i
  −9.9980 − 9.9997i
  −8.0043
  −0.3999 + 0.2001i
  −0.3999 − 0.2001i
  k2 =
  []
```

从部分分式展开的结果可以看出，系统 1 的主导极点为 −1±i；系统 2 的主导极点为 −0.4±0.2i。

② 利用下面的 MATLAB 命令画出这两个系统的单位阶跃响应，其响应曲线如图 8-17 所示。

? g1＝tf(a1,b1);step(g1)

? g2＝tf(a2,b2);step(g2)

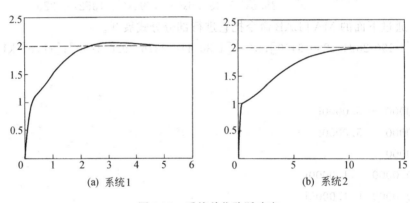

(a) 系统1   (b) 系统2

图 8-17　系统单位阶跃响应

从系统的单位阶跃响应可以看出，由于系统 1 的主导极点较系统 2 的主导极点远离虚轴，在其他极点及留数相同的情况下，系统 1 的响应速度要快于系统 2 的响应速度。

本 章 小 结

控制系统的动态性能可以进行时域分析、频域分析和根轨迹分析。在第三章的时域分析中，确定了系统的动态性能指标，它们主要有超调量 σ、调节时间 t_s、上升时间 t_r 和峰值时间 t_p 等，其中主要是超调量和调节时间。对于典型一阶和二阶系统来说，动态性能指标与系统参数 T、ξ 和 ω_n 之间有特定的联系。而对于高阶系统，在时域中，则要借助计算机进行求解。

在频域中，系统开环对数频率特性的中频段对系统动态性能起主要的影响作用。若要求系统具有良好的动态性能，开环对数幅频特性必须以 −20dB/dec 的斜率穿越 0dB 线，而且必须保证一定的频带宽度。对于典型二阶系统，其频域指标，如穿越频率 ω_c、相角裕度 γ 和时域指标之间具有确定的关系，对于其他的系统，频域指标和时域指标之间也有一定的关系，一般来说，ω_c 越大，系统响应越快；γ 越大，系统响应越平稳。由于闭环频域指标和开环频域指标有关，因此分析闭环频域特性，也能分析系统的动态性能。

由于系统的根轨迹反映了系统闭环极点的位置，因此可以根据根轨迹分析系统的动态性能，为使系统的动态性能满足要求，系统根轨迹必须位于 s 平面的一定范围内。通过增加开环系统的零极点，可以改变系统的根轨迹，从而改善系统的动态性能。

通过 MATLAB 的数值计算功能，可以直接分析系统的动态性能。

习　　题

8-1　试说明要使系统具有满意的动态性能，系统应具有怎样的频率特性，并说明系统开环频域指标和闭环频域指标和系统动态性能的关系。

8-2　某单位反馈系统的开环传递函数

$$G(s) = \frac{16}{s(s+4\sqrt{2})}$$

试确定下列性能指标 σ、t_s、ω_c、γ、M_r、ω_r 和 ω_b。

8-3　已知单位反馈系统的开环传递函数

$$G(s) = \frac{48(s+1)}{s(8s+1)(0.05s+1)}$$

试按 γ 和 ω_c 估算系统时域指标 σ 和 t_s。

8-4　典型二阶系统的开环传递函数

$$G(s) = \frac{\omega_n^2}{s(s+2\xi\omega_n)}$$

若已知 $10\% \leqslant \sigma \leqslant 30\%$，试确定相角裕度 γ 的范围；若给定 $\omega_n = 10$，试确定系统带宽 ω_b 的范围。

8-5　若要求系统具有良好的动态性能，试说明系统根轨迹在 s 平面上应位于怎样的位置，并说明原因。

8-6　设单位反馈系统的开环传递函数

$$G(s) = \frac{K}{s(s+1)(0.5s+1)}$$

试用根轨迹方法求当 $\xi = 0.5$ 时的一对主导极点值，并求对应的放大系数 K，然后利用主导极点计算系统的性能指标。

第九章 自动控制系统的性能改善方法

引言 控制系统的时域分析法、根轨迹法和频率特性法是在给定了系统结构和参数的条件下，计算或估算系统性能的分析方法。但在工程实际中常常要求针对给定的控制对象和所要求达到的性能指标，设计和选择控制器的结构与参数，这类问题称为系统的综合或校正。

本章主要介绍改善控制系统性能的方案确定和控制器设计，包括：校正的概念；串联校正、反馈校正和复合校正；速度反馈；串联校正控制器的设计；PID控制对系统性能的影响及PID控制器设计；MATLAB在系统设计方面的应用。最后综合应用各种分析和设计方法研究一个具体的控制系统。

第一节 自动控制系统性能改善概述

一、自动控制系统校正的概念

自动控制系统一般由控制器及受控对象组成。控制器是指对受控对象起控制作用的装置总体，其中包括测量及信号转换装置、信号放大及功率放大装置以及实现控制指令的执行机构等部分。在工程实践中，这种由控制器的基本组成部分及受控对象组成的反馈控制系统，往往不能同时满足各项性能指标的要求，甚至不能稳定工作。为了改善系统的性能，人们希望通过改变控制器基本组成部分的参数来实现。但通常除了放大器的增益可调外，其他参数都难以改变。而在多数情况下，仅靠调整增益是不能兼顾稳态和动态性能的。这是因为增益小了不能保证系统的稳态精度，而增益大了又可能导致动态性能恶化，甚至造成系统不稳定。因此必须在系统中引入一些附加装置，以改善系统的性能，从而满足工程要求。这种措施称为校正（Correct）。所引入的装置称为校正装置（Correct Unit）。为了讨论问题方便，常将系统中除校正装置以外的部分，包括受控对象及控制器的基本组成部分，称为"固有部分"。因此，控制系统的校正，就是按给定的"固有部分"的特性和对系统提出的性能指标要求，选择与设计校正装置。

二、校正的实质

从前面的分析可以知道，附加开环零、极点，可以改变系统根轨迹或频率特性的形状。因此适当增加零点和极点，可以使系统满足规定的要求。引入校正装置的目的就在于用附加零点和极点的办法对系统实现校正，其实质就在于改变系统的零、极点分布、根轨迹或频率特性的形状。

例如原系统如图9-1实线部分所示，其开环传递函数为$G(s)H(s)$。串接了校正装

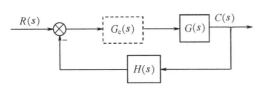

图 9-1 系统的校正

置$G_c(s)$后，开环传递函数变为$G(s)H(s)G_c(s)$，显然，系统的零、极点、根轨迹或频率特性可以得到相应的改变。

三、校正方案的确定

确定采用的校正装置在系统中的位置以及校正装置的连接方式，称为改善控制系统性能校正方案的确定。在工程中，系统常用的校正方案有以下几种。

1. 串联校正

将校正装置$G_c(s)$与固有部分串联，称为串联校正（Series Correct），如图 9-2（a）所示。串联校正简单，比较容易实现，串联校正装置常设置在系统前向通道中能量比较低的位置，以减小功率损耗。串联校正装置可以采用有源或无源网络来实现。

2. 反馈校正

将校正装置$G_c(s)$与受控对象作反馈连接，形成局部反馈回路，称为反馈校正（Feedback Correct），如图 9-2(b) 所示。反馈校正可以改造被反馈包围的环节特性，抑制这些环节的参数波动或非线性因素对系统性能的不利影响。反馈校正装置的信号是从高功率点传向低功率点，一般可以采用无源校正网络来实现。

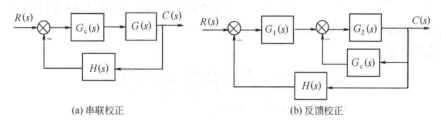

(a) 串联校正　　　　　　　　　　　　　　(b) 反馈校正

图 9-2　校正方案

3. 复合校正

复合校正（Composite Correct）是在反馈控制的基础上，引入输入补偿构成的校正方式，可以分为如下两种。

一种是引入输入信号补偿的附加前置校正，称为前馈补偿校正；另一种是引入扰动补偿的附加前置校正，称为扰动补偿校正。校正装置$G_c(s)$将直接或间接测量出扰动信号$d(t)$，经过适当变换之后，作为附加校正信号输入系统，使主要可测扰动对系统的影响得到全补偿，从而使系统对主要可测扰动具有不变性。

选择何种校正方案，取决于系统结构的特点、可供采用的元件、信号的性质、所要达到的性能要求及其他条件。

四、系统性能指标的确定

一个系统的性能指标总是根据它所要完成的具体任务规定的，通常由其使用单位或设计制造单位提出。性能指标的提出应根据系统工作的实际需要而定，对不同系统应有所侧重。切忌盲目追求高指标而忽视经济性，甚至脱离实际。

一般情况下，几个性能指标的要求往往是互相矛盾的，如减小系统的稳态误差常会降低系统的相对稳定性，甚至导致系统不稳定。在这种情况下，就要考虑哪个性能要求是主要的，首先加以满足；在另一些情况下，就要采取折中的方案，使各方面的性能要求都得到适当满足。

系统性能指标要能反映系统实际性能的特点，又要便于测量和检测。常用指标有时域指标和频域指标。

时域指标主要有超调量 σ、调节时间 t_s 和稳态误差 e_{ss}。

频域指标主要有相角裕度 γ、截止频率 ω_c、带宽频率 ω_b 和谐振峰值 M_r 等。

第二节　提高系统准确性的校正方法

在控制系统的稳态性能分析一章中，通过对控制系统稳态误差的分析和计算，可以知道，通过增加前向通道或扰动作用点到 $E(s)$ 间积分环节个数和提高放大系数可以减小稳态误差，改善系统的控制精度。当兼顾到系统的动态性能，不能靠增加积分环节或增大放大系数来提高系统的稳态精度时，可以在控制系统中引入与给定或扰动作用有关的附加控制作用，构成复合控制系统，以进一步减小系统的稳态误差。

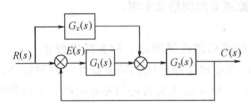

图 9-3　引入输入补偿的复合控制系统

一、引入输入补偿方法

如图 9-3 所示系统中，为了减小给定作用的稳态误差，由输入端通过 $G_c(s)$ 引入了输入补偿这一控制环节，构成复合控制系统。

系统闭环传递函数为

$$\Phi(s) = \frac{C(s)}{R(s)} = \frac{G_1(s)G_2(s) + G_c(s)G_2(s)}{1 + G_1(s)G_2(s)}$$

$$\begin{aligned}
E(s) &= R(s)[1 - \Phi(s)] \\
&= R(s)\left[1 - \frac{G_1(s)G_2(s) + G_c(s)G_2(s)}{1 + G_1(s)G_2(s)}\right] \\
&= R(s)\frac{1 - G_c(s)G_2(s)}{1 + G_1(s)G_2(s)}
\end{aligned} \tag{9-1}$$

如果满足

$$1 - G_c(s)G_2(s) = 0$$

即

$$G_c(s) = \frac{1}{G_2(s)} \tag{9-2}$$

则 $E(s)=0$，$C(s)=R(s)$，系统完全复现输入信号，实现了误差的全补偿。

二、引入扰动补偿方法

图 9-4 所示为引入扰动补偿的复合控制系统。系统中 $D(s)$ 通过 $G_c(s)$ 加到控制回路中。当不考虑输入作用，即 $R(s)=0$ 时

扰动作用下的误差为

$$E(s) = R(s) - C(s) = -C(s)$$

$$C(s) = \frac{G_2(s) + G_c(s)G_1(s)G_2(s)}{1 + G_1(s)G_2(s)}D(s) \tag{9-3}$$

如果满足

$$1 + G_c(s)G_1(s) = 0 \tag{9-4}$$

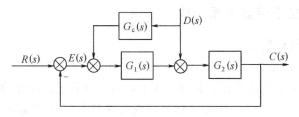

图 9-4　引入扰动补偿的复合控制系统

即

$$G_c(s) = -\frac{1}{G_1(s)}$$

这时 $C(s)=0$，系统的输出完全不受扰动的影响，实现了对扰动误差的全补偿。

第三节　改善系统动态性能的校正方法

一、引入速度负反馈的系统校正方法

速度负反馈控制，就是将输出量的导数 $\frac{\mathrm{d}c(t)}{\mathrm{d}t}$ 反馈到系统输入端，系统的输出同时受到误差和输出微分的双重控制。因此，输出量的速度负反馈又称输出量的微分负反馈。一个二阶系统的速度负反馈校正如图9-5所示。

在未加入速度负反馈前

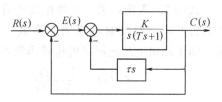

图 9-5　引入速度负反馈的二阶系统

$$\Phi(s) = \frac{K}{Ts^2 + s + K} = \frac{\omega_n^2}{s^2 + 2\xi\omega_n s + \omega_n^2}$$

$$\omega_n = \sqrt{\frac{K}{T}} \quad , \quad \xi = \frac{1}{2\sqrt{KT}}$$

在引入速度负反馈后

$$G'(s) = \frac{K}{s(Ts + 1 + K\tau)} = \frac{K'}{s(T's + 1)}$$

其中

$$\begin{cases} K' = \dfrac{K}{1 + K\tau} \\[2mm] T' = \dfrac{T}{1 + K\tau} \end{cases} \tag{9-5}$$

可得

$$\begin{cases} \omega'_n = \sqrt{\dfrac{K'}{T'}} = \sqrt{\dfrac{K}{T}} = \omega_n \\[2mm] \xi' = \dfrac{1}{2\sqrt{K'T'}} = \dfrac{1 + K\tau}{2\sqrt{KT}} = (1 + K\tau)\xi \end{cases} \tag{9-6}$$

从式(9-5)和式(9-6)可以看出，引入速度负反馈控制后，ω_n 不变，阻尼比增大了 $(1+K\tau)$ 倍，只要选择适当的 τ 值，就能得到满意的阻尼比，使系统动态性能得到改善。

速度负反馈的引入，还使系统的开环放大倍数下降了，这对系统的稳态精度将产生不利的影响。为了避免这些影响，在引入速度负反馈的同时，必须增大原系统的开环放大倍数。

二、引入串联校正装置的系统校正方法

（一）串联相位超前校正

1. 相位超前校正装置

所谓相位超前，是指系统在正弦信号作用下，可以使其正弦稳态输出信号的相位超前于输入信号，或者说具有正的相角特性。而相位超前角是输入信号频率的函数。

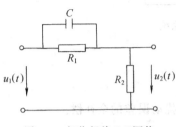

图 9-6　相位超前 RC 网络

（1）无源相位超前网络　图 9-6 是一个用无源阻容元件组成的相位超前网络。图中 $u_1(t)$ 是输入信号，$u_2(t)$ 为输出信号。

设此网络输入信号源的内阻为零，输出端的负载阻抗为无穷大，则此无源相位超前网络的传递函数可写为

$$G_c(s) = \frac{1}{a} \times \frac{1+aTs}{1+Ts} \tag{9-7}$$

其中

$$T = \frac{R_1 R_2}{R_1 + R_2} C \tag{9-8}$$

$$a = \frac{R_1 + R_2}{R_2} = 1 + \frac{R_1}{R_2} > 1 \tag{9-9}$$

式（9-7）表明，采用无源相位超前校正装置时，系统的开环增益要下降 a 倍。现假设校正装置开环增益的衰减已由提高放大器增益所补偿，则无源相位超前网络的传递函数可写为

$$G_c(s) = \frac{1+aTs}{1+Ts} \tag{9-10}$$

对应的频率特性为

$$G_c(j\omega) = \frac{1+jaT\omega}{1+jT\omega} \tag{9-11}$$

其对数频率特性如图 9-7 所示，可见校正网络对频率在 $1/(aT) \sim 1/T$ 之间的输入信号有明显的微分

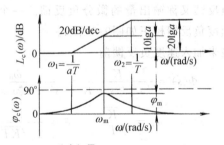

图 9-7　$\dfrac{1+jaT\omega}{1+jT\omega}$ 的对数频率特性曲线

作用，在该频率范围内，输出信号的相位超前于输入信号。图 9-7 还表明，当频率 ω 等于最大超前相角的频率 ω_m 时，相角超前量最大，以 φ_m 表示，而 ω_m 又正好是两个转折频率 $\omega_1 = 1/(aT)$，$\omega_2 = 1/T$ 的几何中心。此时

$$\lg\omega_m = (\lg\omega_1 + \lg\omega_2)/2$$

$$\omega_m = \sqrt{\omega_1 \omega_2} = \frac{1}{T\sqrt{a}} \tag{9-12}$$

最大超前相角

$$\varphi_m = \arctan(aT\omega_m) - \arctan(T\omega_m) = \arctan\frac{(a-1)T\omega_m}{1+aT^2\omega_m^2}$$

$$= \arctan\frac{a-1}{2\sqrt{a}} \tag{9-13}$$

或

$$\varphi_m = \arcsin\frac{a-1}{a+1} \tag{9-14}$$

则
$$a = \frac{1 + \sin\varphi_m}{1 - \sin\varphi_m} \tag{9-15}$$

由上可见，a 值愈大，输出信号相位超前愈多，微分作用愈强。a 值过大，对抑制系统噪声也不利。为了保证较高的系统信噪比，一般实际中选用的 a 值不大于 20。此外，从图 9-7 可明显看出，ω_m 处的对数幅频值为

$$L_c(\omega_m) = 10\lg a$$

φ_m 与 a 和 $10\lg a$ 的关系曲线如图 9-8 所示。

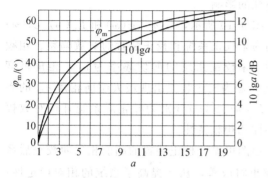

图 9-8　相位超前网络 φ_m 与 a 和 $10\lg a$ 的关系曲线

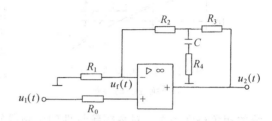

图 9-9　有源相位超前网络

（2）有源相位超前网络　上面所述这种以简单 RC 无源网络作为串联校正装置接入系统，常会因负载效应的影响而削弱了校正的作用，或者使得网络参数难以选择，故目前在实际控制系统中，多采用由运算放大器组成的有源校正网络构成串联校正装置。

有源相位超前校正装置可由图 9-9 所示网络实现。根据运算放大器性质及电网络的有关定律可以知道

$$G_c(s) = \frac{U_2(s)}{U_1(s)} = \frac{U_2(s)}{U_f(s)} = G_0 \frac{1 + T_1 s}{1 + Ts} \tag{9-16}$$

其中
$$G_0 = \frac{R_1 + R_2 + R_3}{R_1} > 1 \tag{9-17}$$

$$T_1 = \frac{(R_1 + R_2 + R_4)R_3 + (R_1 + R_2)R_4}{R_1 + R_2 + R_3} C$$

$$T = R_4 C \tag{9-18}$$

若满足条件
$$R_2 \gg R_3 > R_4$$

则
$$T_1 \approx (R_3 + R_4)C > T \tag{9-19}$$

设
$$a = \frac{T_1}{T} = \frac{R_3 + R_4}{R_4} = 1 + \frac{R_3}{R_4} > 1 \tag{9-20}$$

则
$$T_1 = aT$$

将式（9-20）代入式（9-16），得

$$G_c(s) = G_0 \frac{1 + aTs}{1 + Ts} \tag{9-21}$$

采用有源相位超前网络进行串联校正时，只要考虑 G_0 在内，调整系统开环增益以满足系统稳态精度的要求。

2. 串联相位超前校正

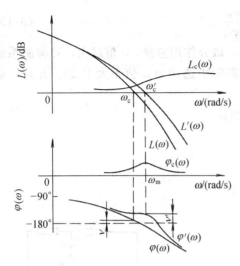

图 9-10　串联相位超前校正
对系统性能的影响

超前校正的基本原理是利用超前校正网络的相角超前特性去增大系统的相角裕度，以改善系统的动态性能。因此设计校正装置时应使最大的超前相位角 φ_m 出现在校正后系统的剪切频率 ω'_c 处。

首先讨论已补偿低频衰减的相位超前校正装置 $G_c(j\omega) = \dfrac{1 + jaT\omega}{1 + jT\omega}$ 加入系统后，对系统开环频率特性的影响。

图 9-10 所示，$L(\omega)$、$\varphi(\omega)$ 和 $L_c(\omega)$、$\varphi_c(\omega)$ 分别为未校正系统和校正装置的对数幅频、相频特性。未校正系统的剪切频率为 ω_c，相角裕度为 γ。ω_m 为校正装置出现最大超前相角 φ_m 的频率。$L'(\omega)$、$\varphi'(\omega)$ 分别为校正后系统开环对数幅频特性和相频特性。

由图可见，校正装置的超前相角使校正后系统的相角裕度增大，对数幅频特性的中频段斜率也将改善，从而提高了系统的相对稳定性；校正装置的高频增益使校正后系统的剪切频率增大，从而提高了系统的快速性。同时，这种相位超前校正装置将使高频增益提高，不利于抑制高频干扰。

用频率特性法设计串联超前校正装置的一般步骤大致如下。

① 根据给定的系统稳态误差要求，确定系统的开环增益 K。

② 利用已知的 K 值，绘制未校正系统的伯德图，并确定相角裕度 γ 和幅值裕度 K_g。

③ 确定 $\omega'_c(\omega_m)$ 和 a。如果对校正后系统的剪切频率 ω'_c 已提出要求，则可确定 $\omega'_c = \omega_m$。在伯德图上查得未校正系统的 $L(\omega'_c)$ 值，使得 $L_c(\omega_m) = 10\lg a$（正值）与 $L(\omega'_c)$（负值）之和为零，即 $L(\omega'_c) + 10\lg a = 0$，从而求得超前网络的 a。

如果对校正后系统的剪切频率 ω'_c 未提出要求，则根据给定的相角裕度 γ'，首先求出 φ_m 为

$$\varphi_m = \gamma' - \gamma + \Delta$$

式中，Δ 是考虑到由于 ω'_c 大于 ω_c 原系统相角裕度有所减小而留的裕量。

求出 φ_m 以后，根据式（9-15）$a = \dfrac{1 + \sin\varphi_m}{1 - \sin\varphi_m}$ 或查图 9-8 曲线便可求得 a。

在未校正系统对数幅频特性曲线上测出幅值为 $-10\lg a$ 处的频率就是校正后系统的剪切频率 $\omega'_c = \omega_m$。

④ 确定校正装置的传递函数。校正装置的另一参数根据式（9-12）可求出 $T = \dfrac{1}{\omega_m \sqrt{a}}$。并以此写出校正装置的传递函数为

$$G_c(s) = \frac{1 + aTs}{1 + Ts}$$

⑤ 画出校正后系统的伯德图，并校验系统是否满足给定的指标要求。如果校正后系统满足了给定指标要求，校正工作结束。如果不符合要求，则需从第 3 步起再一次选定 ω'_c（或 φ_m），一般是使 $\omega'_c = \omega_m$（或 $\varphi_m = \gamma' - \gamma + \Delta$）值增大，直到满足全部性能指标。

⑥ 根据超前网络的参数 a、T 值，计算其元件值。

【**例 9-1**】　某 I 型单位反馈系统固有部分的开环传递函数为 $G(s)=\dfrac{K}{s(s+1)}$，要求系统在单位斜坡输入信号时，稳态误差 $e_{ss}\leqslant 0.1$，剪切频率 $\omega'_c\geqslant 4.4\mathrm{rad/s}$，相角裕度 $\gamma'\geqslant 45°$，幅值裕度 $K_g\geqslant 100\mathrm{dB}$。设计相位超前网络校正系统，使其满足给定的指标要求。

解　① 根据稳态误差要求，该系统固有部分为 I 型系统，所以有

$$e_{ss}=\frac{1}{K_v}=\frac{1}{K}\leqslant 0.1$$

取 $K=10$，可满足稳态误差要求，则未校正系统的传递函数为 $G(s)=\dfrac{10}{s(s+1)}$

② 画出未校正系统的开环对数频率特性 $L(\omega)$ 和 $\varphi(\omega)$，见图 9-11，得剪切频率 $\omega_c=3.16\mathrm{rad/s}$，相角裕度 $\gamma=17.6°$。二阶系统的幅值裕度 K_g 为 ∞。

③ 根据给定的指标要求 $\omega'_c\geqslant 4.4\mathrm{rad/s}$，试选 $\omega'_c=4.4$，则 $\omega_m=\omega'_c=4.4$。在此频率处，未

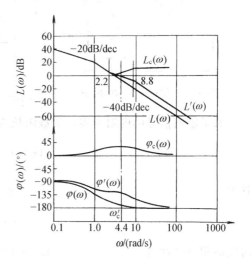

图 9-11　【例 9-1】系统开环对数
频率特性曲线

校正系统对数幅值 $L(\omega'_c)=-6\mathrm{dB}$，由于超前网络在此频率处的对数幅值为 $10\lg a$，则有

$$10\lg a=6$$

求得 $a=4$

④ 确定校正装置参数 T

$$T=\frac{1}{\omega_m\sqrt{a}}=\frac{1}{4.4\times\sqrt{4}}=0.114$$

于是可写出

$$G_c(s)=\frac{1+aTs}{1+Ts}=\frac{1+0.456s}{1+0.114s}$$

$G_c(s)$ 的对数频率特性 $L_c(\omega)$ 和 $\varphi_c(\omega)$ 如图 9-11 所示。

⑤ 校正后系统的开环传递函数为

$$G'(s)=G_c(s)G(s)=\frac{10(1+0.456s)}{s(1+s)(1+0.114s)}$$

画出校正后系统开环对数频率特性 $L'(\omega)$ 和 $\varphi'(\omega)$，如图 9-11 所示。

校正后系统的剪切频率 $\omega'_c=4.4\mathrm{rad/s}$，未校正系统在 ω'_c 处的相角裕度 $\gamma(\omega'_c)=90°-\arctan\omega'_c=12.8°$，而 $a=4$ 时，校正装置在 ω'_c 处出现的最大超前角 $\varphi_m=\sin\dfrac{a-1}{a+1}=37°$，故已校正系统的相角裕度 $\gamma'=\varphi_m+\gamma(\omega'_c)=49.8°>45°$。系统的幅值裕度仍等于 ∞。此时，全部性能指标已满足。

⑥ 选择无源或有源相位超前网络元件值，注意元件值的选取不唯一（略）。

综上所述，串联相位超前校正装置使系统的相角裕度增大，从而降低了系统响应的超调量，与此同时，增加了系统的带宽，使系统的响应速度加快。

在有些情况下，串联超前校正的应用受到限制。例如，当未校正系统的相角在所需剪切

频率附近向负相角方面急剧减小时，采用串联超前校正往往效果不大；当需要超前相角的数值很大时，则校正网络的 a 值需选得很大，从而使系统的带宽过大，高频噪声易于通过系统，严重时，可能导致系统失控。遇到此类情况时，应考虑采用其他类型的校正方式。

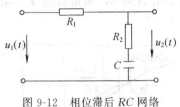

图 9-12 相位滞后 RC 网络

（二）串联相位滞后校正

1. 相位滞后校正装置

（1）无源相位滞后网络　相位滞后校正装置可用图 9-12 所示的 RC 无源网络实现。

如果输入信号的内阻为零，负载阻抗为无穷大，可求得传递函数为

$$G_c(s) = \frac{1 + \beta Ts}{1 + Ts} \tag{9-22}$$

其中

$$\beta = \frac{R_2}{R_1 + R_2} < 1 \tag{9-23}$$

$$T = (R_1 + R_2)C \tag{9-24}$$

对应的频率特性为

$$G_c(j\omega) = \frac{1 + j\beta T\omega}{1 + jT\omega} \tag{9-25}$$

其对数频率特性如图 9-13 所示。

由图可见，采用无源相位滞后校正装置，对低频信号不产生衰减，而对高频信号有削弱作用，β 值越小，抑制高频噪声的能力越强。通常选择 $\beta = 0.1$ 较适宜。校正网络输出信号的相位滞后于输入信号，或者说具有负相角特性。与相位超前网络类似，相位滞后网络的最大滞后角 φ_m 位于 $\omega_1 = 1/T$ 与 $\omega_2 = 1/(\beta T)$ 的几何中心 ω_m 处，计算 ω_m 和 φ_m 的公式同前。

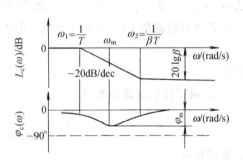

图 9-13 相位滞后网络的对数频率特性曲线

采用相位滞后校正装置改善系统的动态性能，主要是利用其高频幅值衰减特性。为了避免最大滞后相角发生在校正后系统的剪切频率 ω_c' 附近，应使网络的第二个转折频率 $\omega_2 = 1/(\beta T)$ 远小于 ω_c'，一般可取

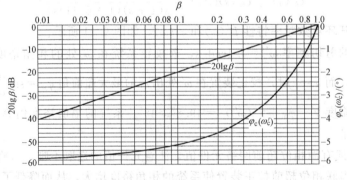

图 9-14 无源相位滞后网络 β 与 $\varphi_c(\omega_c')$ 和 $20\lg\beta$ 的关系曲线 $\left(\text{设 } \dfrac{1}{\beta T} = \dfrac{\omega_c'}{10}\right)$

$$\omega_2 = \frac{1}{\beta T} \approx \frac{\omega'_c}{10} \tag{9-26}$$

相位滞后网络在校正后系统剪切频率 ω'_c 处产生的相角滞后为

$$\varphi_c(\omega'_c) = \arctan(\beta T \omega'_c) - \arctan(T \omega'_c) \tag{9-27}$$

由两角和的三角函数公式得

$$\varphi_c(\omega'_c) = \arctan \frac{\beta T \omega'_c - T \omega'_c}{1 + \beta T^2 (\omega'_c)^2} \tag{9-28}$$

将式(9-26)及 $\beta < 1$ 代入式(9-28)，可得

$$\varphi_c(\omega'_c) \approx \arctan[0.1(\beta - 1)] \tag{9-29}$$

若取 $\beta = 0.1$，则有 $\varphi_c(\omega'_c) \approx -5.14°$。$\beta$ 与 $\varphi_c(\omega'_c)$ 和 $20\lg\beta$ 的关系曲线如图 9-14。

（2）有源相位滞后网络　图 9-15 示出了一种有源相位滞后网络，它由一个反相输入的运算放大器所组成。

网络的传递函数为

$$G_c(s) = \frac{U_2(s)}{U_1(s)} = G_0 \frac{1 + T_2 s}{1 + T s} \tag{9-30}$$

式中，$G_0 = \dfrac{R_2 + R_3}{R_1}$，$T = R_3 C$，$T_2 = \dfrac{R_2 R_3}{R_2 + R_3} C$。

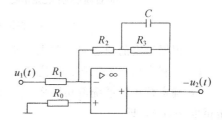

图 9-15　有源相位滞后网络

显然有 $T > T_2$，令

$$\beta = \frac{T_2}{T} = \frac{R_2}{R_2 + R_3} < 1$$

则有 $T_2 = \beta T$，代入式(9-30)得

$$G_c(s) = G_0 \frac{1 + \beta T s}{1 + T s}$$

或

$$\frac{1}{G_0} G_c(s) = \frac{1 + \beta T s}{1 + T s}$$

显然这是一个滞后网络。

2. 串联相位滞后校正

首先讨论相位滞后校正装置加入系统后，对系统开环频率特性形状和闭环系统性能的影响。

串入频率特性如式(9-25)所示的相位滞后校正装置后，将对系统的相角裕度产生不利影响。通常是使校正装置的转折频率 $\omega_2 = 1/(\beta T)$ 处于未校正系统的低频段，如图 9-16(a)所示。由图可见，由于校正装置的高频衰减，校正后系统的剪切频率下降，带宽变小，降低了系统的响应速度。但却能使相角裕度增大，提高了系统的相对稳定性。

如果未校正系统的动态性能已满足要求，可在加入上述滞后校正装置的同时串入增益为 $1/\beta$ 的附加放大器，如图 9-16(b)所示。由图可见，校正后系统的中频段特性几乎不改变，但低频段幅值却上升了，从而提高了系统的稳态性能。

由上可见，串联滞后校正装置可用于提高系统的相角裕度，以改善系统的稳定性和某些暂态性能，也可用于提高系统的稳态精度，减小系统稳态误差。

串联相位滞后校正的一般步骤如下。

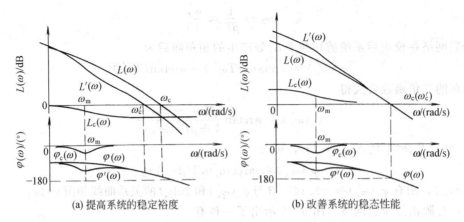

(a) 提高系统的稳定裕度   (b) 改善系统的稳态性能

图 9-16　相位滞后校正装置对系统性能的影响

① 根据给定的稳态误差要求，确定系统开环增益 K。

② 绘制未校正系统在已确定 K 值下的伯德图，求出其相角裕度 γ 和幅值裕度 K_g。

③ 确定校正后系统剪切频率 ω'_c。根据给定的相角裕度 γ'，求出未校正系统在 ω'_c 处的相角裕度 $\gamma(\omega'_c)$，即

$$\gamma(\omega'_c) = \gamma' + \Delta'$$

式中，Δ' 为补偿滞后校正装置在 ω'_c 处的相角滞后而增加的角度，一般取 $\Delta' = 5° \sim 15°$。$\gamma(\omega'_c)$ 确定以后，在未校正系统的伯德图上查出对应 $\gamma(\omega'_c)$ 的频率，即是校正后系统的剪切频率 ω'_c。

④ 求 β 值。找出未校正系统对数幅频特性在 ω'_c 处的幅值 $L(\omega'_c)$，令

$$L(\omega'_c) + 20\lg\beta = 0$$

以确定 β 值。

⑤ 确定校正装置的传递函数。选择校正网络的第二个转折频率 $\omega_2 = 1/(\beta T) = (0.1 \sim 0.25)\omega'_c$，则可求出参数 T。并以此写出校正装置的传递函数为

$$G_c(s) = \frac{1 + \beta Ts}{1 + Ts}$$

⑥ 画出校正后系统的伯德图，校验其性能。

⑦ 确定校正网络的元件值。

【**例 9-2**】 设有 I 型系统，其固有部分的开环传递函数为

$$G(s) = \frac{K}{s(1 + 0.1s)(1 + 0.2s)}$$

试设计串联校正装置，使系统满足下列性能指标：$K \geqslant 30$，$\gamma' \geqslant 40°$，$K'_g \geqslant 10\text{dB}$，$\omega'_c \geqslant 2.3\text{rad/s}$。

解 ① 根据性能指标，取 $K = 30$ 代入未校正系统的开环传递函数中，则其传递函数为

$$G(s) = \frac{30}{s(1 + 0.1s)(1 + 0.2s)}$$

② 绘出未校正系统开环对数频率特性，如图 9-17 所示。从图可知 $\omega_c = 12\text{rad/s}$，$\gamma = -27.6°$，$K_g(\text{dB}) < 0$，故闭环系统不稳定。

③ 根据 $\gamma' \geqslant 40°$，并取 $\Delta' = 6°$ 则

$$\gamma(\omega'_c) = \gamma' + \Delta' = 46°$$

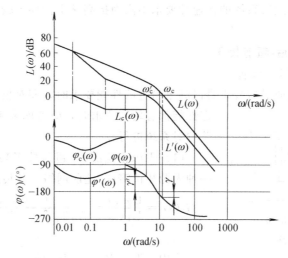

图 9-17 【例 9-2】系统开环对数频率特性曲线

在未校正系统的伯德图上查出对应 $\gamma(\omega'_c)=46°$ 的频率 $\omega'_c=2.7\text{rad/s}$。由于指标要求 $\omega'_c\geqslant 2.3$，故 ω'_c 可在 $2.3\sim 2.7$ 范围内取值，现选定 $\omega'_c=2.7\text{rad/s}$。

④ 找出对应 $\omega'_c=2.7$ 时未校正系统 $L(\omega'_c)=21\text{dB}$，由

$$L(\omega'_c)+20\lg\beta=0$$

求得

$$\beta=0.09$$

⑤ 取校正装置的第二个转折频率 $\omega_2=1/(\beta T)=0.1\omega'_c$，则有

$$T=\frac{1}{0.1\beta\omega'_c}=\frac{1}{0.1\times 0.09\times 2.7}=41$$

于是滞后校正装置的传递函数为

$$G_c(s)=\frac{1+\beta Ts}{1+Ts}=\frac{1+3.7s}{1+41s}$$

其对应的对数频率特性 $L_c(\omega)$、$\varphi_c(\omega)$ 示于图 9-17。

⑥ 校正后系统开环传递函数为

$$G'(s)=G_c(s)G(s)=\frac{30(1+3.7s)}{s(1+41s)(1+0.1s)(1+0.2s)}$$

对应的对数频率特性 $L'(\omega)$ 和 $\varphi'(\omega)$ 如图 9-17 所示，由图得校正后系统的相角裕度为 $\gamma'=41.3°$，幅值裕度 $K_g(\text{dB})=10.5\text{dB}$。也可通过计算得到 γ'，即

$$\gamma'=90°+\arctan 3.7\omega'_c-\arctan 41\omega'_c-\arctan 0.1\omega'_c-\arctan 0.2\omega'_c=41.32°$$

满足性能指标要求。

如果不能满足要求，可左移 ω'_c，重新计算，但 ω'_c 值不宜选取过小，只要满足要求即可，以免校正网络不易实现。

⑦ 校正装置可选择有源或无源滞后校正网络，其元件值的计算，可参照具体电路的计算。

前已述及，对于最小相位系统，由于其开环幅频特性与相频特性具有确定的关系，故用频率特性法对系统进行校正时，可直接根据系统开环对数幅频特性曲线来设计校正装置，而不需给出其对数相频特性曲线，以简化设计过程。

由上可见，采用串联滞后校正，使得未校正系统中高频幅值减小，降低了系统的剪切频率，从而获得了足够的相角裕度。当未校正系统的相角在剪切频率附近，随 ω 增大，向负

相角方面急剧减小时，或对系统的快速性要求不高而抗高频干扰要求较高的情况下，可考虑采用串联滞后校正。

（三）串联相位滞后-超前校正

1. 相位滞后-超前校正装置

单纯采用超前校正或滞后校正难以满足给定的性能要求时，即对校正后系统的稳态和动态性能都有较高要求时，应考虑采用相位滞后-超前校正装置对系统进行校正。

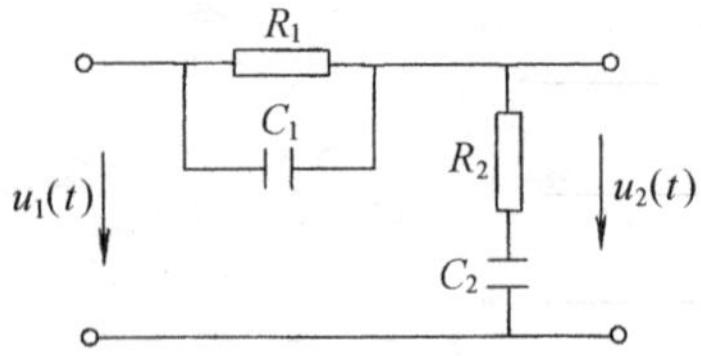

（1）无源相位滞后-超前校正装置　图 9-18 示出了一种无源相位滞后-超前网络，其传递函数为

$$G_c(s) = \frac{U_2(s)}{U_1(s)} = \frac{(1+T_1 s)(1+T_2 s)}{T_1 T_2 s^2 + (T_1 + T_2 + T_{12})s + 1}$$

（9-31）

图 9-18　无源相位滞后-超前 RC 网络

式中，$T_1 = R_1 C_1$，$T_2 = R_2 C_2$，$T_{12} = R_1 C_2$。

若适当选择参数，使式(9-31) 分解为两个一次式，时间常数取为 T_1' 和 T_2'，并通过参数的选择，使 $T_1' > T_1 > T_2 > T_2'$，则式(9-31) 可改写为

$$G_c(s) = \frac{(1+T_1 s)(1+T_2 s)}{(1+T_1' s)(1+T_2' s)}$$

（9-32）

此时

$$T_1' + T_2' = T_1 + T_2 + T_{12}, \quad T_1 T_2 = T_1' T_2'$$

由上式可得

$$\frac{T_1'}{T_1} = \frac{T_2'}{T_2} = a > 1$$

（9-33）

将式(9-33) 代入式(9-32)，可得

$$G_c(s) = \frac{1+T_1 s}{1+a T_1 s} \times \frac{1+T_2 s}{1+\dfrac{T_2}{a}s}$$

（9-34）

　　　　　　滞后部分　　超前部分

式(9-34) 所对应的频率特性为

$$G_c(j\omega) = \frac{1+jT_1 \omega}{1+ja T_1 \omega} \times \frac{1+jT_2 \omega}{1+jT_2 \omega/a}$$

（9-35）

相应的对数频率特性如图 9-19 所示。

由图可见，在 ω 由 0 增至 ω_1 的频带中，校正网络有滞后的相角特性，在 ω 由 $\omega_1 \to \infty$ 的频带内，此网络有超前的相角特性，在 $\omega = \omega_1$ 处，相角为 0。

（2）有源相位滞后-超前网络　有源相位滞后-超前装置可用图 9-20 所示的网络实现，其传递函数为

$$G_c(s) = G_0 \frac{(1+T_2 s)(1+T_3 s)}{(1+T_1 s)(1+T_4 s)}$$

其中　$G_0 = \dfrac{R_2 + R_3}{R_1}$，$T_1 = R_2 C_1$，$T_2 = \dfrac{R_2 R_3}{R_2 + R_3}C_1$，

$T_3 = (R_3 + R_4)C_2$，$T_4 = R_4 C_2$。

选择元件参数使 $T_1 > T_2 > T_3 > T_4$，则网络的对数频率特性如图 9-21 所示。

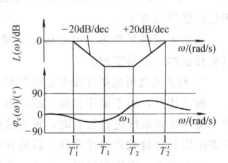

图 9-19　相位滞后-超前网络的对数频率特性曲线

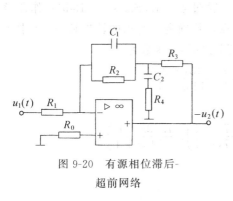

图 9-20　有源相位滞后-
超前网络

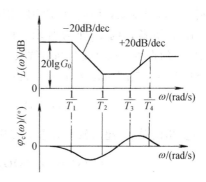

图 9-21　有源相位滞后-超前网络
对数频率特性曲线

2. 串联相位滞后-超前校正

当对校正后系统的稳态和动态性能都有较高要求时，宜于采用串联相位滞后-超前校正。利用校正装置中的超前部分改善系统的动态性能，而校正装置的滞后部分则可提高系统的稳态精度。下面将用例子说明其校正步骤。

【**例 9-3**】　设Ⅰ型单位反馈系统固有部分的开环传递函数为

$$G(s) = \frac{K}{s(s+1)(0.5s+1)}$$

试设计串联相位滞后-超前校正装置，使系统满足下列性能指标：$K_\nu \geqslant 10$，$\gamma' \geqslant 50°$，K_g (dB)$\geqslant 10$dB。

解　① 根据稳态速度误差系数的要求，可得 $K_\nu = K = 10$，则未校正系统的开环传递函数为

$$G(s) = \frac{10}{s(s+1)(0.5s+1)}$$

② 绘出未校正系统开环对数频率特性，如图 9-22 所示，从图得剪切频率 $\omega_c = 2.7$rad/s，相角裕度 $\gamma = -33°$，幅值裕度 $K_g = -13$dB，表明未校正系统不稳定。

③ 确定校正后系统的剪切频率 ω_c'。从未校正系统的 $\varphi(\omega)$ 曲线可以看出，当 $\omega = 1.5$rad/s 时，相位移为 $-180°$。这样，选择 $\omega_c' = 1.5$rad/s，所需的相位超前角约为 $50°$，而采用滞后-超前校正网络是易于实现的。

④ 确定滞后-超前校正装置的滞后部分的传递函数。设滞后部分的第二个转折频率 $\omega_1 = 1/T_1 = (0.1 \sim 1)\omega_c'$，考虑滞后校正部分对系统相角裕度的不利影响，这里选择 $1/T_1 = 0.1\omega_c' = 0.15$rad/s。并且选择 $a = 10$，则有 $\omega_0 = 1/(aT_1) = 0.015$rad/s。这样，滞后-超前校正装置滞后部分的传递函数可写为

$$G_{c1}(s) = \frac{s+0.15}{s+0.015} = 10 \frac{6.67s+1}{66.7s+1}$$

⑤ 确定超前部分的传递函数。参数 T_2 可通过这样方法确定。从图 9-22 可见，

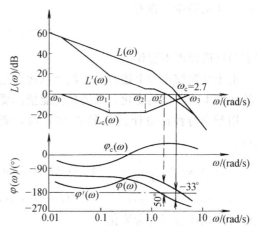

图 9-22　【例 9-3】系统开环对数频率特性曲线

在 $\omega_c' = 1.5\text{rad/s}$ 处，$L(\omega_c') = 13\text{dB}$。因此，若滞后-超前校正装置的 $L_c(\omega)$ 在 $\omega = 1.5\text{rad/s}$ 处具有 -13dB 增益，则 ω_c' 即为所求。根据这一要求，通过点（1.5rad/s，-13dB）作斜率为 20dB/dec的直线。该直线与 0dB 线及 -20dB 线的交点，就确定了所求的转折频率。由图可得 $\omega_2 = 1/T_2 = 0.7\text{rad/s}$，$\omega_3 = a/T_2 = 7\text{rad/s}$，故得超前部分的传递函数为

$$G_{c2}(s) = \frac{s + 0.7}{s + 7} = \frac{1}{10}\left(\frac{1.43s + 1}{0.143s + 1}\right)$$

⑥ 相位滞后-超前校正装置的传递函数为

$$G_c(s) = G_{c1}(s)G_{c2}(s) = \left(\frac{6.67s + 1}{66.7s + 1}\right)\left(\frac{1.43s + 1}{0.143s + 1}\right)$$

对应的对数频率特性 $L_c(\omega)$、$\varphi_c(\omega)$ 示于图 9-22 中。

⑦ 校正后系统的开环传递函数为

$$G'(s) = G_c(s)G(s) = \frac{10(6.67s + 1)(1.43s + 1)}{s(66.7s + 1)(0.143s + 1)(s + 1)(0.5s + 1)}$$

校正后系统的开环对数频率特性 $L'(\omega)$ 和 $\varphi'(\omega)$ 如图 9-22 所示。由图得校正后系统的 $\gamma' = 50°$，$K_g = 16\text{dB}$，$K_\nu = 10$，满足性能指标要求。

三、反馈校正方法

反馈校正的特点是采用局部反馈包围系统前向通道中的一部分环节以实现校正，其系统

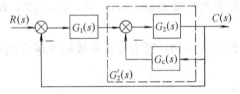

图 9-23 反馈校正系统动态结构图

结构如图 9-23 所示。图中被局部反馈包围部分的传递函数是

$$G_2'(s) = \frac{G_2(s)}{1 + G_2(s)G_c(s)}$$

其频率特性为

$$G_2'(j\omega) = \frac{G_2(j\omega)}{1 + G_2(j\omega)G_c(j\omega)}$$

从上式可知，在 $|G_2(j\omega)G_c(j\omega)| \gg 1$ 的频带内，有

$$G_2'(j\omega) \approx \frac{1}{G_c(j\omega)} \tag{9-36}$$

在这种情况下，系统的特性几乎与被反馈包围的环节 $G_2(s)$ 无关。而对于满足 $|G_2(j\omega)G_c(j\omega)| \ll 1$ 的频带，则有

$$G_2'(j\omega) \approx G_2(j\omega) \tag{9-37}$$

它表明反馈校正不起作用。

由于反馈校正的上述特点，就可以适当选择反馈校正装置的结构和参数，使系统开环频率特性发生所期望的变化，以满足性能指标要求。

用频率特性法设计反馈校正装置时，首先应使内环稳定，然后利用下述近似式去设计。

$$G_2'(j\omega) \approx \frac{1}{G_c(j\omega)} \quad \text{当} |G_2(j\omega)G_c(j\omega)| \gg 1, \quad \text{或} 20\lg|G_2(j\omega)G_c(j\omega)| \gg 0$$

$$G_2'(j\omega) \approx G_2(j\omega) \quad \text{当} |G_2(j\omega)G_c(j\omega)| \ll 1, \quad \text{或} 20\lg|G_2(j\omega)G_c(j\omega)| \ll 0$$

这样可使设计过程大为简化。

这种近似方法，在 $20\lg|G_2(j\omega)G_c(j\omega)| = 0$ 的频率附近产生的误差较大。由于在

系统剪切频率 ω_c 附近的频率特性对系统的动态性能影响最大，所以若 $20\lg|G_2(j\omega)G_c(j\omega)|=0$ 的频率与系统的剪切频率 ω_c 相距较远，此误差也不会对系统性能带来明显的影响。

【例 9-4】　设系统结构如图 9-24 所示。图中未校正系统各环节传递函数为

$$G_1(s)=5, \quad G_2(s)=\frac{20}{\left(1+\dfrac{s}{10}\right)\left(1+\dfrac{s}{100}\right)}, \quad G_3(s)=\frac{1}{s}$$

反馈校正装置的传递函数为 $G_c(s)=\dfrac{0.0656s}{1+s/5}$，试求校正后系统开环频率特性，并比较校正前后系统的相角裕度。

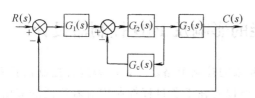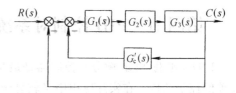

图 9-24　【例 9-4】系统动态结构图　　　　图 9-25　图 9-24 等效系统动态结构图

解　① 首先将系统化为大闭环的等效系统结构图，如图 9-25 所示，并根据给定的数据计算得 $G_c'(s)$ 的传递函数为

$$G_c'(s)=\frac{G_c(s)}{G_1(s)G_3(s)}=\frac{0.01312s^2}{s/5+1}$$

于是写出校正后系统开环传递函数表达式为

$$G'(s)=\frac{G_1(s)G_2(s)G_3(s)}{1+G_1(s)G_2(s)G_3(s)G_c'(s)}=\frac{G(s)}{1+G(s)G_c'(s)}$$

② 绘出未校正系统开环对数幅频特性，如图 9-26 曲线①所示，得剪切频率 $\omega_c=31.6\text{rad/s}$，其相角裕度 $\gamma=90°-\arctan\dfrac{31.6}{10}-\arctan\dfrac{31.6}{100}=0$。

③ 绘出 $G_c'(s)$ 的对数幅频特性，如图 9-26 曲线②所示。由图可知，曲线②是以 20dB/dec 的斜率穿过 0dB 线。$1/G_c'(j\omega)$ 的对数幅频特性与 $G_c'(j\omega)$ 特性曲线对称于 0dB 线，而且与未校正系统特性曲线①相交的频率分别为 $\omega_i=0.75$ 和 $\omega_j=65$。

④ 求校正后系统开环频率特性，在 $\omega_i<\omega<\omega_j$ 范围内，$20\lg|G_c'(j\omega)G(j\omega)|>0$。取

$$G'(j\omega)=\frac{G(j\omega)}{1+G_c'(j\omega)G(j\omega)}\approx\frac{1}{G_c'(j\omega)}$$

即　$20\lg|G'(j\omega)|\approx-20\lg|G_c'(j\omega)|$

而在 $\omega<\omega_i$ 和 $\omega>\omega_j$ 范围内，$20\lg|G_c'(j\omega)G(j\omega)|<0$，取

$$G'(j\omega)\approx G(j\omega)$$

即　$20\lg|G'(j\omega)|\approx20\lg|G(j\omega)|$

于是可画出校正后系统开环对数幅频特性，如图 9-26 曲线③所示，即

$$G'(j\omega)=\frac{100(j\omega/5+1)}{j\omega(j\omega/0.75+1)(j\omega/65+1)(j\omega/100+1)}$$

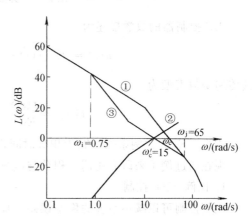

图 9-26　【例 9-4】系统的对数幅频特性曲线

⑤ 计算校正后系统相角裕度。从图 9-26 可知，校正后系统 $\omega_c' = 15\text{rad/s}$，故其相角裕度为

$$\gamma' = 90° + \arctan\left(\frac{15}{5}\right) - \arctan\left(\frac{15}{0.75}\right) - \arctan\left(\frac{15}{65}\right) - \arctan\left(\frac{15}{100}\right) = 52.9°$$

比较一下串联校正和反馈校正，一般说来，串联校正比反馈校正简单，易于实现，而且在伯德图上便于分析校正装置对系统性能的影响。反馈校正的最大特点是能抑制被反馈校正回路所包围部分的内部参量变化（包括非线性因素）和外部扰动（包括高频噪声）对系统性能的影响，因此对被包围部分元件的要求可以低一些，而对反馈校正装置本身的精度要求则较高。

第四节　PID 控制对系统性能的影响及 PID 控制器设计

PID（比例-积分-微分）控制器是最早发展起来的控制策略之一，因为这种控制器具有简单的控制结构，在实际应用中又较易于整定，所以它在工业过程控制中有着广泛的应用，在当今的工业控制器中，有半数以上采用了 PID 或变形 PID 控制方案。大多数 PID 控制器具有现场调节的能力，某些 PID 控制器具有在线自动调节能力，当被控对象的数学模型不知道，不能应用解析设计方法时，PID 控制就显得特别有用。

一、PID 控制对系统性能的影响

图 9-27 给出了典型 PID 控制结构框图，从图中可以看出，PID 控制器分别对误差信号 $e(t)$ 进行比例、积分和微分运算，其结果构成系统的控制信号 $u(t)$。

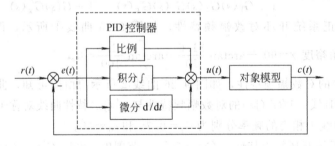

图 9-27　典型 PID 控制结构框图

PID 控制器的数学描述为

$$u(t) = K_p\left[e(t) + \frac{1}{T_i}\int_0^t e(\tau)\,d\tau + T_d\frac{de(t)}{dt}\right]$$

其传递函数模型为

$$G_c(s) = \frac{U(s)}{E(s)} = K_p\left[1 + \frac{1}{T_i s} + T_d s\right]$$

式中，K_p 为比例系数；T_i 为积分时间常数；T_d 为微分时间常数。

现在通过例子来研究比例、积分与微分各个环节的控制作用。

1. 比例（P）控制

比例控制可以减小系统的稳态误差，加快系统的响应速度，同时使系统的稳定性降低。

如图 9-28 所示控制系统。当控制器为纯比例控制，即 $G_c(s) = K_p$ 时，

系统开环传递函数　$G(s)=\dfrac{K_p}{s^2+3s+2}$

系统闭环传递函数　$\varPhi(s)=\dfrac{K_p}{s^2+3s+2+K_p}$

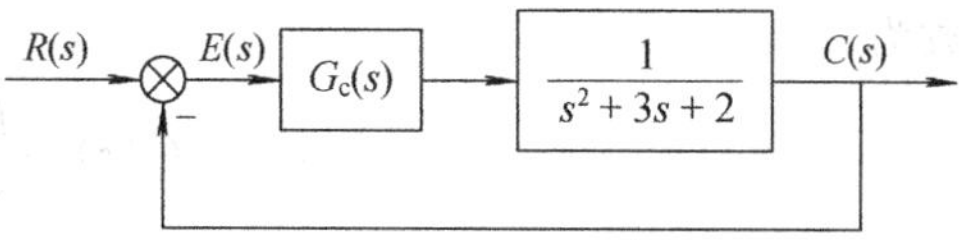

图 9-28　PID 控制作用

根据系统开环传递函数可知，系统为 0
型系统，当输入为单位阶跃信号时，系统的稳态误差为

$$e_{ss}=\frac{1}{1+K_p/2}$$

增大 K_p，稳态误差减小。

根据系统的闭环传递函数，二阶系统的无阻尼振荡频率 $\omega_n=\sqrt{2+K_p}$，阻尼比 $\xi=$
$1.5/\sqrt{2+K_p}$，增大 K_p，阻尼比减小，二阶系统从过阻尼状态过渡到欠阻尼状态，系统的
响应速度加快，超调量增加，稳定性变差。

2. 积分（Ⅰ）控制

积分控制的主要作用是减小或消除系统的稳态误差。对于图 9-28 所示控制系统，当控
制器为纯积分控制，即 $G_c(s)=\dfrac{1}{T_i s}$ 时，系统的开环传递函数为

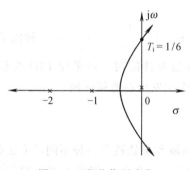

图 9-29　积分作用变化
时的系统根轨迹

$$G(s)=\frac{1/T_i}{s(s^2+3s+2)}$$

此时系统由 0 型系统变为 Ⅰ 型系统，可以消除阶
跃输入信号时的稳态误差，单位速度输入信号时，稳
态误差 $e_{ss}=2T_i$，减小积分时间常数 T_i，此时积分作
用加强，可以减小稳态误差。但增强积分作用，可能
降低系统的稳定性，从 T_i 变化时系统的根轨迹图 9-29
可以看出，当 $T_i<1/6$ 时，系统将由稳定状态变为不
稳定状态。

3. 微分（D）控制

微分控制能够反映误差信号的变化速度，因此微分控
制可以预测误差变化，使修正作用提前发生，从而有助于增进系统的稳定性。虽然微分控制不直
接影响稳态误差，但它增加了系统的阻尼，因而容许采用比较大的增益值，这将有助于系统稳态
精度的改善。当控制器为纯微分控制，即 $G_c(s)=T_d s$ 时，系统的闭环传递函数为

$$\varPhi(s)=\frac{T_d s}{s^2+(3+T_d)s+2}$$

从系统的闭环传递函数可以看出，系统中存在强烈的微分作用，这将对高频干扰很敏
感。因为微分控制的工作是基于误差的变化速度，而不是基于误差本身，因此这种方法不能
单独应用，它总是与比例控制或比例-积分控制作用组合在一起应用。

4. 比例-积分（PI）、比例-微分（PD）和比例-积分-微分（PID）控制

比例、积分和微分控制对控制系统的动态和稳态性能的影响是不同的，这三种控制经常
组合使用，构成比例-积分、比例-微分和比例-积分-微分控制器，通过调节比例系数 K_p、积
分时间常数 T_i 和微分时间常数 T_d 来调节各种控制作用在控制器中作用的强弱，使控制系统
获得理想的动态和稳态性能。

对于图 9-28 所示系统，当采用 PI 控制，即 $G_c(s)=K_p\left(1+\dfrac{1}{T_i s}\right)$ 时，系统的开环传递

函数为

$$G(s) = \frac{K_p(s + 1/T_i)}{s(s^2 + 3s + 2)}$$

从频域方面分析，PI 控制器是一种滞后校正装置，在零频率处具有很大的增益，这改善了系统的稳态特性。在系统中包含 PI 控制作用会使被校正系统的型号增加 1 型，从而使系统稳定性降低，必须小心地选择 K_p、T_i 的值，以保证系统具有适当的动态性能。通过适当地设计 PI 控制器，可以使系统对阶跃响应具有较小的超调量，但这时系统的响应速度将变慢，这是因为低通滤波器的 PI 控制器对信号的高频分量进行了衰减。

当采用 PD 控制，即 $G_c(s) = K_p(1 + T_d s)$ 时，系统的开环传递函数为

$$G(s) = \frac{K_p T_d(s + 1/T_d)}{s^2 + 3s + 2}$$

闭环传递函数 $$\Phi(s) = \frac{K_p T_d(s + 1/T_d)}{s^2 + (3 + K_p T_d)s + 2 + K_p}$$

从系统传递函数可以看出，选择合适的 T_d，可以使闭环零点 $-1/T_d$ 和一个靠近原点的闭环极点构成偶极子，使系统动态性能主要受远离原点的闭环极点影响，提高系统响应的快速性。从频域方面分析，PD 控制器是一种超前校正装置，是一种高通滤波器，它放大了系统内部可能的高频噪声。

PID 控制器是 PI 控制器和 PD 控制器的组合，$G_c(s) = K_p\left(1 + \dfrac{1}{T_i s} + T_d s\right)$，是一种滞后-超前校正装置，当系统既需要改善动态性能，又需要改善稳态性能时，可采用 PID 控制，此时应当尽量使 PD 控制作用发生在高频区域，而 PI 控制作用发生在低频区域。

二、PID 控制器设计

在已知控制对象数学模型的情况下，可以采用时域、频域和根轨迹等各种不同的方法确定 PID 控制器的参数，以满足闭环系统的动态和稳态性能指标。但是，如果控制对象很复杂，其数学模型不能够容易地得到，PID 控制器设计的解析法就不能应用，这时，必须借助实验的方法设计 PID 控制器。

为了满足给定的性能指标，选择控制器参数的过程通常称为控制器整定。齐格勒（Ziegler）和尼柯尔斯（Nichols）提出了整定 PID 控制器（即设置 K_p、T_i 和 T_d 的值）的法则，这些法则是在实验阶跃响应的基础上，或者是在仅采用比例控制作用的条件下，根据临界稳定时的 K_p 值建立起来的。实际上齐格勒-尼柯尔斯调节法则，给出的参数是一种合理的估值，提供了一种进行精细调节的起点，而不是在一次尝试中给出 K_p、T_i 和 T_d 的最终设置。

有两种方法被称作齐格勒-尼柯尔斯调节法则，分别称为第一种方法和第二种方法。

1. 第一种方法

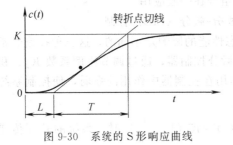

图 9-30　系统的 S 形响应曲线

在第一种方法中，首先通过实验，求控制对象对单位阶跃输入信号的响应。如果控制对象中既不包括积分器，又不包括主导共轭复数极点，则这时的单位阶跃响应曲线如一条 S 形的曲线，如图 9-30 所示（如果响应曲线不呈 S 形，则不能应用此方法），这种阶跃响应曲线可以通过实验产生，也可以通过控制对象的动态仿真得到。

S形曲线可以用延迟时间 L 和时间常数 T 来描述，通过S形曲线的转折点画切线，确定切线与时间轴和直线 $c(t)=K$ 的交点，就可以求得延迟时间和时间常数，传递函数用具有延迟的一阶系统近似表示如下：

$$G(s)=\frac{C(s)}{U(s)}=\frac{Ke^{-Ls}}{Ts+1}$$

齐格勒和尼柯尔斯提出用表9-1中的公式确定 K_p、T_i 和 T_d 的值。

表 9-1   基于控制对象阶跃响应的齐格勒-尼柯尔斯调整法则（第一种方法）

控制器类型	K_p	T_i	T_d
P	T/L	∞	0
PI	$0.9T/L$	$L/0.3$	0
PID	$1.2T/L$	$2L$	$0.5L$

用齐格勒-尼柯尔斯法则的第一种方法整定PID控制器，将给出如下公式：

$$G_c(s)=K_p\left(1+\frac{1}{T_is}+T_ds\right)=1.2\frac{T}{L}\left(1+\frac{1}{2Ls}+0.5Ls\right)=0.6T\frac{\left(s+\frac{1}{L}\right)^2}{s}$$

因此，PID控制器有一个位于原点的极点和一对位于 $-1/L$ 的零点。

2. 第二种方法

在第二种方法中，首先设 $T_i=\infty$ 和 $T_d=0$。只采用比例控制，使 K_p 从0增加到使系统输出首次呈现持续振荡的临界增益值 K_{cr}（如果不论怎样选择 K_p 值，系统的输出都不会呈现持续振荡，则不能应用这种方法）。因此，临界增益 K_{cr} 和相应的周期 P_{cr} 是通过实验确定的，齐格勒和尼柯尔斯提出，参数 K_p、T_i 和 T_d 的值可以根据表9-2给出的公式确定。

表 9-2   基于临界增益 K_{cr} 和临界周期 P_{cr} 的齐格勒-尼柯尔斯调整法则（第二种方法）

控制器类型	K_p	T_i	T_d
P	$0.5K_{cr}$	∞	0
PI	$0.45K_{cr}$	$\frac{1}{1.2}P_{cr}$	0
PID	$0.6K_{cr}$	$0.5P_{cr}$	$0.125P_{cr}$

用齐格勒-尼柯尔斯法则第二种方法调整的PID控制器将给出下列公式：

$$G_c(s)=K_p\left(1+\frac{1}{T_is}+T_ds\right)=0.6K_{cr}\left(1+\frac{1}{0.5P_{cr}s}+0.125P_{cr}s\right)=0.075K_{cr}P_{cr}\frac{\left(s+\frac{4}{P_{cr}}\right)^2}{s}$$

因此，PID控制器具有一个位于原点的极点和一对位于 $-4/P_{cr}$ 的零点。

如果系统具有已知的数学模型（如传递函数），则可以利用根轨迹法求临界增益 K_{cr} 和振荡频率 ω_{cr}，其中 $2\pi/\omega_{cr}=P_{cr}$。如果根轨迹分支不与虚轴相交，则不能应用这种方法。

在控制对象的动态特性不能精确确定的过程控制系统中，齐格勒-尼柯尔斯法则被广泛地用来对PID控制器进行调整，多年来的实践证明，这种调节法则是很有用的。在实践过程中，齐格勒-尼柯尔斯法往往作为PID参数调整的起点，然后根据比例、积分和微分控制作用对系统性能的影响，进行精确调整。

第五节　MATLAB在改善系统性能方面的应用

通过上面的分析可以看出，控制系统性能的改善有多种途径，而校正方案确定好之后，控制系统是否能达到要求的性能指标，往往要先对系统进行仿真，若不能满足设计要求，需要重新进行设计，利用 MATLAB 的仿真功能，可以对校正前后的系统进行仿真，判断校正的效果。由于有些校正方法具有固定的步骤，因此也可利用 MATLAB 设计相应的程序来设计控制器，如超前校正、滞后校正和滞后-超前校正等。下面通过一个例子说明 MATLAB 在这方面的应用。

【例 9-5】 对给定的对象环节 $G(s) = \dfrac{100}{s(0.04s+1)}$，分别演示超前校正和滞后校正的频率特性以及校正前后的时间响应。

解 ① 在 MATLAB 命令窗口输入

≫G＝tf(100,[0.04,1,0]);％输入系统模型

≫[Gm,Pm,Wg,Wc]＝margin(G);％求相角裕度、幅值裕度及其相应的频率

≫[Gm,Pm,Wg,Wc];％输出相角裕度、幅值裕度及其相应的频率

ans ＝

　　　　Inf　　28.0202　　　　NaN　　　46.9782

可以看出，这个模型有无穷大的幅值裕度，相角裕度 $\gamma=28°$，其发生的频率为 $\omega_c=47$。

② 通过下面的命令画出原系统在 $[0.1,1000]$ 频率范围内的 Bode 图。

≫w＝logspace(−1,3);％生成计算幅值和相角的频率点，频率范围是 0.1 到 100

≫[m,p]＝bode(G,w);％计算频率点处的幅值和相角

≫subplot(2,1,1);semilogx(w,20＊log10(m(:)));grid on;％绘制幅频特性并添网格

≫subplot(2,1,2);semilogx(w,p(:));grid on;％绘制相频特性并添网格

画出的原系统 Bode 图如图 9-31(a) 所示。

③ 现在引入超前校正和滞后校正来增大相角裕度。设根据超前校正和滞后校正的设计原则设计的超前校正和滞后校正装置的传递函数分别为

$$G_{c1}(s) = \frac{1+0.0262s}{1+0.0106s} \qquad G_{c2}(s) = \frac{1+0.5s}{1+2.5s}$$

通过下面的 MATLAB 语句得出超前校正装置和滞后校正装置的 Bode 图如图 9-31(b) 和 (c) 所示。

≫Gc1＝tf（[0.0262，1]，[0.0106，1]);％输入超前校正模型

≫bode（Gc1，w）;％绘制超前校正网格的 Bode 图

≫Gc2＝tf（[0.5 1]，[2.5 1]);％输入滞后校正模型

≫bode（Gc2，w）;％绘制滞后校正网格的 Bode 图

通过下面的 MATLAB 语句得出超前校正和滞后校正后的相角裕度和幅值裕度。

④ 对于超前校正

≫Go1＝Gc1＊G;[Gm，Pm，Wg，Wc]＝margin（Go1）;％求超前校正后的相角裕度和幅值裕度

≫[Gm，Pm，Wg，Wc];％输出超前校正后的相角裕度、幅值裕度及其相应的频率

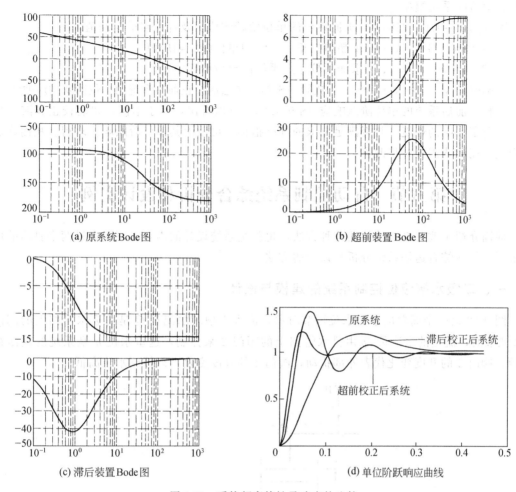

(a) 原系统Bode图　　　　　　　　　(b) 超前装置 Bode 图

(c) 滞后装置 Bode 图　　　　　　　　(d) 单位阶跃响应曲线

图 9-31　系统频率特性及响应的比较

```
ans =
        Inf    47.5917        NaN    60.3252
```

可以看出，超前校正后，幅值裕度仍为无穷，相角裕度 $\gamma = 47.6°$，其发生的频率为 $\omega_c = 60$。

⑤ 对于滞后校正

》Go2＝Gc2＊G；[Gm，Pm，Wg，Wc]＝margin（Go2）；%求滞后校正后的相角裕度和幅值裕度

》[Gm，Pm，Wg，Wc]；%输出滞后校正后的相角裕度、幅值裕度及其相应的频率

```
ans =
        Inf    50.7572        NaN    16.7339
```

可以看出，滞后校正后，幅值裕度仍为无穷，相角裕度 $\gamma = 50.7°$，其发生的频率为 $\omega_c = 16.7$。

对于本例，超前校正和滞后校正都提高了系统的相角裕度，超前校正剪切频率由 47 增大到 60，滞后校正剪切频率由 47 减小到 16.7。校正前后的单位阶跃响应可以由下面的 MATLAB 语句得到。

》Gb＝feedback（G，1）；Gb1＝feedback（Go1，1）；Gb2＝feedback（Go2，1）；%输

入校正前后的系统模型

≫[y, t]＝step(Gb)；％求原系统的单位阶跃响应值及计算点的时间值

≫y1＝step(Gb1, t)；％求超前校正后系统的单位阶跃响应值

≫y2＝step(Gb2, t)；％求滞后校正后系统的单位阶跃响应值

≫plot(t, y, t, y1, t, y2)；％在同一坐标系中绘制校正前后系统的单位阶跃响应曲线

从校正前后系统的单位阶跃响应［图 9-31(d)］可以看出，对于本例，超前校正和滞后校正都改善了系统的性能，是否满足要求的性能指标，可以由其单位阶跃响应求得。从而确定是否设计完成或需进一步改进。

第六节　自动控制系统综合分析和设计实例

前面介绍了改善系统性能的几种方法，也就是系统设计的内容，下面通过两个具体的例子来说明如何综合运用系统分析和设计的方法。

一、二级水槽液位控制系统的建模与设计

图 9-32 是一个简单的水槽水位调节对象，流入水槽的水流量 Q_i 是由进水管路上的阀门 1 来调节的，流出的水流量 Q_o 由排水管路上的阀门 2 来控制，这里水位 h 是系统的输出被控量，阀门 2 的开度变化代表外部扰动，阀门 1 的开度变化可以控制水位高低。

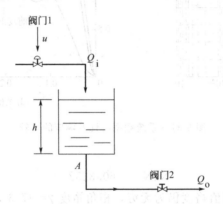

图 9-32　一级水槽液位调节系统

假设水槽截面积为 A，根据进出水流量与水槽水位之间的动态输入输出关系，可得到如下微分方程

$$A \frac{\mathrm{d}h}{\mathrm{d}t} = Q_i - Q_o$$

假设阀门 1 为线性阀，流入水流量 Q_i 与阀门 1 的开度 u 成正比，系数为 k_u，即

$$Q_i = k_u u$$

流出水流量 Q_o 与水槽水位高度的平方根成正比，即

$$Q_o = k \sqrt{h}$$

因此 $\dfrac{\mathrm{d}h}{\mathrm{d}t} = \dfrac{1}{A}(k_u u - k \sqrt{h})$

这是一个非线性微分方程，在平衡状态（h_0，u_0）进行线性化处理，根据泰勒级数展开，忽略高阶项并合并相应的系数可得

$$T\frac{\mathrm{d}\Delta h}{\mathrm{d}t}+\Delta h=K\Delta u$$

通过拉氏变换写成传递函数形式为

$$G(s)=\frac{H(s)}{U(s)}=\frac{K}{Ts+1}$$

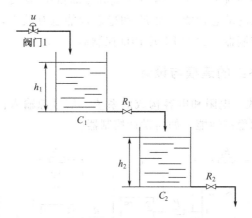

图 9-33 二级水槽水位调节系统

图 9-33 的调节对象是具有上下两个串级连接的水槽，常称做二级水槽或双容对象，由于第二级水槽的水位不影响第一级水槽的水位，因此没有负载效应。第二级水槽的微分方程可表示为

$$T_2\frac{\mathrm{d}h_2}{\mathrm{d}t}=K_2h_1-h_2$$

传递函数为 $\dfrac{H_2(s)}{H_1(s)}=\dfrac{K_2}{T_2s+1}$

因此二级水槽的传递函数可表示为

$$G(s)=\frac{H_2(s)}{U(s)}=\frac{K_1K_2}{(T_1s+1)(T_2s+1)}$$

这是一个开环控制系统，若要构成闭环控制，可以通过液位测量装置测量液位，并与设定液位进行比较，根据比较结果通过控制器对阀门 1 的开度进行控制从而控制液位。闭环系统的结构图如图 9-34 所示。

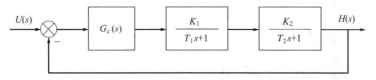

图 9-34 闭环液位控制系统结构图

不加控制器的原系统是由两个惯性环节构成的二阶系统，这样的系统总是稳定的，若加入的控制器 $G_c(s)$ 是比例控制器，不改变系统的阶次，二阶系统的设计可以通过时域的方法来实现。

若 $G_c(s)=K_c$

系统开环传递函数 $G(s)=\dfrac{K_cK_1K_2}{(T_1s+1)(T_2s+1)}$

这是一个 0 型系统，开环增益 $K=K_cK_1K_2$，在恒定的液位高度，即阶跃信号 $u(t)=A\times 1(t)$ 作用下，稳态误差 $e_{ss}=\dfrac{A}{1+K_cK_1K_2}$，增大控制器增益 K_c，可以减小稳态误差。

系统闭环传递函数 $\Phi(s) = \dfrac{K_c K_1 K_2}{T_1 T_2 s^2 + T_1 s + T_2 s + K_c K_1 K_2 + 1}$

$$\omega_n = \sqrt{\dfrac{K_c K_1 K_2 + 1}{T_1 T_2}}, \quad \zeta = \dfrac{(T_1 + T_2)\sqrt{T_1 T_2}}{2\sqrt{T_1 T_2 (K_c K_1 K_2 + 1)}}$$

可以看出，二阶控制系统的两个结构参数 ω_n 和 ζ 都和 K_c 有关，选择合适的 K_c，可以改变 ω_n 和 ζ，从而得到满意的动态性能，而 K_c 和稳态性能也有关系，当两方面的性能不能兼顾时，可以选择其他的控制器，比如 PI 或 PID 控制器。

二、电网络控制系统的建模与设计

图 9-35 是一个由运放、电阻和电容构成的系统，信号源输入信号构成复杂，要求系统工作时具有均衡的动态和稳态性能，如何设计控制器。

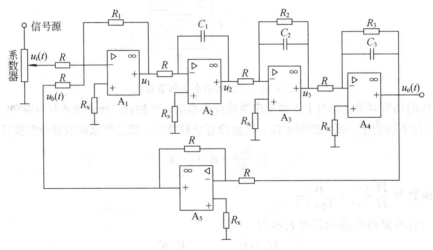

图 9-35 运放、电阻和电容构成的电网络系统

本系统是由电阻、电容和运放构成的电网络，各级运放之间可以不考虑负载效应，各级运放的数学模型为

A_1： $U_1(s) = -\dfrac{R_1}{R}[U_i(s) + U_b(s)]$

A_2： $U_2(s) = -\dfrac{1}{RC_1 s} U_1(s)$

A_3： $U_3(s) = -\dfrac{R_2}{R} \times \dfrac{1}{R_2 C_2 s + 1} U_2(s)$

A_4： $U_o(s) = -\dfrac{R_3}{R} \times \dfrac{1}{R_3 C_3 s + 1} U_3(s)$

A_5： $U_b(s) = -U_o(s)$

由各级运放的数学模型得到系统的结构图如图 9-36 所示。

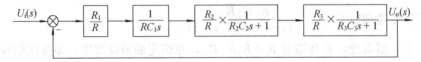

图 9-36 电网络系统结构图

系统的开环传递函数为

$$G(s) = \frac{R_1 R_2 R_3}{C_1 R^4} \times \frac{1}{s(R_2 C_2 s + 1)(R_3 C_3 s + 1)}$$

若系统参数为 $R = 100\text{k}\Omega$，$R_2 = 330\text{k}\Omega$，$R_3 = 100\text{k}\Omega$，$C_1 = 10\mu\text{F}$，$C_2 = 0.33\mu\text{F}$，$C_3 = 1\mu\text{F}$。此时系统的开环传递函数为

$$G(s) = \frac{3.3 \times 10^{-5} R_1}{s(0.1s + 1)(0.1s + 1)}$$

从系统的开环传递函数可以看出，系统为 I 型系统，可以消除阶跃信号作用下的稳态误差，在单位速度信号 $u_i(t) = t \cdot 1(t)$ 作用下的稳态误差 $e_{ss} = 10^5 / (3.3 R_1)$，增大 R_1 可以减小稳态误差。画出 R_1 由小变大时系统的根轨迹如图 9-37 所示。

从系统根轨迹图可以看出，随着 R_1 的增大，闭环系统的根将由三个负实根变为一对共轭复根和一个负实根，当 $R_1 = 44.9\text{k}\Omega$ 时，闭环系统有重根 -3.3。也就是说，当 $R_1 < 44.9\text{k}\Omega$ 时，系统的阶跃响应是单调上升的，不会出现超调。当 R_1 增大到 $0.6\text{M}\Omega$ 时，系统根轨迹将和虚轴相交。也就是说，当 $R_1 > 0.6\text{M}\Omega$ 时，系统将变为不稳定。因此从系统的稳态和动态性能对 R_1 的要求来看是相反的，单纯调节 R_1 不能同时满足系统的稳态和动态两方面的性能要求。

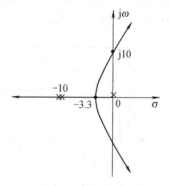

图 9-37 R_1 变化时
系统的根轨迹

1. 串联滞后校正

若根据系统的稳态误差要求 $R_1 = 1\text{M}\Omega$，此时系统将是不稳定的。画出此时系统的开环对数幅频特性如图 9-38 所示。

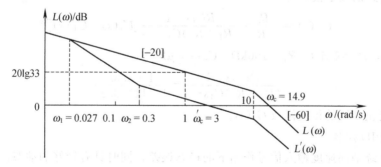

图 9-38 系统校正前后的开环对数幅频特性曲线

校正前系统的截止频率 $\omega_c = 14.9$，相角裕度 $\gamma = -22.2°$。可以看出系统具有较小的相角裕度，且在截止频率 ω_c 处，斜率为 -60dB/dec，系统的相角减小很快，因此不适于采用超前校正。

若为保证系统的稳定性，要求系统的相角裕度 $\gamma' = 50°$，可以采用滞后校正。

$\gamma(\omega_c') = \gamma' + \Delta$，取 $\Delta = 6°$

$\gamma(\omega_c') = 180° - 90° - 2\arctan(0.1\omega_c') = 56°$，得 $\omega_c' = 3$

由 $L(\omega_c') + 20\lg\beta = 0$，即 $20\lg\left(\dfrac{33}{\omega_c'\left[(0.1\omega_c')^2 + 1\right]}\right) + 20\lg\beta = 0$，得 $\beta = 0.09$

若选择滞后校正装置第二个转折频率 $\omega_2 = \dfrac{1}{\beta T} = 0.1\ \omega_c' = 0.3$

则校正装置第一个转折频率 $\omega_1 = \dfrac{1}{T} = 0.027$

滞后校正装置的传递函数为 $G_c(s) = \dfrac{1+\beta T s}{1+Ts} = \dfrac{1+3.3s}{1+11\times3.3s}$

校正后系统的开环传递函数 $G'(s) = G(s)G_c(s) = \dfrac{33(1+3.3s)}{s(1+11\times3.3s)(1+0.1s)^2}$

检验知，校正后的系统相角裕度 $\gamma' = 51° > 50°$。利用 MATLAB 画出校正后系统的单位阶跃响应曲线如图 9-39 所示。

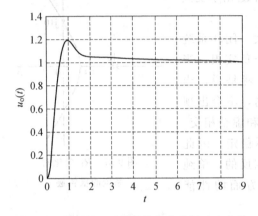

图 9-39 滞后校正后的系统单位阶跃响应曲线

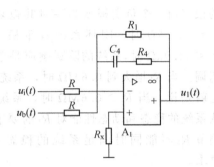

图 9-40 滞后校正装置的实现

滞后校正装置可以通过在运放 A_1 的反馈电阻 R_1 两端并接阻容元件来实现，如图 9-40 所示。图示电路的数学模型为

$$U_1(s) = -\frac{R_1}{R} \times \frac{RC_4 s + 1}{(R_1+R_4)C_4 s + 1}[U_i(s) + U_b(s)]$$

当 $R = 100\text{k}\Omega$，$R_1 = 1\text{M}\Omega$，$R_4 = 100\text{k}\Omega$，$C_4 = 33\mu\text{F}$

$$\frac{R_4 C_4 s + 1}{(R_1+R_4)C_4 s + 1} = \frac{1+3.3s}{1+11\times3.3s}$$

这正是滞后校正装置的传递函数 $G_c(s)$。

2. 采用 PID 控制

当要求系统消除速度输入信号作用下的稳态误差，同时具有较好的动态性能时，可以采用 PID 控制。

从前面的分析可以看出，校正前系统当 $R_1 = 0.6\text{M}\Omega$ 时，系统临界稳定，振荡频率 $\omega = 10$。根据齐格勒-尼柯尔斯法则的第二种方法整定 PID 参数。

$$K_{cr} = 3.3 \times 6 = 19.8, \quad P_{cr} = \frac{2\pi}{\omega} = 0.628$$

初步整定的 PID 参数为

$$K_p = 0.6K_{cr} = 11.88, \quad T_i = 0.5P_{cr} = 0.314, \quad T_d = 0.125P_{cr} = 0.0785$$

PID 控制器的传递函数为

$$G_c(s) = K_p\left[1 + \frac{1}{T_i s} + T_d s\right] = \frac{0.9326(s+6.3694)^2}{s}$$

此时系统的闭环传递函数为

$$\Phi(s) = \frac{U_o(s)}{U_i(s)}$$

$$= \frac{308s^2 + 3920s + 12486}{s^4 + 20s^3 + 408s^2 + 3920s + 12486}$$

利用 MATLAB 画出加入 PID 控制器后系统的单位阶跃响应曲线如图 9-41 所示，单位阶跃响应的超调量约为 64%，超调量过大，可以通过精确调节控制器参数来减小。

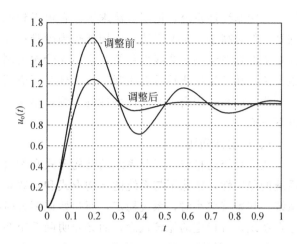

图 9-41　加入 PID 控制器后系统的单位阶跃响应曲线

根据前面 PID 控制器中各种控制作用对系统稳定性影响的分析，对初步整定的 PID 参数进行调整。K_p 减小一倍，T_i 和 T_d 增大一倍，此时

$$K_p = 5.94, \quad T_i = 0.628, \quad T_d = 0.157$$

调整后的 PID 控制器的传递函数为

$$G_c(s) = K_p \left[1 + \frac{1}{T_i s} + T_d s \right] = \frac{0.9326s^2 + 5.94s + 1.5924}{s}$$

调整后系统的闭环传递函数为

$$\Phi(s) = \frac{U_o(s)}{U_i(s)} = \frac{308s^2 + 1960s + 526}{s^4 + 20s^3 + 408s^2 + 1960s + 526}$$

利用 MATLAB 画出调整 PID 控制器参数后系统的单位阶跃响应曲线如图 9-38 所示，单位阶跃响应的超调量减小为 24%。

可以通过计算机仿真对齐格勒-尼柯尔斯法则整定的 PID 参数进行不断调整，以期获得理想的动态性能。

第七节　非线性控制系统和离散控制系统简述

一、非线性控制系统简述

本书以上各章讨论了线性定常系统的分析和设计，但实际上，理想的线性系统并不存在，这是因为组成实际系统的各个环节，不可避免地带有某种程度的非线性特性；有时为了改善系统的性能，并简化结构，还常常人为地在系统中引入某种非线性元件。这样，系统中只要包含了一个非线性环节，整个系统就成为非线性系统。

对于分析非线性系统，仍没有普遍适用的研究方法。当非线性不严重时，可以忽略非线性特性的影响，从而可以将非线性环节视为线性环节；当系统工作在某一平衡状态的较小范围附近时，可运用小偏差法将非线性模型线性化，如上节的双容系统；对于非线性比较严重，且系统工作范围较大的非线性系统，只有使用非线性系统的分析和设计方法。目前分析非线性系统应用得比较广泛的工程方法，是描述函数法和相平面法。相平面法适用于分析一阶、二阶非线性系统，用图解法求解。它可得到比较精确的结果，并对系统的时间响应进行判别，但对高于二阶的系统，应用就较为困难；描述函数法则是用谐波线性化的方法，将线性系统的频率法用于非线性系统，它不受阶次限制，主要用于研究非线性系统的稳定性及自激振荡，其结果也比较符合实际，故得到广泛应用。

非线性系统中由于非线性特性的影响，出现了许多线性系统所没有的特点，主要表现在以下方面。

1、稳定性问题

线性系统的稳定性只与系统的结构形式和参数有关，与外作用及初始状态无关。非线性系统的稳定性，则除了与系统的结构形式和参数有关外，还与外作用及初始条件有关，同一系统在初始偏离小时，系统稳定，而初始偏离大时很可能不稳定。可见对于非线性系统，不存在系统是否稳定的笼统概念，而必须明确系统在什么条件下、什么范围内稳定。

2、响应形式

线性系统动态响应形式与输入幅值及初始状态无关，如果具有共轭复主导极点的系统，响应是振荡形式的，绝不会因为输入幅值及初态不同而变成非周期的单调变化形式。因此对于线性系统，通常是在典型输入函数和零初始条件下进行研究。

非线性系统则不然。它不服从叠加原理，不能用上述方法研究。当它有不同初始偏离值时，响应形式可能不一样，小偏离时为单调变化，大偏离就可能出现振荡，故表述动态指标也必须指明初始条件。

3、自激振荡问题

自激振荡是非线性系统内部产生的一种持续的稳定的等幅振荡。线性系统在一定结构参数配合下，可能产生临界稳定的等幅振荡状态，但是只要受到扰动，或内部参数稍有变化，临界状态就被破坏，系统不是转化为发散振荡，就是转化为收敛运动，因此临界稳定状态是很难观察到的。而非线性系统的自振，无论外部扰动或内部参数的小范围变化，都能长期维持振荡。自振是非线性系统理论研究的重要课题。

另外，非线性系统在正弦信号的作用下，常有多种频率（谐波）的稳态输出，还有些系统在输入信号的频率变化时，可能产生所谓跳跃谐振和多值响应等。

典型的非线性特性包括饱和特性、死区特性、继电特性和滞环特性等。

二、离散控制系统简述

近年来，随着数字式元器件，特别是微处理器及数字计算机的迅速发展，数字控制器在许多场合取代了模拟控制器。基于工程的需要，作为分析与设计数字控制系统的基础理论，离散系统理论的发展十分迅速。

离散系统与连续系统相比，既有本质上的不同，又有分析研究方面的相似性。如连续系统采用拉氏变换法研究系统，并采用传递函数的概念；而离散系统则采用 z 变换法研究系统，并采用脉冲传递函数的概念。因此可以把连续系统中的许多概念和方法，推广应用于线性离散系统。

连续系统和离散系统联系的纽带是信号的采样，通过采样可以把连续信号变为离散信号，信号采样过程中必须满足采样定理。在掌握 z 变换理论的条件下，离散控制系统的研究包括离散系统的数学模型、离散系统的稳定性和稳态误差、离散系统的动态性能、离散系统的校正和设计等。

本 章 小 结

为了改善控制系统的性能，常需在系统中加入适当的附加装置来改善系统的性能，使其满足给定的性能指标要求。这些为校正系统性能而引入的装置称为校正装置。控制系统的校正，就是指按给定的性能指标和系统固有部分的特性，设计校正装置。

通过对控制系统稳态误差的分析和计算知道，可以通过增加前向通道或扰动作用点到 $E(s)$ 间积分环节个数和提高放大系数来减小稳态误差，改善系统的控制精度。当兼顾到系统的动态性能，不能靠增加积分环节或放大系数来提高系统的稳态精度时，可以在控制系统中引入与给定或扰动作用有关的附加控制作用，构成复合控制系统，以进一步减小系统的稳态误差。

根据校正装置在反馈系统中的连接方式分，有串联校正和反馈校正；根据校正装置的构成元件划分，有无源校正和有源校正；根据校正装置的特性划分，有超前校正和滞后校正。串联校正便于在伯德图上分析校正装置对系统性能的影响，且设计简单易于实现，因而应用广泛。当必须改造未校正系统某一部分特性方能满足性能指标要求时，应采用反馈校正。串联校正装置常设于系统前向通道的能量较低的部位，以减少功率损耗，一般多采用有源校正网络。应全面掌握超前、滞后、滞后-超前串联校正的控制特点、控制作用及其应用场合。根据希望系统的对数幅频特性曲线低、中、高频段的系统性能指标要求，选择合适的串联校正装置改善系统的性能。

反馈校正通过反馈校正通道传递函数的倒数的特性取代不希望部分的特性，以这种置换的方法来改善控制系统的性能，同时还可以抑制被反馈包围的固有部分内部参量变化，非线性特性及各种干扰对系统性能的影响。反馈校正的信号是从高功率点传向低功率点，往往采用无源校正装置。

通过 MATLAB，可以编制相应的程序来帮助设计校正装置；当校正网络设计好以后，可以通过 MATLAB 分析校正后的系统是否满足设计要求。

习　　题

9-1　图 9-42 所示系统中，$G_1(s)=K_1$，$G_2(s)=\dfrac{K_2}{s(Ts+1)}$，$r(t)=t$。若要求 $e_{ss}=0$，试确定 $G_c(s)$。

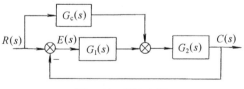

图 9-42　题 9-1 图

9-2　试说明串联超前校正为什么可以改善系统动态性能？其适用的场合；串联滞后校正为什么可以改善系统动态性能？其适用的场合。

9-3　设未加校正装置的系统开环传递函数

$$G(s) = \frac{10}{s(0.5s+1)(0.1s+1)}$$

若采用传递函数为 $G_c(s)=\dfrac{0.23s+1}{0.023s+1}$ 的串联超前校正装置。试求校正后系统的相角裕度。利用 MATLAB

画出校正前后的单位阶跃响应曲线，并进行比较。

9-4 一单位反馈系统的开环传递函数为

$$G(s) = \frac{2000}{s(s+10)}$$

试设计一串联校正装置，使校正后系统的相角裕度 $\gamma' \geqslant 45°$，剪切频率 $\omega'_c \geqslant 50\text{rad/s}$。

9-5 设一单位反馈系统的开环传递函数

$$G(s) = \frac{126}{s\left(\frac{1}{10}s+1\right)\left(\frac{1}{600s}+1\right)}$$

要求校正后系统的相角裕度 $\gamma' = 40° \pm 2°$，幅值裕度 $K'_g \geqslant 10\text{dB}$，剪切频率 $\omega'_c \geqslant 1\text{rad/s}$，且系统开环增益保持不变，试确定串联后校正装置的传递函数。

9-6 设某一单位反馈系统，其开环传递函数

$$G(s) = \frac{10}{s(0.2s+1)(0.5s+1)}$$

要求校正后系统的相角裕度 $\gamma' \geqslant 45°$，幅值裕度 $K'_g \geqslant 6\text{dB}$，试分别采用串联超前和串联滞后校正两种方案，确定校正装置。利用 MATLAB 求出校正前和采用两种方案校正后的阶跃响应，并进行比较。

9-7 具有反馈校正的系统结构如图 9-43所示，未校正系统的开环传递函数

$$G(s) = G_1(s)G_2(s) = \frac{100}{s(1.1s+1)(0.025s+1)}$$

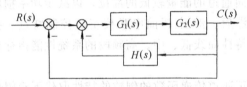

图 9-43 题 9-7 图

反馈校正装置的传递函数 $H(s) = 0.25s$，试绘制校正前后系统开环对数频率特性，写出校正后系统等效开环传递函数，并计算校正后系统的相角裕度的近似值。利用 MATLAB 的仿真功能，对该系统进行仿真，观察反馈校正对系统的影响。

附录 A MATLAB 函数命令索引表

函 数 名	含 义	函 数 名	含 义
abs( )	绝对值、复数模值	i	虚数单位
acos( )	反余弦	imag( )	虚部
all( )	测试向量中所有元素是否为真	inf	无穷大(∞)
angle( )	相角	input( )	带有提示的键盘输入函数
ans	当表达式未给定时的答案	inv( )	矩阵求逆
any( )	测试向量中是否有为真元素	j	虚数单位
asin( )	反正弦		
atan( )	反正切	keyboard	启动键盘管理程序
axis( )	坐标轴标度设定	length( )	向量长度
break	中断循环执行的语句	linspace( )	构造线性分布的向量
bode( )	伯德图	load	从文件中读入变量
		log( )	自然对数
clc	清除命令窗口显示	log10( )	以 10 为底的对数
clear	从工作空间中清除变量和函数	loglog( )	对数坐标绘图
clf	清除当前图形窗口	logspace( )	构造等对数分布的向量
conj( )	共轭复数	lookfor	对 HELP 信息中的关键词查找
conv( )	卷积和多项式乘积	lqe( )	线性二次估计器设计
corrcoef( )	相关系数	lqr( )	线性二次调节器设计
cos( )	余弦	lu( )	矩阵的三角(LU)分解
cot( )	余切		
cov( )	协方差矩阵	max( )	取最大值
		mean( )	取均值
deconv( )	逆卷积、多项式除法	median( )	求中值
det( )	求矩阵的行列式	min( )	取最小值
diag( )	建立对角矩阵或获取对角向量		
diff( )	差分函数与近似微分	NaN	不定式
		nargchk( )	检查输入变量的个数
eig( )	求特征值和特征向量	nargin	函数中实际输入变量个数
eps	浮点相对差限	nargout	函数中实际输出变量个数
exp( )	指数函数	nyquist( )	乃奎斯特频率响应图
expm( )	矩阵指数函数		
eye( )	产生单位阵	ones( )	产生元素全为 1 的矩阵
figure( )	生成绘图窗口	path	设置或查询 MATLAB 的路径
filter( )	一维数字滤波	pi	圆周率(π)
find( )	查找非零下标	plot( )	线性 x-y 图形
format	设置输出格式	polar( )	极坐标图形
		poly( )	特征多项式
get( )	获取对象属性	polyfit( )	多项式曲线拟合
grid	给图形加网格线	polyval( )	多项式求值
gtext( )	在鼠标指定的位置加文字说明	polyvalm( )	多项式矩阵求值
		prod( )	对向量中各元素求积
help	启动联机帮助文件显示		
hidden	网格线隐含线设置开关	qr( )	矩阵的正交三角化(QR)分解
hold	当前图形保护模式	quit	退出 MATLAB 环境

函 数 名	含 义	函 数 名	含 义
rand( )	产生随机矩阵	subplot( )	将图形窗口分割为若干个区域
rank( )	求矩阵的秩	sum( )	对向量中各元素求和
real( )	复数实部	tan( )	正切
rem(—)	除法的余数	text( )	给当前图形添加文本
residue( )	部分分式展开或留数计算	title( )	给图形加标题
rlocus( )	画根轨迹	trace( )	矩阵的迹
roots( )	求多项式的根	ver	显示程序版本号
round( )	四舍五入到最接近的整数	version	显示 MATLAB 版本号
save	将工作空间中的变量存盘	who	简要列出工作空间变量名
semilogx( )	x 轴半对数坐标图形绘制	whos	详细列出工作空间变量名
semilogy( )	y 轴半对数坐标图形绘制	xlabel( )	x 轴标记
sign( )	符号函数		
sin( )	正弦函数	ylabel( )	y 轴标记
size( )	查询矩阵的维数		
sqrt( )	求平方根	zeros( )	产生零矩阵

附录B 常用函数拉普拉斯变换对照表

序 号	时间函数 $f(t)$	拉氏变换式 $F(s)$
1	$\delta(t)$	1
2	$1(t)$	$\dfrac{1}{s}$
3	t	$\dfrac{1}{s^2}$
4	$\dfrac{1}{2}t^2$	$\dfrac{1}{s^3}$
5	$\dfrac{t^{n-1}}{(n-1)!}$	$\dfrac{1}{s^n}$
6	e^{-at}	$\dfrac{1}{s+a}$
7	te^{-at}	$\dfrac{1}{(s+a)^2}$
8	$\dfrac{1}{2}t^2 e^{-at}$	$\dfrac{1}{(s+a)^3}$
9	$\dfrac{1}{(n-1)!}t^{n-1}e^{-at}$	$\dfrac{1}{(s+a)^n}$
10	$\sin(\omega t)$	$\dfrac{\omega}{s^2+\omega^2}$
11	$\cos(\omega t)$	$\dfrac{s}{s^2+\omega^2}$
12	$e^{-at}\sin(\omega t)$	$\dfrac{\omega}{(s+a)^2+\omega^2}$
13	$e^{-at}\cos(\omega t)$	$\dfrac{s+a}{(s+a)^2+\omega^2}$
14	$e^{-at}-e^{-bt}$	$\dfrac{b-a}{(s+a)(s+b)}$
15	$\dfrac{-1}{\sqrt{1-\zeta^2}}e^{-\zeta\omega_n t}\sin(\omega_n\sqrt{1-\zeta^2}\,t-\varphi),\varphi=\arctan(\sqrt{1-\zeta^2}/\zeta)$	$\dfrac{s}{s^2+2\zeta\omega_n s+\omega_n^2}$
16	$\dfrac{\omega_n}{\sqrt{1-\zeta^2}}e^{-\zeta\omega_n t}\sin(\omega_n\sqrt{1-\zeta^2}\,t)$	$\dfrac{\omega_n^2}{s^2+2\zeta\omega_n s+\omega_n^2}$

第二章

2-1　(a) $m\dfrac{\mathrm{d}^2 x_o}{\mathrm{d}t^2}+(f_1+f_2)\dfrac{\mathrm{d}x_o}{\mathrm{d}t}=f_1\dfrac{\mathrm{d}x_i}{\mathrm{d}t}$（不考虑质量块的重力）

　　(b) $f(k_1+k_2)\dfrac{\mathrm{d}x_o}{\mathrm{d}t}+k_1 k_2 x_o=k_1 f\dfrac{\mathrm{d}x_i}{\mathrm{d}t}$

　　(c) $f\dfrac{\mathrm{d}x_o}{\mathrm{d}t}+(k_1+k_2)x_o=f\dfrac{\mathrm{d}x_i}{\mathrm{d}t}+k_1 x_i$

2-2　(a) $\dfrac{U_o(s)}{U_i(s)}=\dfrac{R_2 Cs+1}{LCs^2+(R_1+R_2)Cs+1}$

　　(b) $\dfrac{U_o(s)}{U_i(s)}=\dfrac{R_2 C_1 C_2 s+C_1}{(R_1+R_2)C_1 C_2 s+C_1+C_2}$

2-3　(a) $\dfrac{U_o(s)}{U_i(s)}=1-\dfrac{(R_1 R_2 C_1 C_2 s+R_1 C_2)s}{R_1 R_2 C_1 C_2 s^2+(R_1 C_2+R_1 C_1+R_2 C_1)s+1}\times\dfrac{1}{R_2 C_1 s+1}$

　　(b) $\dfrac{I_o(s)}{U_i(s)}=\dfrac{R_1 Cs+1}{LCR_1 s^2+(L+R_1 R_2 C)s+R_1+R_2}$

2-4　$G(s)=\dfrac{K}{Ts^2}(1-\mathrm{e}^{-Ts})$

2-5　$\dfrac{C(s)}{R(s)}=\dfrac{C(s)}{N_1(s)}=\dfrac{K_0 K_1}{Ts^3+(T+1)s^2+s+K_0 K_1}$

　　$\dfrac{C(s)}{N_2(s)}=\dfrac{-K_0 K_2 Ts}{Ts^3+(T+1)s^2+s+K_0 K_1}$

2-6　(a) $\dfrac{C(s)}{R(s)}=\dfrac{G_1(s)G_2(s)+G_2(s)G_3(s)}{1+G_2(s)H_1(s)+G_1(s)G_2(s)H_2(s)}$

　　(b) $\dfrac{C(s)}{R(s)}=\dfrac{G_1(s)G_2(s)G_3(s)}{1+G_1(s)G_2(s)H_1(s)+G_2(s)G_3(s)H_2(s)}$

　　(c) $\dfrac{C(s)}{R(s)}=\dfrac{G_1(s)G_2(s)G_3(s)+G_1(s)G_4(s)}{1+G_1(s)G_2(s)H_1(s)+G_2(s)G_3(s)H_2(s)+G_1(s)G_2(s)G_3(s)+G_1(s)G_4(s)+G_4(s)H_2(s)}$

2-7　$\dfrac{C(s)}{R(s)}=\dfrac{G_1(s)G_2(s)}{1+G_1(s)G_2(s)H_1(s)+G_1(s)G_2(s)}$

　　$\dfrac{C(s)}{N(s)}=\dfrac{1-G_2(s)G_3(s)}{1+G_1(s)G_2(s)H_1(s)+G_1(s)G_2(s)}$

2-8　$\dfrac{X_o(s)}{X_i(s)}=\dfrac{G_1 G_2 G_3-G_2 G_3}{1+G_2+G_1 G_2 G_3}$

　　$\dfrac{X_o(s)}{D(s)}=\dfrac{-G_3(1+G_2)}{1+G_2+G_1 G_2 G_3}$

　　$\dfrac{E(s)}{X_i(s)}=\dfrac{1+G_2+G_2 G_3}{1+G_2+G_1 G_2 G_3}$

　　$\dfrac{E(s)}{D(s)}=\dfrac{G_3(1+G_2)}{1+G_2+G_1 G_2 G_3}$

2-9　① $\dfrac{X_o(s)}{X_i(s)}=\dfrac{G_1 G_2 G_3-G_2 G_3}{1+G_2+G_1 G_2 G_3}$

　　$\dfrac{X_o(s)}{D(s)}=\dfrac{K_1 K_2 K_3 G_0(s)-K_3 K_4 s}{Ts^2+s+K_1 K_2 K_3}$

　　② $G_o(s)=\dfrac{K_4 s}{K_1 K_2}$

第三章

3-1 $K_c = 10, K_f = 0.9$

3-2 $T = 20s, G(s) = \dfrac{1}{20s}$

3-3 $G(s) = \dfrac{1}{s}$

3-4 $G(s) = \dfrac{7.86}{s(s+2.01)}$

3-5 $K_c = 50, \sigma = 4.3\%, t_s = 0.06$

3-6   ① $\sigma = 72.9\%, t_s = 6, t_p = 0.63$

      ② $\sigma = 72.9\%, t_s = 3, t_p = 0.32$

      ③ $\sigma = 16.3\%, t_s = 1.2, t_p = 0.73$

3-7   ① $\sigma = 46.7\%, t_s = 8$

      ② $\sigma = 16.3\%, t_s = 8$

      ③ 无超调量, $t_s = 20$

3-8 $0 < K < 1, T = 1$

3-9 $\tau = 0.29$

3-10 $K_2 = 1$

第四章

4-1   ① $0.45\sin(t - 33.4°)$

      ② $0.73\cos(2t - 120.9°)$

      ③ $0.45\sin(t - 33.4°) + 0.73\cos(2t - 120.9°)$

4-2 $G(s) = \dfrac{36}{s^2 + 13s + 36}, \quad G(j\omega) = \dfrac{36}{36 - \omega^2 + j13\omega}$

4-3   ① 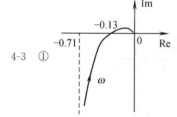   ②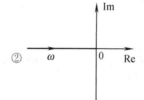

    ③ 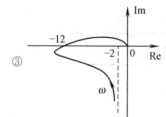   ④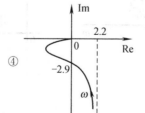

    ⑤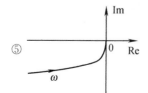

4-4 ①
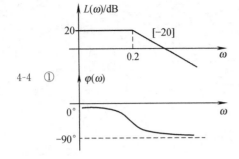

②
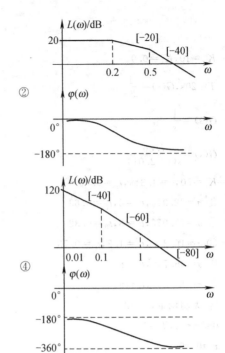

③
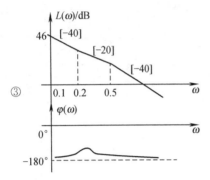

④

4-5
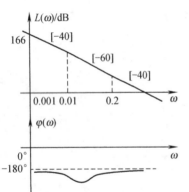

4-6 (a) $G(j\omega) = \dfrac{R_2}{R_1 + R_2} \times \dfrac{jR_1 C\omega + 1}{j\dfrac{R_1 R_2 C}{R_1 + R_2}\omega + 1}$

(b) $G(j\omega) = \dfrac{jR_2 C\omega + 1}{j(R_1 + R_2)C\omega + 1}$

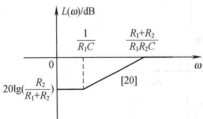

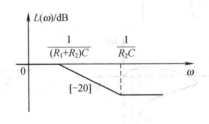

4-7 (a) $G(s) = \dfrac{2(s+1)}{s^2(0.1s+1)}$

(b) $G(s) = \dfrac{100}{s(0.01s+1)(100s+1)}$

(c) $G(s) = \dfrac{100}{(0.5s+1)}$

(d) $G(s) = \dfrac{392}{s(0.5s+1)}$

4-9 $G(s) = \dfrac{10(0.25s+1)(0.125s+1)}{(2s+1)(0.01s+1)}$

第五章

5-1 (a)

(b)

(c)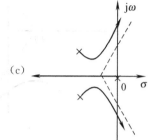

(d)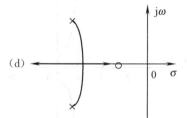

(e)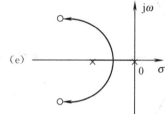

(f)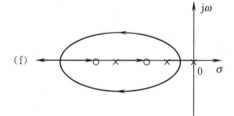

5-2 ①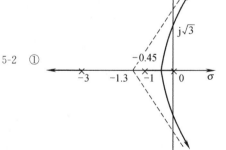

②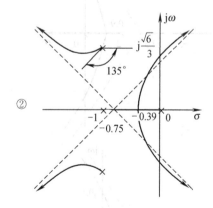

③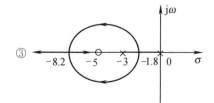

④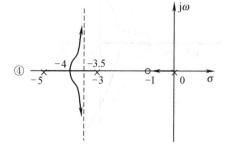

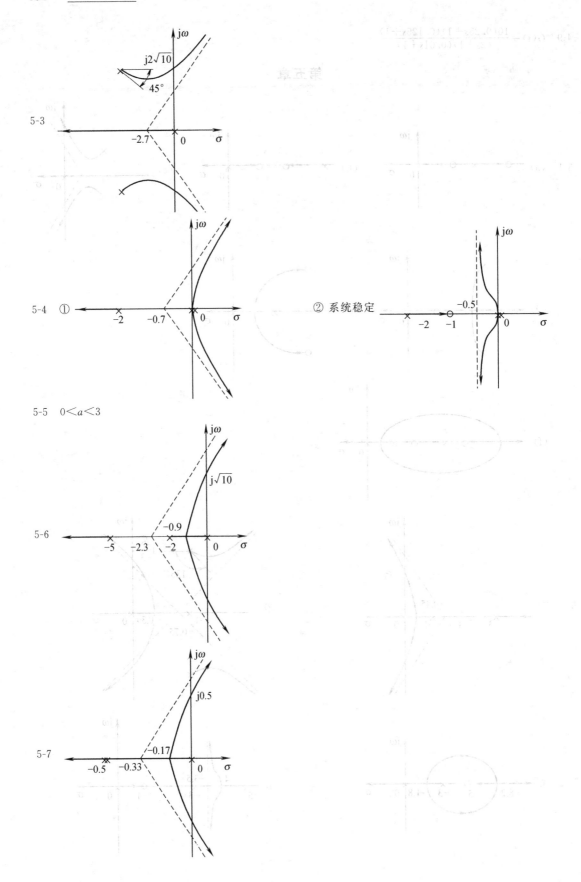

5-3

5-4 ①　② 系统稳定

5-5　$0 < a < 3$

5-6

5-7

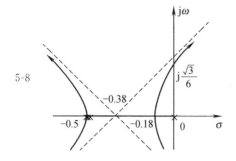

5-8

第六章

6-1　①稳定　②不稳定　③稳定　④不稳定　⑤稳定

6-2　不稳定

6-3　$0 < K < 3\sqrt{5} - 5$

6-4　(a) 稳定　(b) 不稳定　(c) 不稳定　(d) 不稳定　(e) 稳定　(f) 不稳定

6-5　$0 < K < 10$ 及 $25 < K < 10000$

6-6　$\gamma = 24.3°$，$K_g = 22$(dB)

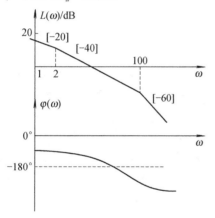

6-7　$0 < K < 1.5$

6-8　$K = 2\sqrt{2}$

6-9　$\gamma = 19°$，$K_g = 14$(dB)

6-10　①不稳定，$\gamma = 36.9°$

　　　② 稳定，$\gamma = 90°$

第七章

7-1　① $K_p = 50$，$K_\nu = 0$，$K_a = 0$

　　② $K_p = \infty$，$K_\nu = \dfrac{K}{200}$，$K_a = 0$

　　③ $K_p = \infty$，$K_\nu = \infty$，$K_a = 1$

7-2　① $K_p = \infty$，$K_\nu = 10$，$K_a = 0$

　　② $e_{ss} = 0.1B$

7-3　$e_{ss} = 0.4$

7-4　$20 < K < 101$

7-5　① $e_{ss} = \dfrac{2J}{K}$　② $e_{ss} = -\dfrac{1}{K}$　③ $e_{ss} = -\dfrac{1}{K}$

7-6　$e_{ss} = 2.5(℃)$

7-7　$e_{ss}=\dfrac{\sqrt{10}}{20}$

第八章

8-2　$\sigma=4.3\%$，$t_s=1.06$，$\omega_c=2\sqrt{2}$，$\gamma=63.4°$，$M_r=1$，$\omega_r=0$，$\omega_b=4$

8-3　$\omega_c=6$，$\gamma=65°$，$\sigma=20\%$，$t_s=1.14$

8-4　$\gamma=40°\sim69°$，$\omega_b=11.6\sim14.2$

8-6　$s_{1,2}=-0.33\pm j0.58$，$K=0.51$

第九章

9-1　$G_c(s)=\dfrac{s(Ts+1)}{K_2}$

9-2　$\gamma'=37.7°$

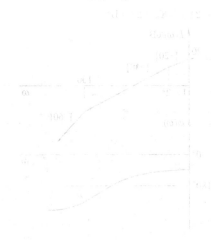

参 考 文 献

［1］［美］Katsuhiko Ogata 著．现代控制工程．第 3 版．卢伯英等译．北京：电子工业出版社，2000．

［2］薛定宇著．反馈控制系统设计与分析——MATLAB 语言应用．北京：清华大学出版社，2000．

［3］程卫国等编著．MATLAB5.3 应用指南．北京：人民邮电出版社，1999．

［4］胡寿松主编．自动控制原理．第 3 版．北京：国防工业出版社，1994．

［5］张培强主编．MATLAB 语言——演算纸式的科学工程计算语言．合肥：中国科学技术大学出版社，1995．

［6］刘祖润主编．自动控制原理．北京：机械工业出版社，1998．

［7］欧阳黎明编著．MATLAB 控制系统设计．北京：国防工业出版社，2001．

［8］王划一主编．自动控制原理．北京：国防工业出版社，2006．

［9］郑辑光等编著．过程控制系统．北京：清华大学出版社，2012．

参 考 文 献

[1] [美] Katsuhiko Ogata 著. 现代控制工程. 第5版. 卢伯英等译. 北京: 电子工业出版社, 2000.

[2] 闻新等编著. 先进航天技术科学与计算——MATLAB语言实现. 北京: 清华大学出版社, 2000.

[3] 王国强等编著. MATLAB工程应用仿真. 北京: 人民交通出版社, 1999.

[4] 薛定宇等编著. 自动控制原理. 北京: 北京工业出版社, 1991.

[5] 张志涌等编著. MATLAB教程. 北京: 北京航空航天大学出版社, 北京: 中国林业出版社,
北京, 1999.

[6] 刘叔仁主编. 自动检测技术. 北京: 机械工业出版社, 1998.

[7] 楼顺天等编著. MATLAB程序设计语言. 西安: 西安电子科技大学出版社, 1999.

[8] 王积伟等编. 自动控制原理. 北京: 高等工业出版社, 2004.

[9] 胡寿松主编. 自动控制原理. 北京: 科学大学出版社, 2012.